21 世纪高等职业教育信息化数字规划教材

高等数学（上册）

（第二版）

主　编　谢素鑫　叶鸣飞　王　华

副主编　沈玲玲　李　晶　王斯栓　涂旭东

同濟大學出版社
TONGJI UNIVERSITY PRESS

内容提要

本书是根据高职学生的学习特点与认知水平编写的，全书通俗易懂、可读性强，书中通过建立各种计算模型的方式，直观地给出了高等数学的各种计算方法，以弥补高职学生数学基础、计算能力、逻辑思维能力的不足，注重培养高职学生掌握微积分的各种数学计算技能与应用能力，为学好后续的专业课程奠定基础.

全书分上、下两册。主要内容有函数、极限与连续、导数与微分、导数的应用、不定积分、定积分及其应用、空间坐标与多元微积分、无穷级数、常微分方程及线性代数初步等，各章内容均配有微课视频及复习题与学习指导，同时配有习题答案二维码，部分内容可根据专业特点选修.

本书可作为高职高专工科类各专业通用教材，也可作为职业大学、成人大学和自学考试的教材或参考书.

图书在版编目(CIP)数据

高等数学. 上/谢素鑫，叶鸣飞，王华主编. --2版. --上海：同济大学出版社，2020.9

ISBN 978-7-5608-9465-2

Ⅰ. ①高… Ⅱ. ①谢… ②叶… ③王… Ⅲ. ①高等数学—高等职业教育—教材 Ⅳ. ①O13

中国版本图书馆 CIP 数据核字(2020)第 165698 号

高等数学(上册) (第二版)

主　编　谢素鑫　叶鸣飞　王　华

副主编　沈玲玲　李　晶　王斯栓　涂旭东

责任编辑　姚烨铭　责任校对　徐逢乔　封面设计　潘向蓁

出版发行　同济大学出版社　www.tongjipress.com.cn

(地址：上海市四平路 1239 号　邮编：200092　电话：021-65985622)

经　销　全国各地新华书店

印　刷　常熟市华顺印刷有限公司

开　本　787mm×1092mm　1/16

印　张　10.75

字　数　268000

版　次　2020 年 9 月第 2 版　2020 年 9 月第 1 次印刷

书　号　ISBN 978-7-5608-9465-2

定　价　46.00 元

前　言

随着我国高等职业教育改革的推进，对高等职业教育的教材建设也提出了新的要求. 高职工科“高等数学”作为一门多学科共同使用的基础理论和工具课程，对学生后续专业课程的学习和思维能力的培养起着重要的作用. 它的基础性决定了它在我国高等职业教育中的重要地位.

近几年来，由于我国高等职业教育的迅猛发展，对高职院校学生的基础要求也在不断变化，教育已经全面进入信息化时代，各高职院校在大力发展专业教育的同时，对基础教育本着“以应用为目的，以必需、够用为度”的教育原则，数学课的课时不断被压缩. 因此在这样一种大背景下，信息化教学对高职数学教学具有革命性的影响，是信息技术与数学教学过程的全面深度融合，是教与学的双重变革，树立高等数学课程为专业服务的教育理念，构建满足专业教学需求的课程内容，建设符合高职学生学习特点与认知水平的教材，成为摆在我们面前的一大课题. 为此，我们编写了本书.

本书是在江西省高校教学研究省级教改课题研究成果的基础上编写完成的，针对高职学生的学习特点与认知水平，我们对传统的高等数学的内容体系做了一些调整，以一元函数微积分学为主线，简化多元微积分学，突破课程体系的束缚，突出了高等数学作为一门“工具”课的特点，体现了其为专业服务的功能. 为激发高职学生对高等数学课程的学习兴趣，本次再版我们增加了信息化教学手段，而且在开篇绪论中，以“闲话微积分”的方式，简介了微积分学的发展历程，并在每一章的教学内容中配有相应的微课教学视频；同时在学习指导后面添加了人文数学和数学史话等小栏目供学生自学，突出了数学教学中的信息化技术与人文性.

本书的编写原则是，不追求数学理论的完整性和系统性，只突出重要的结论、典型方法的应用，尽可能用通俗、直观的语言来描述抽象的数学概念，在传统教材原有的计算公式基础上，建立各种计算模型，直观给出各种计算方法，以适应高职学生数学基础、计算能力、逻辑思维能力诸方面不强的状况，提高了课程内容的可读性，强化了计算技能，降低了高职学生学习高等数学的难度，符合现代高等职业教育的需要.

参加本书编写的有江西工业职业技术学院的部分老师，全书由叶鸣飞统稿主审，上册由谢素鑫、叶鸣飞、王华担任主编，沈玲玲、李晶、王斯栓、涂旭东等老师担任副主编. 由于成书时间仓促，编者水平有限，书中难免存在不妥之处，恳请有关专家、学者以及使用本书的广大师生批评指正，衷心欢迎读者将教材使用过程中碰到的问题和改进意见反馈给我们，以供日后修订时参考.

编　者

2020 年 6 月于南昌

目　录

绪论

闲话微积分

微积分是高等数学的重要组成部分，为此，我们先来给大家聊聊微积分的发展历程，以及发展过程中的一些相关趣闻.

从古至今，整个数学学科的发展过程大体上可以分为五个时期：

(1) 数学萌芽时期(公元前 600 年以前)；

(2) 初等数学时期(公元前 600 年—17 世纪中叶)；

(3) 变量数学时期(17 世纪中叶—19 世纪 20 年代)；

(4) 近代数学时期(19 世纪 20 年代—第二次世界大战)；

(5) 现代数学时期(20 世纪 40 年代以来).

微积分学创始于变量数学时期，也就是在 17 世纪中叶，可以说牛顿和莱布尼茨这两位伟大的科学家是微积分学的奠基人，但并非发明者. 在漫长的封建社会里，科学的发展也是缓慢的，尤其是这门伴随着资本主义先进生产力的发展而发展起来的微积分学，更是发展迟缓. 从阿基米德关于微积分的萌芽，到牛顿、莱布尼茨的最终完成，历时约 1900 年，可以说，这是一段到达微积分光辉顶峰的漫长攀登过程. 在这一段时间里，人们对阿基米德提供的方法，不断地应用着，争论着，发展着.

提起阿基米德，大家自然会想到中学物理中液体浮力的阿基米德原理，这位古希腊杰出的数学家、发明家、工程师及静力学的奠基人被人们誉为微积分的鼻祖，所以，我们聊微积分，应从他的贡献开始.

人类在早期的生产与生活实践中，急切需要度量线段的长度、平面图形的面积、物体的体积，现在我们就以度量平面图形的面积为例，看看当时的人们在这个问题上遇到了什么困难.

开始时，人们把边长为一个单位的正方形的面积作为一个面积单位，就如同用尺子去度量一条线段那样，去度量其他正方形、矩形的面积. 例如一个矩形能容纳 6 个单位正方形，就说此矩形的面积为 6 个单位，当然，如果矩形的一边长为 a 个单位，另一边长为 b 个单位，那么，此矩形就能容纳 ab 个单位的正方形，这个数值就是此矩形的面积. 在此基础上，人们又用割补的方法，将平行四边形换成矩形，得出其面积为底与高之积，三角形的面积为底与高之积的一半，而对于多边形，则可将其分解为三角形之和，仍可求出其面积. 一般来说，只要图形的边是直线段，总可以用上述方法得出它的面积.

可是，随着生产、科学技术的发展，人们常常需要去度量像圆、椭圆、弓形等图形的面积，由于这类图形的边(至少一条边)往往是曲线，所以，尽管人们将单位正方形分成若干小方块，并用这些小方块去度量，但总是不能使直边与曲边重合，因而总是不能准确得出能容纳多少单位的正方形，也就算不出它的真实面积，这就是人们当时所遇到的困难. 然而，阿基米德却在总结了前人经验的基础上，对这一问题提出了他自己的想法.

阿基米德把平面图形视为由线段组成，这多少有些使人迷惑不解，在这里，他应用了“不可分量”的概念. 所谓“不可分量”，当时的意思是这样的：一条直线可以分成若干个小线段，小线段又可以再分，直至成为点，则不可分，故称点为直线的不可分量；平面图形可分割成相互平行的窄条(面积)，窄条又可以再分，直至分成线段，则不可分，故称线段为平面图形的不可分量；同样，平面是立体图形的不可分量. 这种概念来源于原子论，即物质是由不可分的原子(单子)组成的，这个概念也不是阿基米德发明的，而是古希腊另一位伟大的哲学家德谟克利特(Democritus，公元前460—前370)创立的. 但应用这种概念使之成为一种方法，并推出一系列新的结果，则是阿基米德的首创. 他视平面由线段组成，即用长短不一的线段覆盖平面，克服了矩形不能与曲边图形相吻合的弱点，然而随之又带来了更多需要澄清的问题，例如就有人提出：需要多少线段组成平面？显然不是有限条，但在当时，无穷这个概念由于超出了人们的直观感受，尚未被人们所接受. 此外，它们是怎么组成的？是离散的还是连续的？等等. 这些问题在当时也都无法得到回答，直至19世纪末，这些问题才得到满意的解释，所以，阿基米德只是把它作为预测新结果的手段，不过，需要指出的是，阿基米德的许多想法，只有在极限概念引入后才能得到解决. 他这种处理问题的想法，给后人的研究指引了方向，在那个时代不失为一项杰出的创举，因而被历代科学家们采用着，改进着. 事实上，现代积分学就是在此基础上发展起来的.

不过，我们在聊到微积分学的发展时，不能不提到牛顿和莱布尼茨这两位伟大的科学家，他们被称为微积分学的奠基人.

牛顿(Newton I，1643—1727)是英国人，他的名字几乎人人皆知，他是历史上最杰出的数学家、物理学家，尤其是在经典力学与微积分学上，都取得了奠基性的成就，微积分学就是他在24岁时创立的.

莱布尼茨(Leibniz G W，1646—1716)是德国人. 开始他是学法律的，也是个哲学家，曾任法学教授、外交官，并不研究数学. 直到26岁时，他还是基本不研究数学. 后来在朋友的建议下，才对数学发生兴趣，当他认准方向后，就大胆创新，在30岁之前创立了他的微积分学.

牛顿和莱布尼茨所处的时代正是资本主义生产力飞速发展的时代，相应的各门科学也得到了很大的发展，提出了大量需要解决的数学问题. 这时，他们两人各自总结了前人运用无穷小进行计算的大量成果，没有像前人那样拘泥于具体问题的解决，而是力求总结规律，使方法代数化、概念化和逻辑合理化. 那么，他们是抓住什么问题使之获得成功的呢？他们两人几乎同时看到，切线与求积、路程与速度是完全互逆的两类问题，用的也是两种互逆的运算，以及可在计算时反向应用，抓住了这个核心问题，从而得到简单而又普遍适用的微积分法，建立了他们的微积分学. 不过要说明的是，他们两人是在不同的时间内，在两个不同的国家里，独立完成的，并且研究的手法也有所不同. 牛顿是把两个变量的无穷小增量作为求流数(即导数)的手段，当增量越小的时候，流数实际上就是两增量比值的极限. 而莱布尼茨却直接用了 X 和 Y 的无穷小增量或微分，求出它们之间的关系. 这个差别反映了牛顿的物理学研究方向和莱布尼茨的哲学研究方向，牛顿完全是从考虑变化率的角度出发来解决他求变速运动的距离问题，对他来说，微分是基础；而莱布尼茨首先考虑的是求和，当然，这些和仍然是用反微分计算的. 从他们的工作方式来看，牛顿是经验的、具体的，而莱布尼茨则是富于想象的. 从微积分应用的价值来说，牛顿的工作远远超过了莱布尼茨，刺激并决定了几乎整个18世纪数学分析的发展方向；而莱布尼茨则更关心的是以运算公式创造出广泛意义下的微积分，并且是微积分学现代通行符号的首创者. 正是莱布尼茨记法的优越性，对于微积分在欧洲大陆的普及做出了很大的贡献，才使得人们看到这个新工具的巨大威力.

那么，牛顿与莱布尼茨究竟谁先完成微积分的呢？这个问题也曾引起英国与欧洲大陆的隔海论战，那场争论使得英国的数学家与欧洲大陆的数学家们停止了思想交流，几乎在其后的100年内，英国人继续以几何为主要工具，拒绝使用莱布尼茨的符号，致使英国的数学家远远落后于欧洲大陆的数学家.其实，在科学史上，两个或几个天才同时各自独立地作出同一个发现或是发明，屡见不鲜，这是因为科学内部逻辑发展的必然性决定了人们认识上的共同性.例如，笛卡尔与费尔马就曾为谁先完成解析几何学，引起过很大争论，而且是亲朋门徒一起上阵，吵得难解难分.下面就将牛顿和莱布尼茨的这场争论简略地给大家介绍一下.

从研究微积分的时间上看，牛顿是在1665—1666年间，而莱布尼茨则是在1673—1676年间，然而我们从发表的时间上来看，莱布尼茨是在1684—1686年间发表的，而牛顿则是在1704—1736年间发表的，因而很难说发明权应属于谁，不过双方的门徒是互不相让.莱布尼茨的拥戴者说，莱布尼茨先发表，理应拥有发明权.可是由于在牛顿研究出他的微积分方法而未发表的时候，莱布尼茨曾游历过英国，结交过一些牛顿的友人，这其中就有牛顿的老师巴罗，并得到了巴罗的一本《几何学讲义》，回去后才研究并发表了他的微积分学.这样，牛顿的门徒自然也不客气，攻击莱布尼茨是科学工作的“间谍”，把莱布尼茨的符号也说成是“牵强附会的符号”.而这两位大师彼此之间好像也互不相让.1676年，牛顿发现莱布尼茨正在研究微积分，曾通过他的友人给莱布尼茨写信，信中用谜语的形式谈了他的微积分基本问题——流数.人们猜测，牛顿的企图是为了说明他是首先发明微积分者，1705年的《教师期刊》上发表了一篇评述牛顿的《求积术》的文章，其中说到，那本书里只不过是把莱布尼茨的微积分换成了流数，人们估计这篇文章是出自莱布尼茨的手笔.为此，在英国皇家学会还专门成立了评判牛顿、莱布尼茨优先发明权的委员会，一时喧嚣不止，这场争论对英国的影响比较深，伤害也比较大.当时的英国在科学上较为先进，他们对牛顿这位世界著名权威特别崇拜，认为其他人不能与之相比.这种情绪，阻碍了他们认真学习欧洲大陆的成就，以至慢慢落后下来.到后来，微积分的逻辑基础的完成果然不是在英国，而是在欧洲大陆由以法国数学家柯西(Cauchy A L，1789—1857)为代表的一大批数学家完成的，其各分支的发展也大部分在欧洲大陆.

然后对发明权的争论有没有结论呢？多数人的评论是：他们两人是各自独立地建立了自己的微积分学.除了时间上几乎同时以外，他们的微积分也是各具特点，一个是以流数为基础，一个是以微分为基础；一个是不定积分，一个是定积分，这两种体系直到现在仍然并存，各有各的用处，往往互为补充，缺一不可.牛顿在理论上较严格一些，但由于莱布尼茨善于听取别人的意见，他采用的符号很科学，既表示了概念，又非常便于运用，直到现在仍在使用.

用历史唯物主义的观点去看微积分的出现，它与任何科学成就一样，都是历史发展的必然产物，并非几个人的功绩.正如牛顿所说，他之所以看得远，是因为他站在了巨人的肩膀上.一门科学发展到了一定阶段，达到成熟，必然会产生出这个人写不出来、另一个人也会写出来的情况，这从牛顿、莱布尼茨几乎同时发明微积分这点可以看出.从某种意义上说，一定要分清是谁先发明的，没有多大价值.不过像牛顿、莱布尼茨这样的科学家，他们不拘泥于前人的成就，而是总结前人的成果，大胆创新，这种精神是可贵的，也正是我们这个时代大家要学习的.

微积分虽然诞生了，但牛顿和莱布尼茨两个人都说不清它的基本原理，这样就引来了一大批的批评者，大主教贝克莱攻击牛顿的流数：“既不是有限量，也不是无穷小量，可也不是虚无，难道可以把它们称为死去的幽灵吗？”(见贝克莱《致分析者》)不过也应当承认，贝克莱的这种批评对微积分的发展和完善还是起到了一定的作用.为了回答这位神学家的批评，当然更主要的还是由于生产力的发展、社会的需要，使得18—19世纪进入了一个以微积分为基础的“分析时代”.

第1章

函数、极限与连续

章序 数学是研究现实世界中物质及物质之间的数量关系与空间形式的一门科学，数学在我们的生活当中可谓是“无处不在，无所不用”. 而高等数学则是以变量为主要研究对象，变量的主要表现形式就是函数. 所以，本章将在中学数学已有函数知识的基础上，进一步介绍函数的概念、极限与连续性，并着重说明极限的计算方法.

1.1 函数及其图形

1.1.1 常量与变量

在许多实际问题中，我们经常会遇到各种各样的量，如长度、温度、重量、体积、时间、路程及速度等. 在事物的某一变化过程中，如果一个量只能取一个固定的数值，这个量就称为常量；而在事物的某一变化过程中，如果一个量可以取不同的数值，这个量就称为变量. 例如，给一块铁加热，铁块的重量不变，而铁块的温度、体积在变，那么，在这一加热过程中，重量就是常量，而温度、体积则是变量.

某一个量是常量还是变量，并不是固定的，要根据具体情况作出具体的分析. 比如，重力加速度，在中学物理中我们把整个地球上的重力加速度都看成是常量，其原因就是我们所考虑问题中的精确度要求不高. 如果我们要求的精确度比较高的话，实际上，地球不同地点的重力加速度是不同的，那么，在整个地球上，重力加速度就应该是变量，但在同一地点的重力加速度通常还是可以看成是常量. 不过，在有些问题中，如果要考虑地球总是在运动的话，那么，即使是同一地点，不同时间的重力加速度也是在变化的，这样，在同一地点的重力加速度也可能是变量.

在数学中，由于主要是讨论各种量在数值上的关系，因此常常要把常量和变量抽象为常数和变数，脱离其实际意义. 这样，在某一变化过程中，只能取某一固定数值的数就称为常数，而可以取不同数值的数就称为变数.

对于常数，我们通常喜欢用字母表中前面几个英文字母 a,b,c 等来表示，而变数则是习惯用字母表中最后几个英文字母 x,y,z 来表示.

本课程所涉及的常数与变数，如无特别说明，均属实数范围.

1.1.2 区间与邻域

区间是数学里用得比较多的一类数集. 区间可分为有限区间与无限区间(又称无穷区间)、

闭区间与开区间、半闭半开区间等. 为此,我们还引进了∞(无穷大)这一概念,不过要说明的是,∞并不是一个数值,而是一个抽象概念,$+\infty$(正无穷大)与$-\infty$(负无穷大)只是代表了数轴上实数的两个不同的发展方向. 在这里要向大家强调的是,有限区间和无限区间不是说区间里所包含的元素有限或无限,而是指该区间的长度有限或无限.

在高等数学的学习中,常常要用到一种特殊的开区间,这里就需要引入邻域这一概念. 所谓点x_0的δ邻域,就是指以x_0点为中心、以$\delta(\delta>0)$为半径的开区间$(x_0-\delta,x_0+\delta)$,如图1-1(a)所示,并记为$U(x_0,\delta)$,即

$$U(x_0,\delta)=\{x\,|\,|x-x_0|<\delta\}.$$

显然,对于每一个点x_0,可以存在无数个以$\delta(\delta>0)$为半径的邻域. 因此,对于数轴上的每一个点x_0来说,都存在无数个邻域.

在x_0的δ邻域中去掉中心点x_0所得两开区间的并$(x_0-\delta,x_0)\cup(x_0,x_0+\delta)$称为$x_0$点的$\delta$去心邻域. 如图1-1(b)所示,并记为$\mathring{U}(x_0,\delta)$,即

$$\mathring{U}(x_0,\delta)=\{x\,|\,0<|x-x_0|<\delta\}.$$

图 1-1

例如,$U(5,0.02)=\{x\,|\,|x-5|<0.02\}$表示点5的0.02邻域,也可用开区间$(4.98,5.02)$来表示. $\mathring{U}(2,0.15)=\{x\,|\,0<|x-2|<0.15\}$则表示点2的0.15去心邻域,它也可以用两个开区间的并来表示,即$(1.85,2)\cup(2,2.15)$.

要注意的是,在去心邻域的集合表达式中,$0<|x-x_0|$表示$x\neq x_0$,即邻域内不含点x_0.

1.1.3　函数的概念

在同一个自然现象或科学技术过程中,往往同时会有好几个变量发生变化,并且这些变量并不是孤立地发生变化,而是相互联系并遵循着某一种确定的规律发生变化. 那么,对于单个的变量是没有多少值得研究的,我们主要还是研究各个变量之间的各种依存关系,这就是函数. 下面就两个变量的情形举例说明.

视频 1

例 1.1　圆的面积A与半径r的关系可表示为

$$A=\pi r^2,r\in(0,+\infty).$$

例 1.2　物体作自由落体运动时,物体下落的距离s随下落的时间t的变化而变化,且s与t的关系为

$$s=\frac{1}{2}gt^2,t\in[0,T],$$

其中,g为重力加速度,t为物体着陆的时刻.

以上两例的实际意义和表达方式虽不相同,但在数学上却具有共性,那就是它们均表达了两个变量在变化过程中协同变化的依赖关系,这种关系式可以充分揭示各因素之间的数量关系,也是人类揭示事物发展规律,对事物进行分析和研究的重要基础.

1. 函数的定义

在17世纪之前,函数总是与公式紧密关联的,直到1837年,德国数学家狄利克雷(Dirichlet,1805—1859)才提出了至今仍易被人们接受且较为合理的函数概念.

定义1.1 设有两个变量 x 和 y,而 D 是一个给定的数集.如果对于每个数 $x\in D$,变量 y 按照一定的法则总有确定的数值与之对应,则称 y 是 x 的函数,并记为

$$y=f(x),x\in D,$$

其中变量 x 称为自变量,变量 y 称为因变量(y 也叫做 x 的函数),数集 D 则称为函数的定义域,$W=\{y\mid y=f(x),x\in D\}$ 称为函数的值域.

函数 $y=f(x)$ 中表示对应关系的记号 f 也可以改用其他字母来替代.由于变量之间的依存关系是无限的,而字母却是有限的,所以,有时也会在 f 的右下角标上自然数来区分不同的函数关系,例如 $y=h(x)$,$y=\varphi(x)$,$y=f_1(x)$,$y=f_2(x)$等.

在实际问题中建立的函数关系,其定义域往往是根据问题的实际意义来确定的,如例1.2中的 $D=[0,T]$.然而在数学中,常常脱离函数的实际意义,只是单纯地讨论用算式表达的函数,这时可以规定函数的自然定义域.在实数范围内,函数的自然定义域就是使算式有意义的一切实数组成的数集.例如,$s=\frac{1}{2}gt^2$ 的自然定义域是 $D=(-\infty,+\infty)$,又如,函数 $y=\frac{1}{\sqrt{1-x^2}}$的自然定义域是 $D=(-1,1)$.今后凡是没有实际意义的函数所讨论的定义域都是指自然定义域.

如果自变量在定义域内任取一个数值时,对应的函数值只有唯一的一个,那么称这种函数为单值函数;如果有多个函数值与之对应,则称为多值函数.需要说明的一点是:本课程所讨论的函数都是指单值函数.因此,在今后的学习中,凡是没有特别说明的函数,都是指单值函数.

例1.3 求下列函数的定义域:

(1) $y=\frac{1}{4-x^2}+\sqrt{x+2}$;　　(2) $y=\frac{1}{x}+\lg(1-x)$.

视频2

解 根据题意:

(1) 由 $\begin{cases}4-x^2\neq 0,\\ x+2\geqslant 0\end{cases}$ 可得 $\begin{cases}x\neq\pm 2,\\ x\geqslant -2,\end{cases}$ 所以 $D=(-2,2)\cup(2,+\infty)$.

(2) 由 $\begin{cases}x\neq 0,\\ 1-x>0\end{cases}$ 可得 $\begin{cases}x\neq 0,\\ x<1,\end{cases}$ 所以 $D=(-\infty,0)\cup(0,1)$.

设函数 $y=f(x)$的定义域为 D,取定一个 $x_0\in D$,则对应一个函数值 $y_0=f(x_0)$,这时(x_0,y_0)在 xOy 平面上就能确定一个点的位置,当 x 取遍 D 上的每个值时,就能得到 xOy 平面上的一个点集 E:

$$E=\{(x,y)\mid y=f(x),x\in D\},$$

那么,这个点集 E 就称为函数 $y=f(x)$的图形(也叫图像),且图形 E 在 x 轴上的垂直投影点集就是定义域 D,在 y 轴上的垂直投影点集就是值域 W,如图1-2所示.

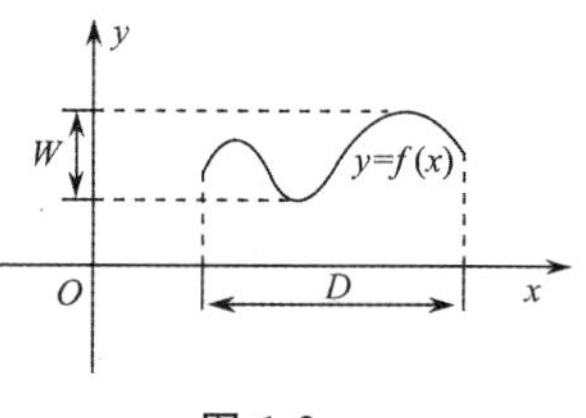

图1-2

例 1.4　函数 $y=\dfrac{1}{x}$ 的定义域 $D=(-\infty,0)\cup(0,+\infty)$，值域 $W=(-\infty,0)\cup(0,+\infty)$，其图形又被称为等轴双曲线，如图 1-3 所示.

例 1.5　函数 $y=x^3$ 的定义域 $D=(-\infty,+\infty)$，值域 $W=(-\infty,+\infty)$，其图形为立方抛物线，如图 1-4 所示.

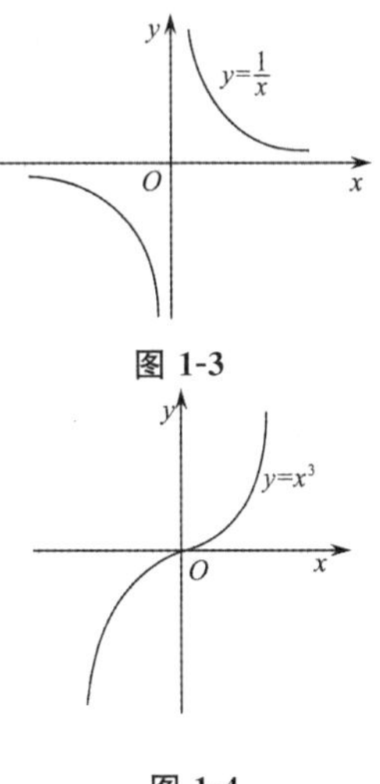

图 1-3

图 1-4

当然，并不是所有的函数都能用图形表示出来. 例如狄利克雷函数

$$y=\begin{cases}1, & x\text{ 为有理数}; \\ 0, & x\text{ 为无理数}.\end{cases}$$

这个函数的定义域 $D=(-\infty,+\infty)$，值域 $W=\{0,1\}$，显然，此函数无法用图形来表示.

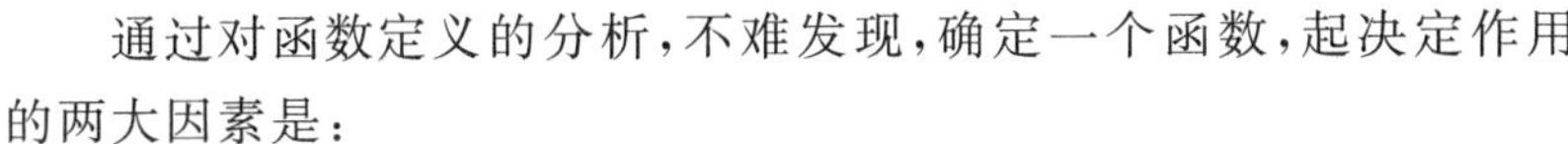

通过对函数定义的分析，不难发现，确定一个函数，起决定作用的两大因素是：

(1) 对应法则 f(即因变量 y 对于自变量 x 的依赖关系)；

(2) 定义域 D(即自变量 x 的取值范围).

如果说两个函数的“对应法则 f”和“定义域 D”都相同，那么，这两个函数就是相同的，否则就是不相同的. 至于自变量和因变量用什么字母表示，则无关紧要. 例如 $y=2x$，$s=2t$，$u=2v$，都表示同一个函数.

例 1.6　下列各对函数是否相同，为什么？

(1) $f(x)=x, g(x)=\dfrac{x^2}{x}$；

(2) $f(x)=x,\ g(x)=\sqrt{x^2}$；

(3) $f(x)=\sqrt[3]{x^4-x^3},\ g(x)=x\sqrt[3]{x-1}$.

解　根据题意：

(1) 不相同. 理由很简单，两个函数的定义域不相同.

(2) 不相同，虽然两个函数的定义域均为 $(-\infty,+\infty)$，但对应法则不同. 例如：$f(-1)=-1$，$g(-1)=1$，故不相同.

(3) 相同. 定义域均为 $(-\infty,+\infty)$，对应法则也相同，因此，$f(x)$ 与 $g(x)$ 相同.

例 1.7　如果 $f\left(\dfrac{1}{x}\right)=2x+\left(\dfrac{x+1}{x}\right)^2\ (x\neq 0)$，求 $f(x)$.

解　令 $\dfrac{1}{x}=t$，则 $x=\dfrac{1}{t}\ (t\neq 0)$，故有

$$f(t)=2\cdot\frac{1}{t}+\left[\frac{\frac{1}{t}+1}{\frac{1}{t}}\right]^2=\frac{2}{t}+(1+t)^2,$$

所以

$$f(x)=\frac{2}{x}+(1+x)^2\quad(x\neq 0).$$

此例说明函数关系与变量的记号无关.

2. 函数的表示法

函数的常用表示方法有三种:解析法、表格法和图形法.这三种表示方法各有其特点和优缺点,不过,在我们的学习过程中,以使用解析法居多.

(1) 解析法.用数学解析表达式表示一个函数的方法称为解析法(也叫公式法).高等数学中所讨论的函数大多是由解析法给出的,这是因为用解析法表示的函数便于进行各种运算和研究,缺点就是不够直观.

但是需要指出的是,在用解析法表示函数时,不一定总是用一个式子来表示,也可以同时用几个式子来表示一个函数,这就是分段函数.

定义 1.2 在自变量不同的取值范围内,用不同的数学解析表达式(或数字)来同时表示一个函数的函数称为分段函数.

例如,前面提到的狄利克雷函数就是分段函数.分段函数的定义域在其表达式中均已给出,不需要去求解,只需总结一下就能得到.

例 1.8 绝对值函数

$$y=|x|=\begin{cases}x, & x\geqslant 0,\\ -x, & x<0\end{cases}$$

的定义域 $D=(-\infty,+\infty)$,值域 $W=[0,+\infty)$,如图 1-5 所示.

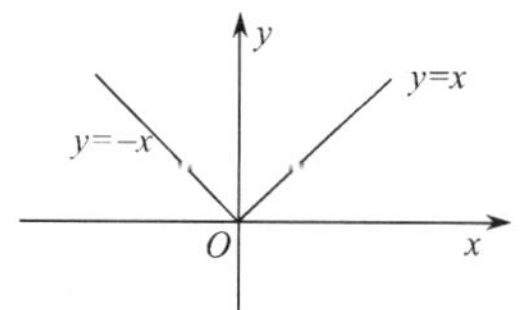

图 1-5

例 1.9 函数

$$y=\begin{cases}x^2, & -1<x\leqslant 0,\\ 1+x, & 0<x\leqslant 2\end{cases}$$

的定义域 $D=(-1,2]$,值域 $W=[0,1)\cup(1,3]$,如图 1-6 所示.

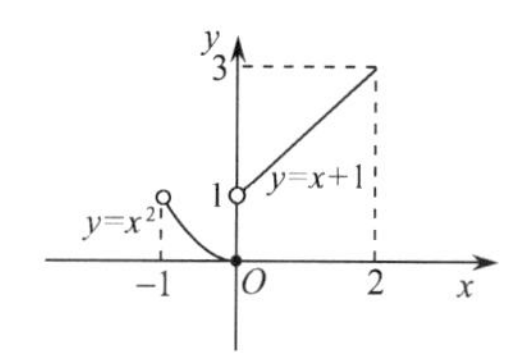

图 1-6

例 1.8 和例 1.9 都是分段函数,在自变量 x 不同的取值范围内,对应法则用不同的解析表达式表示,但表示的都是一个函数,而不是几个函数.

(2) 表格法.在实际应用中,常将一系列自变量值与对应的函数值列成表格,以备查阅.例如中学常用的平方根表、常用对数表、三角函数表等.用这种形式表示函数的方法就叫做表格法.

表格法的优点是简单明了,便于应用,可以直接从自变量的值查到相对应的函数值;缺点是表中所列的数据有限,往往不够完全,所以,表达的函数也不够完整.不过,在工程技术中,为了便于工程计算,还是常常被采用.

(3) 图形法.

例 1.10 某气象站用自动温度记录仪记下了一夜气温的变化(图 1-7),由图中可以看到一夜内每一时刻 t,都有唯一确定的温度 T 与之对应,因此,图中的曲线在记录的时间区间内确定了一个函数关系.

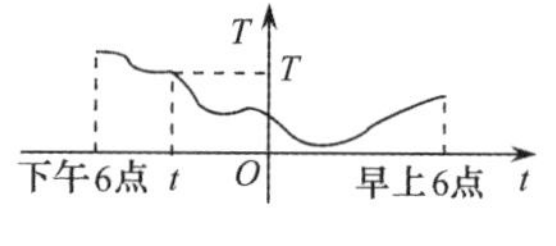

图 1-7

类似于例 1.10 的这类问题,通常很难找到一个解析式准确地表示两个变量之间的关系,却可以用某个坐标系中的一条曲线来表示两个变量之间的对应关系,这种表示函数的方法称为图形法.

图形法的优点是鲜明直观，缺点是事先难以获取. 例如，股市中某一只股票某一天的股价走势图等.

虽然说有的函数能用解析式表示，但为了便于研究，使函数变量之间的对应关系更加直观、形象，我们常常会把函数的图形画出来帮助分析.

1.1.4　函数的几种特性

函数有四大特性，它们是有界性、单调性、奇偶性和周期性. 有些性质在中学已经学过，而有些性质则是中学没有学过的.

所谓函数的特性，就是指因变量 y 的变化情况，即在自变量 x 的某种变化过程中因变量 y 随之发生的一系列变化，这一点是大家在学习前首先必须意识到的，只有这样，才能更好地学习函数的四大特性.

1. 函数的有界性

视频 3

定义 1.3　设函数 $y=f(x)$ 在区间 I 内有定义（区间 I 可以是函数的整个定义域，也可以是其定义域的一部分），如果存在一个正数 M，对于所有的 $x\in I$，对应的函数值 $f(x)$ 都满足不等式

$$|f(x)|\leqslant M,$$

则称函数 $y=f(x)$ 在区间 I 内有界. 如果这样的 M 不存在，则称函数 $y=f(x)$ 在 I 内无界.

通过定义 1.3 我们可以看到，所谓的函数有界性指的就是在所讨论的区间范围内函数值 y 的取值状况是上封顶、下保底. 若函数值 y 的取值只出现上封顶（或下保底）的情况，那么我们称函数只有上界（或下界），所以，函数有界必须是既有上界，同时还有下界. 若函数只有上界或只有下界，则不能说函数是有界的.

例 1.11　函数 $y=\sin x$ 在 $(-\infty,+\infty)$ 内有界，因为对于任意的 $x\in(-\infty,+\infty)$，均有 $|\sin x|\leqslant 1$，因此 $y=\sin x$ 是在 $(-\infty,+\infty)$ 内的有界函数.

例 1.12　函数 $y=x^2$ 在 $(-\infty,+\infty)$ 内无界，原因是其只有下界，而无上界，故无界.

在判断函数的有界性时，要注意一个原则，那就是要先明确自变量 x 的取值范围，然后方可讨论函数的有界性. 例如，函数 $y=\dfrac{1}{x}$ 在 $(0,1)$ 内无界，但 $y=\dfrac{1}{x}$ 在 $(1,+\infty)$ 内却有界. 由此可见，同一个函数在不同的区间范围内判断的结果往往也不同.

2. 函数的单调性

视频 4

定义 1.4　设函数 $y=f(x)$ 的定义域为 D，区间 $I\subseteq D$，如果对于区间 I 上任意两点 x_1、x_2，当 $x_1<x_2$ 时，都有

$$f(x_1)<f(x_2),$$

则称函数 $y=f(x)$ 在区间 I 上是单调增加的（图 1-8(a)），区间 I 称为单调增加区间；如果对于区间 I 上任意两点 x_1、x_2，当 $x_1<x_2$ 时，都有

$$f(x_1)>f(x_2),$$

则称函数 $y=f(x)$ 在区间 I 上是单调减少的

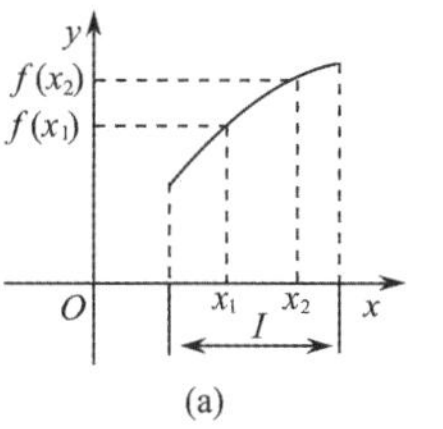

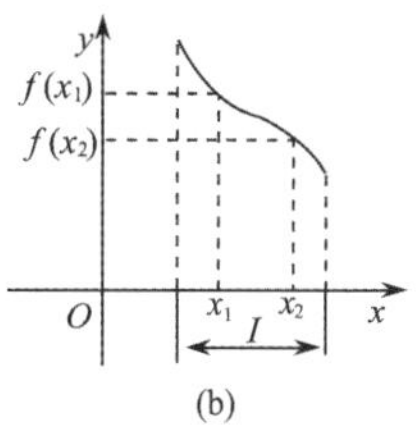

图 1-8

(图 1-8(b)),区间 I 称为单调减少区间.单调增加和单调减少的函数统称为单调函数,单调增加和单调减少的区间统称为单调区间.

从定义 1.4 和图 1-8 中不难看出,单调增加函数的图形是一条上升的曲线,而单调减少函数的图形则是一条下降的曲线.

在讨论函数的单调性时必须注意到:

(1) 分析函数的单调性,总是在 x 轴上从左向右看函数值的变化.

(2) 以上所讨论的单调性指的都是严格单调增加与严格单调减少.

(3) 函数可能在其定义域的一部分区间内是单调增加的,而在另一部分区间内是单调减少的,这样,函数在整个定义域内就不是单调的.例如,$y=x^2$ 在$(-\infty,0)$内单调减少,在$(0,+\infty)$内单调增加,但是 $y=x^2$ 在定义区间$(-\infty,+\infty)$内不是单调的.

3. 函数的奇偶性

视频 5

定义 1.5 设函数 $y=f(x)$的定义域 D 关于原点对称,如果对于任意 $x\in D$,都有

$$f(-x)=-f(x)$$

成立,则称函数 $y-f(x)$为奇函数.如果对于任意 $x\in D$,都有

$$f(-x)=f(x)$$

成立,则称函数 $y=f(x)$为偶函数.

对于偶函数来说,由于 $f(-x)=f(x)$,如果点 $A(x,f(x))$在图形上,则与它对称于 y 轴的点 $A'(-x,f(x))$也在图形上,由此可见偶函数的图形对称于 y 轴,如图 1-9(a)所示.同样,对于奇函数,由于 $f(-x)=-f(x)$,如果点 $B(x,f(x))$在图形上,则与它对称于原点的点 $B'(-x,-f(x))$也在图形上,可见奇函数的图形对称于坐标原点,如图 1-9(b)所示.

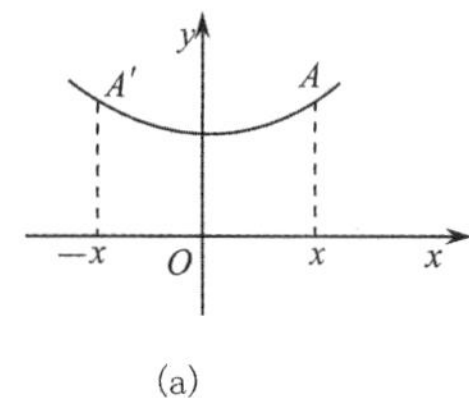

(a)

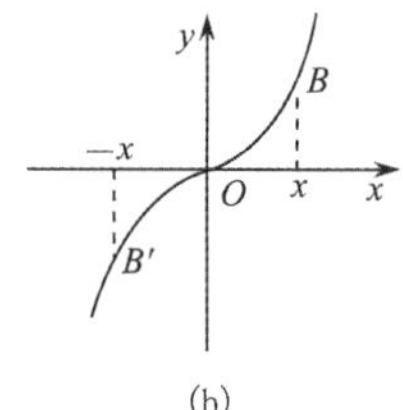

(b)

图 1-9

例 1.13 讨论函数 $f(x)=|\sin x|$ 的奇偶性.

解 因为

$$\begin{aligned}f(-x)&=|\sin(-x)|=|-\sin x|\\&=|\sin x|=f(x),\end{aligned}$$

所以 $f(x)=|\sin x|$ 为偶函数(图 1-10).

例 1.14 设 $f(x)$是偶函数,且

$$\varphi(x)=f(x)\left(\frac{1}{2^x+1}-\frac{1}{2}\right),$$

讨论 $\varphi(x)$的奇偶性.

y

y=|sinx|

O

x

图 1-10

解 因为

$$\begin{aligned}\varphi(-x)&=f(-x)\left(\frac{1}{2^{-x}+1}-\frac{1}{2}\right)\\&=f(x)\left(\frac{2^x}{1+2^x}-\frac{1}{2}\right)\\&=f(x)\left(\frac{2^x+1-1}{2^x+1}-\frac{1}{2}\right)\\&=f(x)\left(1-\frac{1}{2^x+1}-\frac{1}{2}\right)\\&=f(x)\left(\frac{1}{2}-\frac{1}{2^x+1}\right)\\&=-f(x)\left(\frac{1}{2^x+1}-\frac{1}{2}\right)\\&=-\varphi(x),\end{aligned}$$

所以 $\varphi(x)$是奇函数.

例 1.15　设 $f(x)$是定义在$(-l,l)$上的任意函数,试证:

(1) $f(x)+f(-x)$是偶函数;　　(2) $f(x)-f(-x)$是奇函数.

证　根据题意:

(1) 令 $F(x)=f(x)+f(-x)$,则 $F(x)$也是定义在$(-l,l)$上的函数.

因为

$$F(-x)=f(-x)+f[-(-x)]=f(-x)+f(x)=F(x),$$

所以 $F(x)=f(x)+f(-x)$是定义在$(-l,l)$上的偶函数.

(2) 令 $G(x)=f(x)-f(-x)$,则 $G(x)$也是定义在$(-l,l)$上的函数.

因为

$$\begin{aligned}G(-x)&=f(-x)-f[-(-x)]=f(-x)-f(x)\\&=-[f(x)-f(-x)]=-G(x),\end{aligned}$$

所以 $G(x)=f(x)-f(-x)$是定义在$(-l,l)$上的奇函数.

请大家注意一点,并非所有的函数都具备奇偶性,应该说,大部分的函数既不是奇函数,也不是偶函数,这些函数称为非奇非偶函数. 通过例 1.15 又可以看到,在对称区间$(-l,l)$或$(-\infty,+\infty)$上定义的任意一个函数,一定可以表示为一个偶函数$\frac{1}{2}[f(x)+f(-x)]$与一个奇函数$\frac{1}{2}[f(x)-f(-x)]$之和.

4. 函数的周期性

视频 6

定义 1.6　设函数 $y=f(x)$的定义域为 D,如果存在一个常数 $T\neq0$,使得对任意的 $x\in D$ 有 $x\pm T\in D$,且 $f(x\pm T)=f(x)$,则称函数 $y=f(x)$为周期函数,T 为$f(x)$的周期.

显然,如果 $f(x\pm T)=f(x)$,则有 $f(x\pm 2T)=f(x)$,$f(x\pm 3T)=f(x)$,…,因此需要指出的是,通常所说的周期函数的周期都是指函数的最小正周期.

例如,在中学我们学过的三角函数 $y=\sin x$,$y=\cos x$ 都是以 2π 为周期的周期函数;而

$y=\tan x$，$y=\cot x$ 都是以 π 为周期的周期函数.

周期函数的图形特点是，自变量每增加或减少一固定的距离 T 后，图形会重现一次. 所以我们在学习函数的周期性时必须注意：

（1）对于周期函数的形态，只要在长度等于 T 的一个周期区间上考虑即可；

（2）对于周期函数图形的描绘，也只需在长度等于 T 的一个周期区间上描绘即可，然后不断地在每一个周期区间上进行复制.

例 1.16 证明函数 $f(x)=\sin\omega x$ 是以 $\frac{2\pi}{\omega}$ 为周期的周期函数.

证 因为 $f\left(x+\frac{2\pi}{\omega}\right)=\sin\omega\left(x+\frac{2\pi}{\omega}\right)=\sin(2\pi+\omega x)=\sin\omega x=f(x)$，

所以 $f(x)=\sin\omega x$ 是以 $\frac{2\pi}{\omega}$ 为周期的周期函数.

同理，我们还能证明 $y=\tan\omega x$ 是以 $\frac{\pi}{\omega}$ 为周期的周期函数.

例 1.17 求下列函数的周期.

（1）$f(x)=\sin 2x+\tan\frac{x}{2}$；　　（2）$f(x)=\sin\frac{x}{2}+5$.

解 （1）因为函数 $\sin 2x$ 的周期 $T_1=\frac{2\pi}{2}=\pi$，$\tan\frac{x}{2}$ 的周期 $T_2=\frac{\pi}{\frac{1}{2}}=2\pi$，而 $f(x)$ 是 $\sin 2x$ 与 $\tan\frac{x}{2}$ 的和函数，所以 $f(x)$ 的周期应为 T_1，T_2 的最小公倍数，即 $f(x)$ 的周期为 $T=2\pi$.

（2）因为常数 5 的周期可为任意实数，$\sin\frac{x}{2}$ 的周期为 4π，所以函数 $y=\sin\frac{\pi}{2}+5$ 的周期仍为 4π.

1.1.5 反函数

在两个变量的函数关系中，自变量和因变量的地位往往是相对的，可以把这个变量看作自变量，也可以把那个变量看作自变量，而我们总是根据问题的需要选定其中一个为自变量，则另一个就是因变量或函数.

视频 7

例如，在商品销售中，已知某种商品的单价为 p，如果想要用该商品的销售量 x 来计算该商品的销售总收入 y，那么，x 就是自变量，而 y 则是因变量，其函数关系为

$$y=px.$$

反过来，如果想以这种商品的销售总收入来计算其销售量，就必须把 y 作为自变量，把 x 作为因变量，并由函数 $y=px$ 解出关于 y 的函数关系

$$x=\frac{y}{p}\quad (p\neq 0).$$

这时称 $x=\frac{y}{p}$ 为 $y=px$ 的反函数，$y=px$ 则称为直接函数.

定义 1.7 设函数 $y=f(x)$ 的定义域为 D，值域为 W，如果对任意一个 $y\in W$，在 D 内都只有一个数 x 与 y 相对应，使得 $f(x)=y$. 如果把 y 看作自变量，x 视为因变量，就能得到一个新的函数，这个函数我们称为直接函数 $y=f(x)$ 的反函数，记为 $x=f^{-1}(y)$.

由于在函数的概念中变量的记号是可以任取的，所以习惯上我们总是把 $y=f(x)$ 的反函数由 $x=f^{-1}(y)$ 改写成 $y=f^{-1}(x)$.

由反函数的定义 1.7 可知：反函数的定义域就是直接函数的值域；反函数的值域就是直接函数的定义域；直接函数与反函数通常称为互为反函数.

一个函数 $y=f(x)$ 如果存在反函数，那么，它们变量之间的关系必定是一一对应的函数关系，即对于任意的 $x_1, x_2 \in D$，当 $x_1 \neq x_2$ 时，必有 $f(x_1) \neq f(x_2)$. 由于单调函数的自变量与因变量取值一一对应，因此单调函数必有反函数，而且单调增加（减少）函数的反函数也必定是单调增加（减少）的.

反函数的求法一般都是分两步做：第一步是求出反函数关系，即由直接函数 $y=f(x)$ 求出 $x=f^{-1}(x)$，这一步大家都比较容易做到；而第二步则是

把 $x=f^{-1}(y)$ 改写成 $y=f^{-1}(x)$.

对这一步很多初学者都不容易理解，要注意的是，这一步是求不出来的，而只能是写出来的. 为什么要这么改写，原因其实很简单，那就是人们总是习惯用 x 来表示自变量，用 y 来表示因变量的缘故.

例 1.18　求函数 $y=\dfrac{1}{2}x+3$ 的反函数.

解　因为由 $y=\dfrac{1}{2}x+3 \xrightarrow{\text{求出}} x=2y-6$,

所以反函数为 $y=2x-6$.

直接函数 $y=f(x)$ 的图形与反函数 $y=f^{-1}(x)$ 的图形在平面直角坐标系中是关于直线 $y=x$ 对称的，这一点我们在中学已有所了解. 事实上，如果不改写的话，在同一直角坐标系下，$y=f(x)$ 与 $x=f^{-1}(y)$ 二者表示的是同一图形.

例 1.19　描绘函数 $y=\sqrt[3]{x}$ 的图形.

解　因为函数 $y=x^3$ 在 $(-\infty,+\infty)$ 上是单调增加的，所以根据反函数的定义可知它的反函数就是

$$y=\sqrt[3]{x},\ x\in(-\infty,+\infty).$$

这样我们就能根据反函数图形的对称关系，由 $y=x^3$ 的图形绘出 $y=\sqrt[3]{x}$ 的图形，如图 1-11 所示.

图 1-11

1.1.6　基本初等函数及其图形

常函数、幂函数、指数函数、对数函数、三角函数与反三角函数，这六种函数统称为基本初等函数. 这些函数的性质、图形在中学都已学过，熟记基本初等函数的性质与图形是非常重要的，在今后的学习中会经常用到. 这里我们只做简单的复习.

1. 常函数

$$y=c\quad (c\ \text{为常数}),$$

$D=(-\infty,+\infty)$，$W=\{c\}$，图形是一条平行于 x 轴且离 x 轴的距离为 $|C|$ 的直线（图 1-12).

视频 8

2. 幂函数

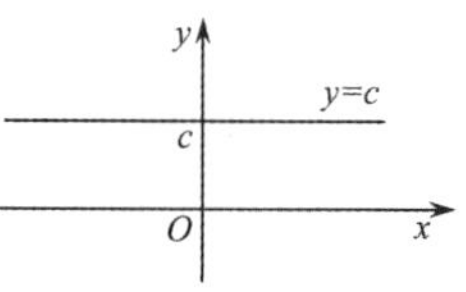

图 1-12

$$y=x^{\mu}\quad(\mu\text{ 为常数}).$$

幂函数的定义域随 μ 而异，当 $\mu=1,2,3,\frac{1}{2},-1$ 时是常见的幂函数，其图形如图 1-13 所示，但不论 μ 为何值，幂函数在 $(0,+\infty)$ 内总是有定义的，且其图形都经过点(1,1).

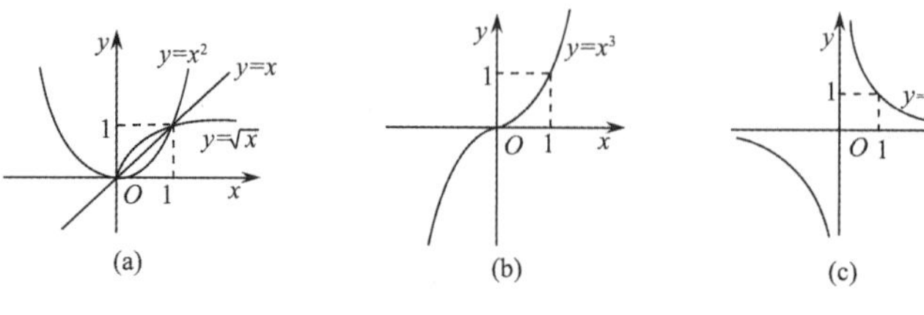

图 1-13

3. 指数函数

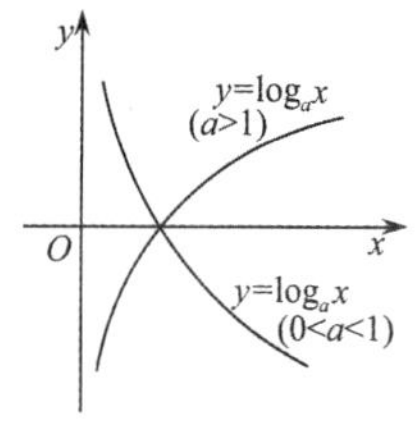

图 1-14

$$y=a^{x}\quad(a\text{ 为常数且 }a>0,a\neq 1),$$

$D=(-\infty,+\infty)$，$W=(0,+\infty)$，其图形都经过点(0,1).

当 $a>1$ 时，函数单调增加；当 $0<a<1$ 时，函数单调减少，如图 1-14 所示. 且 $y=a^{x}$ 的图形与 $y=a^{-x}$ 的图形关于 y 轴对称.

以无理数 $\mathrm{e}\approx 2.71828182\cdots$ 为底的指数函数 $y=\mathrm{e}^{x}$ 是工程中常用的指数函数，在本课程中也经常用到.

4. 对数函数

图 1-15

$$y=\log_{a}x\quad(a\text{ 为常数且 }a>0,\ a\neq 1),$$

$D=(0,+\infty)$，$W=(-\infty,+\infty)$，其图形都经过点(1,0).

对数函数是指数函数的反函数，其图形与指数函数的图形对称于直线 $y=x$.

当 $a>1$ 时，函数单调增加；当 $0<a<1$ 时，函数单调减少，如图 1-15 所示.

以 10 为底的对数函数叫做常用对数函数，简记为 $y=\lg x$. 以无理数 e 为底的对数函数叫做自然对数函数，简记为 $y=\ln x$. 自然对数函数也是本课程常用到的一种对数函数.

5. 三角函数

视频 9

三角函数有以下六个.

(1) 正弦函数 $y=\sin x$，$D=(-\infty,+\infty)$，$W=[-1,1]$，如图 1-16 所示.

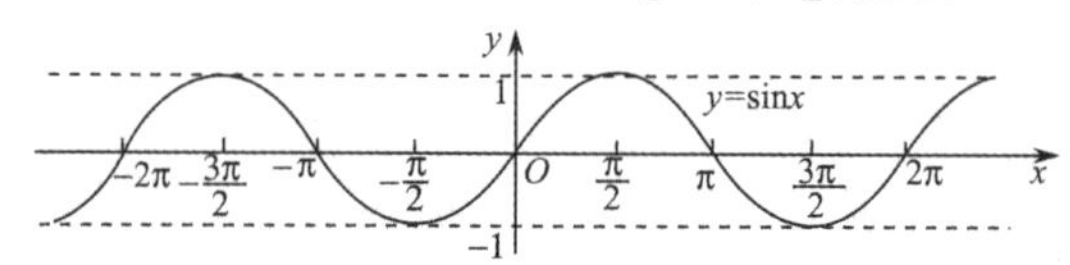

图 1-16

正弦函数是有界函数，奇函数，是以 2π 为周期的周期函数.

(2) 余弦函数 $y=\cos x$，$D=(-\infty,+\infty)$，$W=[-1,1]$，如图 1-17 所示. 余弦函数是有界函数，偶函数，是以 2π 为周期的周期函数.

(3) 正切函数 $y=\tan x$，$D=\left\{x\,\middle|\,x\neq k\pi+\frac{\pi}{2},\ k=0,\pm 1,\pm 2,\cdots\right\}$，

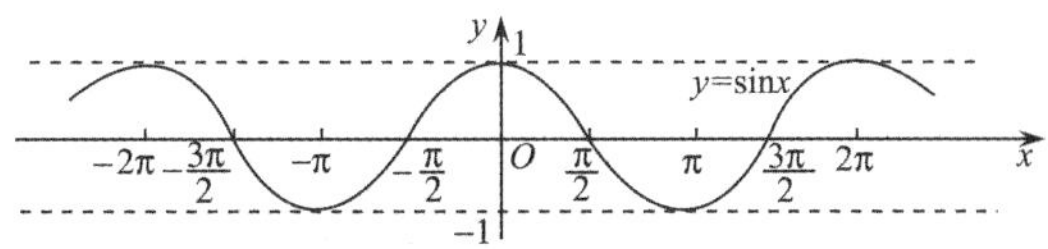

图 1-17

$$W=(-\infty,+\infty).$$

正切函数是奇函数,以 π 为周期的周期函数.

正切函数在每一个周期内都是单调增加的.其图形如图1-18所示.

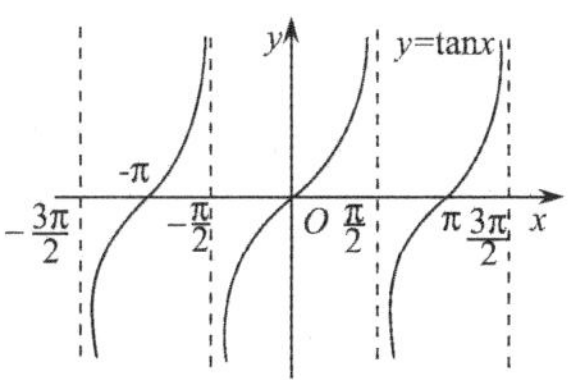

图 1-18

(4) 余切函数 $y=\cot x$, $D=\{x|x\neq k\pi,\ k=0,\pm1,\pm2,\cdots\}$,

$$W=(-\infty,+\infty).$$

余切函数是奇函数,以 π 为周期的周期函数.

余切函数在每一个周期内都是单调减少的.其图形如图1-19所示.

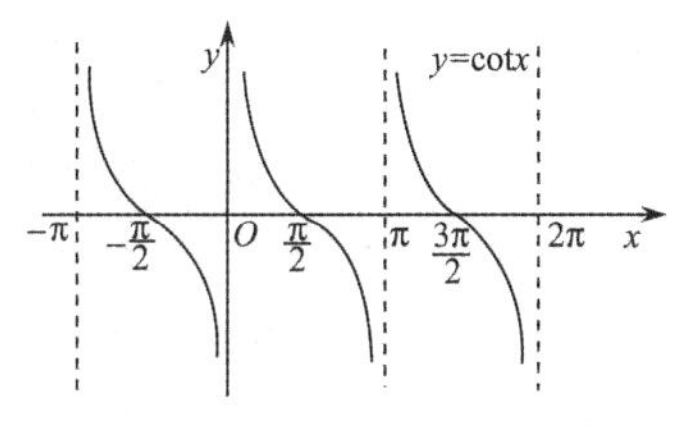

图 1-19

(5) 正割函数

$y=\sec x$, $D=\left\{x|x\neq k\pi+\frac{\pi}{2},\ k=0,\pm1,\pm2,\cdots\right\}$.

$$W=(-\infty,-1]\cup[1,+\infty).$$

正割函数是余弦函数的倒数,即 $\sec x=\frac{1}{\cos x}$.

因此,正割函数也是偶函数,是以 2π 为周期的周期函数.

(6) 余割函数 $y=\csc x$,　$D=\{x|x\neq k\pi,\ k=0,\pm1,\pm2,\cdots\}$,

$$W=(-\infty,-1]\cup[1,+\infty).$$

余割函数是正弦函数的倒数,即 $\csc x=\frac{1}{\sin x}$.

因此,余割函数也是奇函数,是以 2π 为周期的周期函数.

在本课程中,三角函数的自变量 x 一律以"弧度(rad)"为单位.例如 $x=1$ 就表示1个弧度($1\text{rad}\approx57°17'44.8''$).

附　常用的三角函数关系和三角函数变换公式:

倒数关系:$\tan x=\frac{1}{\cot x}$,　$\sec x=\frac{1}{\cos x}$,　$\csc x=\frac{1}{\sin x}$;

商的关系:$\tan x=\frac{\sin x}{\cos x}$,　$\cot x=\frac{\cos x}{\sin x}$;

平方关系:$\sin^2x+\cos^2x=1$,　$1+\tan^2x=\sec^2x$,　$1+\cot^2x=\csc^2x$;

二倍角公式:$\sin 2x=2\sin x\cos x$,

$$\cos 2x=\cos^2x-\sin^2x=2\cos^2x-1=1-2\sin^2x;$$

积化和差公式:$\sin x_1\cdot\cos x_2=\frac{1}{2}[\sin(x_1+x_2)+\sin(x_1-x_2)]$,

$$\cos x_1\cdot\cos x_2=\frac{1}{2}[\cos(x_1+x_2)+\cos(x_1-x_2)],$$

$$\sin x_1 \cdot \sin x_2 = -\frac{1}{2}[\cos(x_1+x_2)-\cos(x_1-x_2)];$$

和差化积公式：$\sin x_1 + \sin x_2 = 2\sin\frac{x_1+x_2}{2}\cos\frac{x_1-x_2}{2}$，

$$\sin x_1 - \sin x_2 = 2\cos\frac{x_1+x_2}{2}\sin\frac{x_1-x_2}{2},$$

$$\cos x_1 - \cos x_2 = -2\sin\frac{x_1+x_2}{2}\sin\frac{x_1-x_2}{2},$$

$$\cos x_1 + \cos x_2 = 2\cos\frac{x_1+x_2}{2}\cdot\cos\frac{x_1-x_2}{2}.$$

6. 反三角函数

视频 10

三角函数的反函数称为反三角函数.由于三角函数在其定义域内都不是单调函数，因而它们的反对应关系也不是一一对应的，即每一个 y 值都有无数个 x 值与之对应，如果就此去求反三角函数的话，那么，得到的都是多值反函数.为此，我们必须对三角函数的自变量 x 做一些限定后再去求反三角函数，目的就是让这些三角函数成为单调函数，使其存在单值反函数，而 x 的限定区间也就成了反三角函数的值域，对这个值域我们又称为反三角函数的主值区间.下面我们给出的四个反三角函数都做过这方面的限定，当然它们也都是单值函数.

(1) 反正弦函数

$$y=\arcsin x,\quad D=[-1,1],\quad W=\left[-\frac{\pi}{2},\frac{\pi}{2}\right].$$

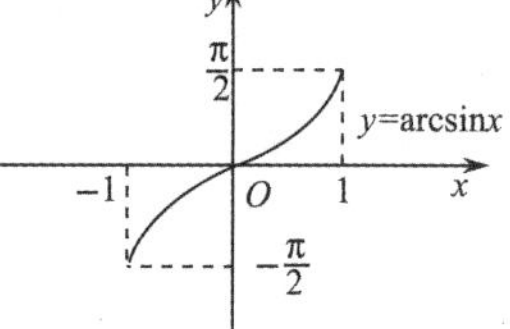

图 1-20

反正弦函数 $y=\arcsin x$ 是单调增加函数，有界且为奇函数，如图 1-20 所示，并且有

$$\arcsin(-x)=-\arcsin x.$$

(2) 反余弦函数

$$y=\arccos x,\ D=[-1,1],\quad W=[0,\pi].$$

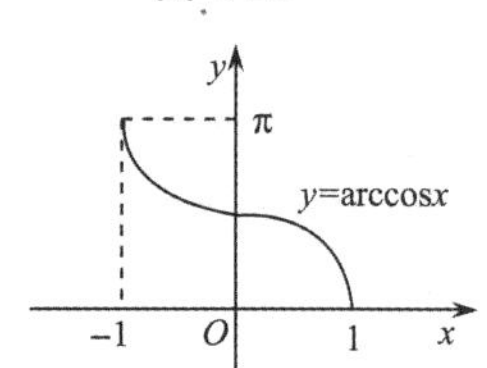

图 1-21

反余弦函数 $y=\arccos x$ 是单调减少函数，有界但非奇非偶，如图 1-21所示，并且有

$$\arccos(-x)=\pi-\arccos x.$$

(3) 反正切函数

$$y=\arctan x,\quad D=(-\infty,+\infty),\quad W=\left(-\frac{\pi}{2},\frac{\pi}{2}\right).$$

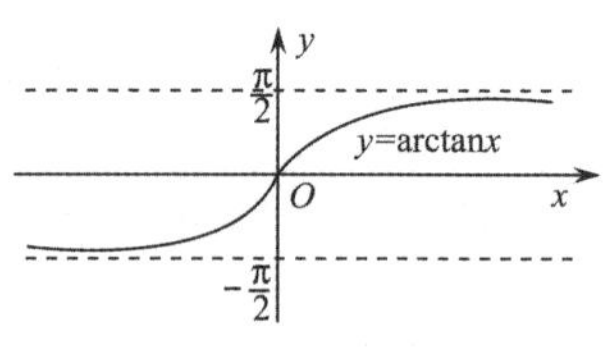

图 1-22

反正切函数 $y=\arctan x$ 是单调增加函数，有界且为奇函数，如图 1-22 所示，并且有

$$\arctan(-x)=-\arctan x.$$

(4) 反余切函数

$$y=\operatorname{arccot} x,\quad D=(-\infty,+\infty),\quad W=(0,\pi).$$

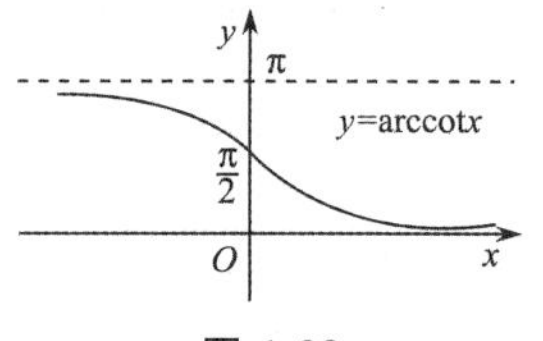

图 1-23

反余切函数 $y=\operatorname{arccot} x$ 是单调减少函数，有界但非奇非偶，如图 1-23所示，并且有

$$\operatorname{arccot}(-x)=\pi-\operatorname{arccot}x.$$

虽然三角函数都是周期函数，但是反三角函数都不是周期函数. 在学习反三角函数时要特别注意一点：那就是反三角函数的符号是一个整体符号，不能分开写. 例如，$\arcsin x$ 不能分成 arc 和 $\sin x$，这一点务必切记.

以上六类基本初等函数是组成初等函数的最基本元素，其图形和性质应牢固掌握.

1.1.7　复合函数与初等函数

1. 复合函数

视频 11

在同一现象中，两个变量的联系有时不是直接的，而是通过另一个变量间接联系起来的，这就是复合函数的概念. 为此，我们先看下面的定义.

定义 1.8　已知两个函数 $y=f(x)$，$u\in D_1$，$y\in W_1$；$u=g(x)$，$x\in D_2$，$u\in W_2$. 如果 $D_1\cap W_2\neq\varnothing$，则称函数 $y=f[g(x)]$是由 $y=f(u)$和 $u=g(x)$复合而成的复合函数. 通常称 $y=f(u)$是外层函数，称 $u=g(x)$是内层函数，而 u 则称之为中间变量.

通过定义 1.8 可以看到，两个函数在复合时，一定要注意复合的条件，那就是外层函数的定义域与内层函数的值域必须要有交集，即 $D_1\cap W_2\neq\varnothing$，否则，形式上的复合函数 $y=f[g(x)]$就可能毫无意义. 例如 $y=\arcsin u$，$u=2+x^2$ 就不能复合成一个复合函数，这是因为 $D_1=[-1,1]$，$W_2=[2,+\infty)$，$D_1\cap W_2=\varnothing$，故不能复合. 其复合的函数 $y=\arcsin(2+x^2)$也没有任何意义.

事实上，复合函数 $f[g(x)]$也可以看作是将函数 $g(x)$代换函数 $f(x)$中的 x 得到的.

例 1.20　设 $f(x)=e^x$，$g(x)=\sin x$，求 $f[g(x)]$和 $g[f(x)]$.

解　$f[g(x)]=e^{g(x)}=e^{\sin x}$，$g[f(x)]=\sin f(x)=\sin e^x$.

复合函数也可以由两个以上的函数经过复合而成，即中间变量可以不止一个，可以有若干个中间变量进行复合.

例如 $y=e^{\sin\frac{1}{x}}$可以看成是由 $y=e^u$，$u=\sin v$，$v=\dfrac{1}{x}$复合而成.

例 1.21　已知下列复合函数，试写出其复合过程：

(1) $y=\sec^2 x$；　　(2) $y=\ln(1+x^2)$；

(3) $y=(\arctan x^2)^3$；　　(4) $y=e^{\sin\sqrt{1-x^2}}$.

解　分解复合函数的复合过程都是由外层函数向内层函数进行分解.

(1) $y=u^2$，　$u=\sec x$；

(2) $y=\ln u$，　$u=1+x^2$；

(3) $y=u^3$，　$u=\arctan v$，　$v=x^2$；

(4) $y=e^u$，$u=\sin v_1$，　$v_1=\sqrt{v_2}$，　$v_2=1-x^2$.

例 1.22　设 $f(x)=\dfrac{1}{1-x}(x\neq0,x\neq1)$，求 $f[f(x)]$及 $f\{f[f(x)]\}$.

解　$f[f(x)]=\dfrac{1}{1-f(x)}=\dfrac{1}{1-\dfrac{1}{1-x}}=\dfrac{x-1}{x}$,

$$f\{f[f(x)]\}=\frac{1}{1-f[f(x)]}=\frac{1}{1-\frac{x-1}{x}}=x.$$

2. 初等函数

在此之前，我们已不止一次地遇见过初等函数，那么，怎样的函数是初等函数呢？下面来看初等函数的定义.

定义 1.9 由基本初等函数经过有限次四则运算或有限次复合步骤所构成，且只可用一个解析式表示的函数，叫做初等函数.

例如，$y=\sqrt{1-x^2}$，$y=\sin 2x$，$y=\ln(x+\sqrt{1+x^2})$都是初等函数. 本课程所讨论的函数绝大多数都是初等函数.

由于初等函数只能用一个解析式来表示，因此，大部分的分段函数都不是初等函数. 当然也有特殊情况，如绝对值函数

$$y=\sqrt{x^2}=|x|=\begin{cases} x, & x\geqslant 0; \\ -x, & x<0 \end{cases}$$

既是初等函数，也是分段函数.

1.1.8 简单函数关系的建立

在许多实际问题中，常常需要建立数学模型，这样就需要找出问题中变量相互之间的函数关系，然后再利用相关的数学知识和数学方法去分析、研究、解决这些问题. 现实世界中变量之间的相互依存关系往往是多种多样的，所涉及的知识面也很广，因此，建立函数关系式并没有一般规律可循，只能是具体问题具体分析. 而对于一些简单问题，一般可以这样来分析：

(1) 先理清题意，有时可以通过一些草图来帮助分析和理解题意.

(2) 然后根据题意来确定自变量和因变量，如果说总体变量多于两个的话，那么，还要进一步分析除因变量外其他几个变量之间的关系. 因为这里建立的是一元函数关系，所以最终应归结为一个自变量与一个因变量(即函数)的关系式.

下面举几个较简单的实例来说明建立函数关系式的方法. 不过，要说明的是，这里所建立的函数关系式，其定义域都是实际定义域，而不是自然定义域.

例 1.23 已知一有盖的圆柱形铁桶容积为 V，试建立圆柱形铁桶的表面积 S 与底面半径 r 之间的函数关系式.

解 由题意知，圆柱形铁桶的容积 V 是一个常数，设桶高为 h，则有 $V=\pi r^2 h$，这样就得到 $h=\frac{V}{\pi r^2}$. 所以

$$S=2\pi rh+2\pi r^2=2\pi r\cdot\frac{V}{\pi r^2}+2\pi r^2,$$

即

$$S=\frac{2V}{r}+2\pi r^2 \quad (0<r<+\infty).$$

例 1.24 有一抛物线拱形桥，跨度为 20m，高为 4m. 请选择适当的直角坐标系，把拱形上点的纵坐标 y 表示成横坐标 x 的函数.

解　如图 1-24 所示，以拱形桥的两个端点 A,B 的连线作为 x 轴，以 AB 连线的中点作为坐标原点 O 来建立平面直角坐标系，则抛物线拱形桥与 y 轴的交点为 C，坐标为 $(0,4)$，与 x 轴的交点为 A,B，坐标分别为 $(-10,0)$，$(10,0)$.

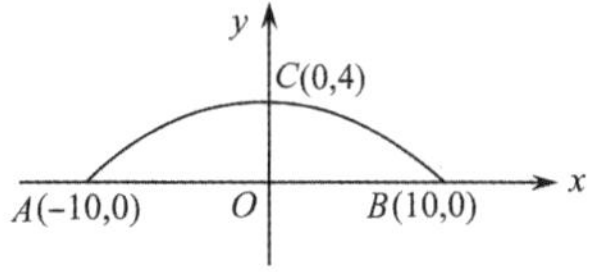

图 1-24

由于 y 轴建立在拱形桥的中间，因此可设所求拱形桥的抛物线方程为

$$y=ax^2+b.$$

将 $C(0,4)$，$B(10,0)$ 的坐标代入该方程，可得

$$\begin{cases}a\cdot 0^2+b=4,\\ a\cdot 10^2+b=0.\end{cases}$$

解得 $a=-0.04$，$b=4$.

所以，所求函数关系式为

$$y=-0.04x^2+4\quad(-10\leqslant x\leqslant 10).$$

例 1.25　某批发商现有某种产品 1600 件，定价为 150 元/件，销售量在不超过1000件时，按原价出售，超过 1000 件时，超过的部分按原价的八折出售，试求销售收入与销售量之间的函数关系.

解　按题意，设销售量为 x，销售收入为 R.

显然，当 $0\leqslant x\leqslant 1000$ 时，$R=150x$. 当 $1000<x\leqslant 1600$ 时，收入由两部分组成：1000 件部分的收入为 150×1000；超过 1000 件的部分的收人为 $150\times 0.8(x-1000)$.

所以 $R=150\times 1000+150\times 0.8(x-1000)=30000+120x$. 于是 R 与 x 之间的函数关系为

$$R=\begin{cases}150x, & 0\leqslant x\leqslant 1000;\\ 30000+120x, & 1000<x\leqslant 1600.\end{cases}$$

习题 1-1

习题 1-1 答案

1. 填空题

(1) 函数 $y=\sqrt{16-x^2}+\dfrac{x-1}{\ln x}$ 的定义域是__________.

(2)设 $f(x)=3x+1$，则 $f[f(x)-1]=$__________.

(3) 把函数 $f(x)=2-|x+1|$ 表示为分段函数时，$f(x)=$__________.

(4) 函数 $y=\log_3 2+\log_3\sqrt{x}$ 的反函数是__________.

(5) 函数 $y=e^x+1$ 与 $y=\ln(x-1)$ 的图形关于直线__________对称.

(6) 函数 $f(x)=\sin 3x\cdot\cos x$ 的周期 $T=$__________.

(7) 设 $f(u)$ 的定义域为 $0<u\leqslant 1$，则函数 $f(e^x)$ 的定义域为__________.

(8) 设函数 $f(x)=\begin{cases}\dfrac{2}{3}, & |x|\leqslant 1;\\ 0, & |x|>1,\end{cases}$ 则函数 $f[f(x)]=$__________.

2. 单项选择题

(1) 函数 $y=\frac{x+1}{x^2-3x+2}$ 的定义域是(　　).

A. $(-\infty,1)\cup(1,+\infty)$　　B. $(-\infty,1)\cup(2,+\infty)$

C. $(-\infty,1)\cup(1,2)\cup(2,+\infty)$　　D. $(-\infty,+\infty)$

(2) 下列各对函数相同的是(　　).

A. $f(x)=x$, $g(x)=(\sqrt{x})^2$　　B. $f(x)=\sqrt{x^2}$, $g(x)=|x|$

C. $f(x)=x+1$, $g(x)=\frac{x^2-1}{x-1}$　　D. $f(x)=\ln x^2$, $g(x)=2\ln x$

(3) 函数 $f(x)=\begin{cases}\sqrt{1-x^2}, & |x|<1,\\ x^2-1, & 1<|x|\leqslant 2\end{cases}$ 的定义域是(　　).

A. $[-2,-1)\cup(-1,1)\cup(1,2]$　　B. $[-2,2]$

C. $[-2,-1)\cup(-1,2]$　　D. $[-2,-1)\cup(1,2]$

(4) 设函数 $f(x)=\begin{cases}x+1, & x>0,\\ -x, & x<0,\end{cases}$ 那么 $f(0)$(　　).

A. 等于-1　　B. 等于 0　　C. 等于 1　　D. 无定义

(5) 设 $f(x)=e^2$,则 $f(x+2)-f(x+1)=$(　　).

A. e^3　　B. e　　C. 0　　D. $e^{\frac{x+2}{x+1}}$

(6) 下列函数中,为偶函数的是(　　).

A. $x^3e^{-x^2}$　　B. $x\sin x$　　C. $x^3+\cos x$　　D. $\ln(1+x)$

(7) 下列函数中,为奇函数的是(　　).

A. $x|x|$　　B. $x^3\tan x$　　C. $\sin^3x+1$　　D. $\frac{x(e^x-1)}{e^x+1}$

(8) 下列函数在$(0,+\infty)$内为有界函数的是(　　).

A. $y=\frac{1}{x}$　　B. $y=\ln(1+x)$　　C. $y=x^2$　　D. $y=\arctan x$

(9) 下列函数为无界函数的是(　　).

A. $y=\sin x$　　B. $y=\cos x$　　C. $y=\sec x$　　D. $y=\operatorname{arccot} x$

(10) 下列函数在其定义域内不为单调函数的是(　　).

A. $y=x^2+1$　　B. $y=5^x$　　C. $y=\ln(1+x)$　　D. $y=\arcsin x$

(11) 函数 $f(x)=x^3+1\ (-\infty<x<+\infty)$是(　　).

A. 有界函数　　B. 单调函数　　C. 周期函数　　D. 奇函数

(12) 函数 $y=-\sqrt{x-1}$ 的反函数是(　　).

A. $y=x^2+1\quad(-\infty<x<+\infty)$　　B. $y=x^2+1\quad(x\geqslant 0)$

C. $y=x^2+1\quad(x\leqslant 0)$　　D. $y=x^2+1\quad(x\neq 0)$

(13) 设 $f(x)=\frac{1-3x}{x-2}$ 与 $g(x)$的图形关于直线 $y=x$ 对称,则 $g(x)=$(　　).

A. $\frac{1+2x}{x+3}$　　B. $\frac{1-3x}{x-2}$　　C. $\frac{x+3}{1+2x}$　　D. $\frac{x-2}{1-3x}$

(14) 已知 $f(x)=\ln x$,则 $f(x)+f(y)=$(　　).

A. $f\left(\dfrac{y}{x}\right)$　　B. $f(x+y)$　　C. $f\left(\dfrac{x}{y}\right)$　　D. $f(xy)$

(15) 以下函数中，不是初等函数的为(　　).

A. $y=\mathrm{e}^{2x+1}$　　B. $y=\begin{cases}1-2x, & 0<x<1,\\ x^2, & 1\leqslant x<3\end{cases}$

C. $y=\sqrt{1-x^2}+\sin x$　　D. $y=\ln(x+\sqrt{1+x^2})$

3. 设 $x\in\mathring{U}(1,\delta)$时，$|x-1|<\dfrac{\varepsilon}{2}$，当 ε 分别为 0.1，0.01 时，求邻域半径 δ 各等于多少？

4. 求下列函数的定义域：

(1) $y=\arcsin(x+1)$；　　(2) $y=\sqrt{2-x}+\arctan\dfrac{1}{x}$；

(3) $y=\dfrac{\ln(3-x)}{\sqrt{|x|-1}}$；　　(4) $y=\sqrt{\lg\dfrac{5x-x^2}{4}}$.

5. 判断函数 $f(x)=\ln\dfrac{x+\sqrt{x^2+a^2}}{a}$ $(a>0,-\infty<x<+\infty)$的奇偶性.

6. 设 $f(x)=\arccos x$，求 $f(0)$，$f\left(-\dfrac{\sqrt{2}}{2}\right)$，$f\left(\dfrac{\sqrt{3}}{2}\right)$，$f(-1)$，$f(1)$.

7. 设 $f(x)=\begin{cases}|\sin x|, & |x|<\dfrac{\pi}{3},\\ 0, & |x|\geqslant\dfrac{\pi}{3},\end{cases}$ 求 $f\left(\dfrac{\pi}{6}\right)$，$f\left(-\dfrac{\pi}{4}\right)$，$f(-2)$.

8. 设 $f(x)=3x^2+4x$，$\varphi(x)=\ln(1+x)$，求 $f[\varphi(x)]$，$\varphi[f(x)]$及其定义域.

9. 已知下列复合函数，试写出其复合过程：

(1) $y=\sin\sqrt{x}$；　　(2) $y=\mathrm{e}^{\arcsin x}$；

(3) $y=\ln\tan\dfrac{x}{2}$；　　(4) $y=\sqrt{\ln\sqrt{x}}$；

(5) $y=(\arctan 2x)^3$；　　(6) $y=2^{\cot x^2}$.

10. 一汽车租赁公司出租某种汽车的收费标准为：每天的基本租金 300 元，另外每公里收费为 5 元.

(1) 试建立每天的租车费与行车路程 $x$km 之间的函数关系；

(2) 若某人某天付 1500 元租车费，问他开了多少公里？

11. 铁路线 A 点处距离 B 城为 $b$km，某大型工厂 C 距 A 处为 $a$km，且 AC 垂直于 AB(图 1-25). 为了运输的需要，要在 AB 线上选一个点 D 建一个中转小站，并从点 D 向工厂修筑一条公路. 已知铁路运费是 P 元/(t·km)，公路运费是 $\dfrac{5}{3}P$ 元/(t·km)，显然，运费的多少决定了 D 点的选择，试将运费 y 表示为距离$|AD|$(记为 x)的函数关系式.

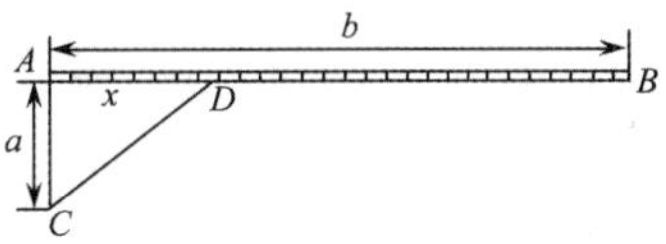

图 1-25

12. 要设计 1 个容积为 $V=20\pi\mathrm{m}^3$ 的有盖圆柱形贮油桶，已知桶盖单位面积的造价是侧面的一半，而侧面单位面积的造价又是底面的一半，设桶盖单位面积的造价为 a 元/m^2，试把贮油桶的总造价 P 表示为贮油桶半径 r 的函数.

1.2　极限的概念

极限是高等数学中的一个重要概念，极限的思想贯穿了整个微积分学，微积分里的许多重要的概念，如函数的连续性、导数、积分等都是用极限来定义的. 因此说极限是微积分的灵魂一点都不为过. 在微积分的发展初期，由于极限理论的不够成熟，使得牛顿和莱布尼茨都说不清它的基本原理，由此可见极限概念的重要性.

考虑本课程的基本要求及教学层次，我们只以直观和形象的语言在几何上来描述极限的概念，介绍极限的运算，并运用极限的方法来讨论无穷小及函数的连续性.

1.2.1　数列的极限

极限的概念是为了求某些实际问题的精确解答而产生的，所以要讲极限还必须从数列的极限谈起. 早期的人们就是利用数列的极限推出了圆的面积公式.

视频 12

大家都知道正多边形的面积 A 等于周长与边心距的乘积的一半，由于当圆内接正多边形的边数无限增加时，多边形的面积和圆的面积越来越接近，因此可以猜想到对于圆也会有类似的计算公式. 既然半径为 R 的圆的周长为 $2\pi R$，所以圆的面积便可能是

$$A=\frac{1}{2}(2\pi R)\cdot R=\pi R^2,$$

这正是在初等几何里学习的圆的面积公式. 当然，要完成这种从多边形到圆的过渡就要求人们在观念上、思考方法上来一个突破.

那么，问题的困难到底在哪里呢？多边形的面积之所以好求，是因为它的周界是一些直线段，我们可以把它分解成许多三角形来解决. 而圆呢？周界是处处弯曲的，问题就在一个“曲”字上面. 在这里，我们面临着“曲”与“直”这样一对矛盾.

从形而上学看来，曲就是曲，直就是直，非此即彼. 然而唯物辩证法则认为，在一定条件下，曲与直的矛盾是可以互相转化的. 整个圆周是曲的，而每一小段圆弧却可以近似地看成是直的，这就是说，在很小的一段弧上可以近似地“以直代曲”. 恩格斯曾深刻地指出：“高等数学的主要基础之一是这样一个矛盾，在一定条件下直线和曲线应当是一回事.”

按照这种思想，我们可把圆周分成许多小段，比方说，先作一个圆内接正六边形（面积记为 A_1），然后在内接正六边形的基础上再作圆内接正十二边形（面积记为 A_2）……循此下去，每次边数加倍……一般地把圆的内接正 $6\times 2^{n-1}$ 边形的面积记为 $A_n(n=1,2,3,\cdots)$，这样就得到了一系列圆内接正多边形的面积：$A_1,A_2,\cdots,A_n,\cdots$（其中 $A_n=\frac{1}{2}l_nR_n$，l_n 为正 $6\times 2^{n-1}$ 边形的周长，R_n 为边心距）. 并且，由这些圆内接正多边形的面积可以组成一个数列 $\{A_n\}$，我们注意到，随着数列项数 n 越来越大，内接正多边形的边数也越来越多，且与圆的差别也越来越小，从而以 A_n 作为圆面积的近似值也就越来越精确. 但是无论 n 取多大，只要 n 取定了，A_n 终究只是多边形的面积，而圆面积的精确值还是不知道.

因此，为了从近似值过渡到精确值，我们设想让 n 无限增大（这样 n 就无法取定值了），记

为 $n\to\infty$（读作 n 趋于无穷大）．从几何的直观感受上很明显，当 $n\to\infty$ 时，圆内接正 $6\times 2^{n-1}$ 边形的面积 A_n 将无限趋近于圆面积 A，我们把它记成

$$\lim_{n\to\infty}A_n=A（其中，\lim 是“limit”的缩写，表示极限的意思）.$$

同样很明显，当 $n\to\infty$ 时，圆内接正 $6\times 2^{n-1}$ 边形的周长 l_n 趋近于圆的周长 $l=2\pi R$，而边心距 R_n 则趋近于圆的半径 R，即有

$$\lim_{n\to\infty}l_n=2\pi R,\quad \lim_{n\to\infty}R_n=R.$$

所以，若让 $n\to\infty$，取极限就可得到

$$A=\lim_{n\to\infty}A_n=\lim_{n\to\infty}\left(\frac{1}{2}l_nR_n\right)=\frac{1}{2}\times(2\pi R)\cdot R=\pi R^2.$$

这就导出了圆的面积公式．而这个确定的数值在数学上称为数列 $\{A_n\}$：

$$A_1,A_2,\cdots,A_n,\cdots$$

当 $n\to\infty$ 时的极限．正是这个数列的极限才精确地表达了圆的面积．

早在三国时期，我国古代著名的数学家刘徽（225—295 年，魏国人）创立的割圆术，用的就是上述通过圆内接正多边形来推算圆面积的方法．不过，当时刘徽是这样论述的：“割之弥细，所失弥少，割之又割，以至于不可割，则与圆合体而无所失矣．”虽然当时并没有引入极限的概念，但是我们看到，这其中还是体现了极限思想的萌芽．

动画 1

人们在解决许多实际问题时逐渐形成的这种极限方法，已经成为高等数学中的一种基本方法，极限问题也成了整个微积分学的中心问题，因此有必要作进一步的阐明．

先来看数列的定义．

定义 1.10　一个定义在非零自然数集上的函数：

$$x_n=f(n),\ n\in\mathbf{N}^*\ (\mathbf{N}^*\ 表示非零自然数集),$$

当函数值是数且自变量 n 按自然数 1，2，3，⋯依次增大的顺序取值时，函数值按相应的顺序排列成的一串数

$$x_1,x_2,x_3,\cdots,x_n,\cdots$$

称为一个数列（或序列），记为 $\{x_n\}$．其中数列中的每一个数称为数列的项，第一项 x_1 称为首项，第 n 项 x_n 则称为数列的一般项或通项．

例 1.26　考察下列数列，观察其变化趋势．

(1) $\left\{\dfrac{1}{2^{n-1}}\right\}$：$1,\dfrac{1}{2},\dfrac{1}{4},\cdots$ 一般项 $x_n=\dfrac{1}{2^{n-1}}$；

(2) $\left\{\dfrac{n+1}{n}\right\}$：$2,\dfrac{3}{2},\dfrac{4}{3},\dfrac{5}{4},\cdots$ 一般项 $x_n=\dfrac{n+1}{n}=1+\dfrac{1}{n}$；

(3) $\{2n\}$：$2,4,6,8,\cdots$ 一般项 $x_n=2n$；

(4) $\{(-1)^n\}$：$-1,1,-1,1,\cdots$ 一般项 $x_n=(-1)^n$．

观察上述各个数列可以看到，随着数列项数 n 的无限增加，各数列的一般项 x_n 的变化趋势可以分成两类情形．第一类情形是：当 n 无限增大时，数列的一般项 x_n 会无限趋近于某个确定的常数．如在(1)中，随着 n 的无限增大，一般项 $x_n=\dfrac{1}{2^{n-1}}$ 无限趋近于零；在(2)中，随着 n 的

无限增大，一般项 $x_n=1+\frac{1}{n}$ 无限趋近于 1. 第二类情形是：当 n 无限增大时，一般项 x_n 不趋近于任何确定的常数. 如在(3)中，随着 n 的无限增大，数列的一般项 $x_n=2n$ 也无限增大；又如在(4)中，随着 n 的无限增大，一般项 $x_n=(-1)^n$ 总是在 -1 和 1 之间来回取值，没有一个明确的趋近目标.

通过以上观察，给出如下数列极限的定义：

定义 1.11 如果数列 $\{x_n\}$ 在项数 n 无限增大时，其一般项 x_n 无限趋近于某个确定的常数 A，则称 A 是数列 $\{x_n\}$ 的极限，此时也称数列 $\{x_n\}$ 收敛于 A，记作

$$\lim_{n\to\infty}x_n=A \text{ 或者 } x_n\to A \quad (n\to\infty).$$

如果一般项 x_n 不趋近于任何确定的常数，则称数列 $\{x_n\}$ 没有极限，或称数列 $\{x_n\}$ 发散，记作 $\lim\limits_{n\to\infty}x_n$ 不存在.

当 n 无限增大时，如果 $\{x_n\}$ 也无限增大，则数列没有极限. 此时，习惯上也称数列的极限为无穷大，记作 $\lim\limits_{n\to\infty}x_n=\infty$.

例如，例 1.26 各数列的极限可表示为

(1) $\lim\limits_{n\to\infty}\frac{1}{2^{n-1}}=0$；

(2) $\lim\limits_{n\to\infty}\left(1+\frac{1}{n}\right)=1$；

(3) $\lim\limits_{n\to\infty}2n=\infty$；

(4) $\lim\limits_{n\to\infty}(-1)^n$ 不存在.

从定义 1.11 中不难体会到，所谓数列的极限，就是讨论在项数 n 无限增大的情况下，数列一般项 x_n 的变化趋势. 也就是说，我们并不关心数列的前有限项如何取值，而只关注一般项 x_n 在 $n\to\infty$ 的最终走势. 另外，要说明的是：在数列极限的计算中，常用的一种技巧就是当 $n\to\infty$ 时，$\frac{1}{n}\to 0$.

例 1.27 求下列数列的极限：

(1) $\lim\limits_{n\to\infty}\frac{n}{2n+1}$；　　(2) $\lim\limits_{n\to\infty}\frac{2n^2+1}{3n^2+n}$.

解 (1) $\lim\limits_{n\to\infty}\frac{n}{2n+1}=\lim\limits_{n\to\infty}\frac{1}{2+\frac{1}{n}}=\frac{1}{2}$；

(2) $\lim\limits_{n\to\infty}\frac{2n^2+1}{3n^2+n}=\lim\limits_{n\to\infty}\frac{2+\frac{1}{n^2}}{3+\frac{1}{n}}=\frac{2}{3}$.

定义 1.12 对于数列 $\{x_n\}$，如果存在正数 M，使得对于一切 x_n 都满足不等式 $|x_n|\leqslant M$，则称数列 $\{x_n\}$ 是有界的；如果这样的正数 M 不存在，就说数列 $\{x_n\}$ 是无界的.

例如，数列 $\left\{\frac{2}{2n+1}\right\}$ 是有界的，对于一切 x_n 都有不等式 $\left|\frac{n}{2n+1}\right|<\left|\frac{n}{2n}\right|=\frac{1}{2}$ 成立；而数列 $\{2n\}$ 是无界的，因为当 n 无限增大时，$|2n|$ 也无限增大，可以超过任何正数.

从上述所讨论的数列中可以发现，收敛数列总是有界的，如$\left\{\frac{1}{2^{n-1}}\right\}$，$\left\{\frac{n}{2n+1}\right\}$，$\left\{\frac{n+1}{n}\right\}$都有界：$\left\{\frac{1}{2^{n-1}}\right| \leqslant 1$、$\left|\frac{n+1}{n}\right| \leqslant \left|\frac{n+n}{n}\right| = 2$. 因此有如下定理：

定理 1.1　如果数列$\{x_n\}$收敛，则数列$\{x_n\}$一定有界.

证明从略.

不过，有界数列未必收敛. 如数列$\{(-1)^n\}$是有界的，但此数列却发散. 所以说，数列有界只是数列收敛的必要条件，而不是充分条件.

1.2.2　函数的极限

从数列的定义 1.10 中可以看出，其实数列$\{x_n\}$也是自变量 n 的函数

$$x_n = f(n),\ n \in \mathbf{N}^*\ (\text{一般称为整标函数}).$$

所以，数列极限也是函数极限的一种特殊类型. 这就是当自变量 n 取非零自然数且无限增大（即 $n \to \infty$）时，函数 $f(n)$ 的极限. 为此，我们来讨论函数极限的一般概念.

就一般函数 $y = f(x)$ 而言，自变量 x 的变化情况要比数列 $x_n = f(n)$ 的自变量 n 的变化丰富得多，后者的 n 只是单纯取非零自然数且无限增大，但一般函数就不同，它的自变量 x 可以有无数多种变化情况，并可以归纳为两种变化过程：

(1) 自变量 x 的绝对值$|x|$无限增大即趋于无穷大（记作 $x \to \infty$）；

(2) 自变量 x 无限接近于有限值 x_0 或者说趋于有限值 x_0（记作 $x \to x_0$）.

下面我们来讨论在 x 的这两种不同的变化过程中，相应函数值 $f(x)$ 的变化趋势.

1. 当 $x \to \infty$ 时，函数值 $f(x)$ 的变化趋势

首先大家要理解的是：这里的 $x \to \infty$ 包括了两种情况，即 $x \to +\infty$ 和 $x \to -\infty$. 所以，在讨论当 $x \to \infty$ 时函数值 $f(x)$ 的变化情形时，要同时考察当 $x \to +\infty$ 和 $x \to -\infty$ 时函数值 $f(x)$ 的变化趋势.

视频 13

定义 1.13　设函数 $y = f(x)$ 在$|x| \geqslant M\ (M \geqslant 0)$时有定义，当$|x|$无限增大时（记作$x \to \infty$），对应的函数值 $f(x)$ 无限趋近某一确定的常数 A，则称 A 是函数 $f(x)$ 当 $x \to \infty$ 时的极限，记作

$$\lim_{x \to \infty} f(x) = A \text{ 或 } f(x) \to A \quad (x \to \infty).$$

有时，我们只考察自变量 x 的一个方向的变化情形，即 $x \to +\infty$（或 $x \to -\infty$）时函数 $f(x)$ 的变化趋势.

定义 1.14　设函数 $y = f(x)$ 在 $x \geqslant M\ (M \geqslant 0)$ 时有定义，当 x 无限增大时（记作 $x \to +\infty$），对应的函数值 $f(x)$ 无限趋近某一确定的常数 A，则称 A 是函数 $f(x)$ 当$x \to +\infty$时的极限，记作

$$\lim_{x \to +\infty} f(x) = A \text{ 或 } f(x) \to A \quad (x \to +\infty).$$

类似地还可以定义函数极限

$$\lim_{x \to -\infty} f(x) = A \text{ 或 } f(x) \to A \quad (x \to -\infty).$$

不过要说明的是，这里，$x \to -\infty$ 表示 x 的数值无限地减小，而绝对值无限增大.

显然，当$\lim\limits_{x \to \infty} f(x) = A$ 时，同时也表示 $\lim\limits_{x \to +\infty} f(x) = A$ 和 $\lim\limits_{x \to -\infty} f(x) = A$，所以有

定理 1.2 $\lim\limits_{x\to\infty}f(x)=A\Leftrightarrow\lim\limits_{x\to+\infty}f(x)=\lim\limits_{x\to-\infty}f(x)=A.$

证明从略.

例 1.28 讨论下列函数的极限

(1) $\lim\limits_{x\to\infty}\dfrac{1}{x}$;　　　　(2) $\lim\limits_{x\to\infty}\arctan x$.

解 根据题意:

(1) 因为 $\lim\limits_{x\to+\infty}\dfrac{1}{x}=0$, $\lim\limits_{x\to-\infty}\dfrac{1}{x}=0$,如图 1-13(c)所示,所以 $\lim\limits_{x\to\infty}\dfrac{1}{x}=0$.

(2) 因为 $\lim\limits_{x\to+\infty}\arctan x=\dfrac{\pi}{2}$, $\lim\limits_{x\to-\infty}\arctan x=-\dfrac{\pi}{2}$,如图 1-22 所示,所以 $\lim\limits_{x\to\infty}\arctan x$ 不存在.

2. 当 $x\to x_0$ 时,函数值 $f(x)$ 的变化趋势

视频 14

我们先来考察当 $x\to2$ 时,函数 $f(x)=\dfrac{x^2-4}{x-2}$ 的变化情况. 因为当 $x=2$ 时,函数没有定义,而当 $x\neq2$ 时,

$$f(x)=\frac{x^2-4}{x-2}=x+2,$$

故函数 $f(x)$ 的图形如图 1-26 所示. 从图中不难看出,无论自变量 x 是从小于 2 的方向(即 2 的左边)趋近于 2,还是从大于 2 的方向(即 2 的右边)趋近于 2,其函数值 $f(x)$ 总是趋近于 4. 因此,我们称当 $x\to2$ 时,$f(x)$ 以 4 为极限. 因此,我们给出如下定义:

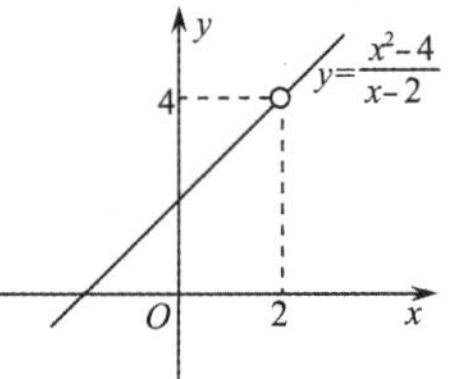

图 1-26

定义 1.15 设函数 $y=f(x)$ 在点 $x=x_0$ 的去心邻域内有定义. 如果在自变量 $x\to x_0$ 的变化过程中,函数值 $f(x)$ 无限趋近于某一确定的常数 A,则称常数 A 是函数 $f(x)$ 当 $x\to x_0$ 时的极限,记作

$$\lim_{x\to x_0}f(x)=A \text{ 或 } f(x)\to A\ (x\to x_0).$$

在定义 1.15 中,要注意理解以下两点:

(1) 极限 $\lim\limits_{x\to x_0}f(x)$ 是否存在,与函数 $f(x)$ 在点 $x=x_0$ 有没有定义无关;

(2) 定义中的 $x\to x_0$ 其实包括了两种可能,一种是 x 从 x_0 的左边(即 $x<x_0$)的方向趋近于 x_0(记作 $x\to x_0^-$),另一种是 x 从 x_0 的右边(即 $x>x_0$)的方向趋近于 x_0(记作 $x\to x_0^+$). 另外,$x\to x_0$ 并不表示 $x=x_0$,即 $x\to x_0$ 与 $x=x_0$ 是两回事.

定义 1.16 设函数 $y=f(x)$ 在 $(x_0-\delta,x_0)$(或 $(x_0,x_0+\delta)$)内有定义. 如果 x 从 x_0 的左(右)边趋近于 x_0 时,函数值 $f(x)$ 无限趋近于某一确定的常数 A,则称常数 A 为函数 $f(x)$ 在点 $x=x_0$ 的左(右)极限.

左极限记作: $f(x_0^-)=\lim\limits_{x\to x_0^-}f(x)=A$.

右极限记作: $f(x_0^+)=\lim\limits_{x\to x_0^+}f(x)=A$.

显然,根据以上两个定义,我们可以得到如下定理:

定理 1.3 函数 $y=f(x)$ 当 $x\to x_0$ 时极限存在的充分必要条件是左极限和右极限各自存

在且相等，即

$$\lim_{x\to x_0} f(x)=A \Leftrightarrow \lim_{x\to x_0^-} f(x)=\lim_{x\to x_0^+} f(x)=A.$$

例 1.29　设函数 $f(x)=\begin{cases}3x+2, & x\leqslant 0,\\ x^2-2, & x>0,\end{cases}$ 证明当 $x\to 0$ 时，$f(x)$ 的极限不存在.

证　因为 $\lim\limits_{x\to 0^-} f(x)=\lim\limits_{x\to 0^-}(3x+2)=2$,

$\lim\limits_{x\to 0^+} f(x)=\lim\limits_{x\to 0^+}(x^2-2)=-2$,

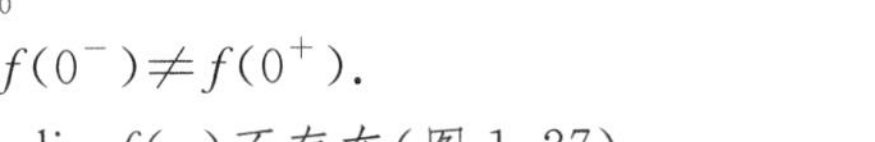

所以　　$f(0^-)\neq f(0^+)$.

故由定理 1.3 可知，$\lim\limits_{x\to 0} f(x)$ 不存在（图 1-27）.

图 1-27

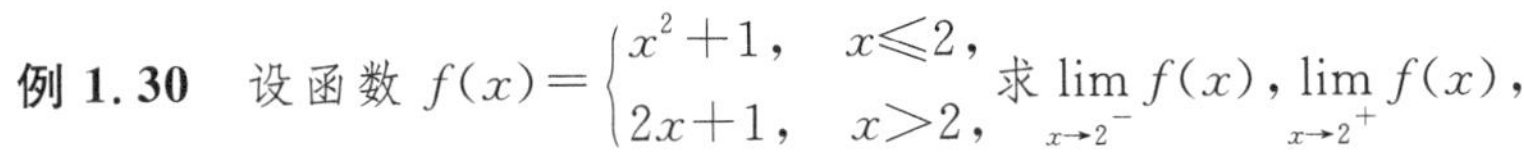

例 1.30　设函数 $f(x)=\begin{cases}x^2+1, & x\leqslant 2,\\ 2x+1, & x>2,\end{cases}$ 求 $\lim\limits_{x\to 2^-} f(x)$，$\lim\limits_{x\to 2^+} f(x)$，并由此判断 $\lim\limits_{x\to 2} f(x)$ 是否存在.

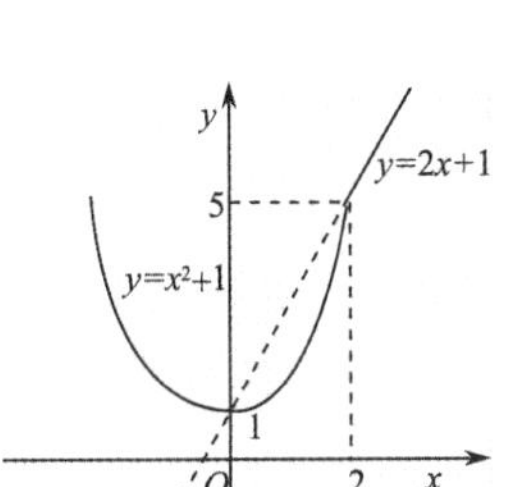

图 1-28

解　因为 $\lim\limits_{x\to 2^-} f(x)=\lim\limits_{x\to 2^-}(x^2+1)=5$,

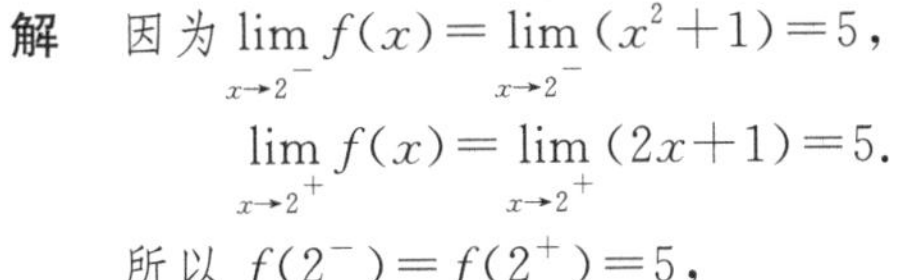

$\lim\limits_{x\to 2^+} f(x)=\lim\limits_{x\to 2^+}(2x+1)=5$.

所以 $f(2^-)=f(2^+)=5$,

故由定理 1.3 可知，$\lim\limits_{x\to 2} f(x)$ 存在且 $\lim\limits_{x\to 2} f(x)=5$（图 1-28）.

通过以上两个例子可以看到，由于分段函数往往在分段点的两侧函数的解析表达式不同，因此，讨论分段函数在分段点的极限时，一定要分左、右极限来讨论.

例 1.31　讨论函数极限 $\lim\limits_{x\to 0}\dfrac{|x|}{x}$.

解　当 $x\to 0$ 时，x 并不等于零，且 x 可正也可负，因此无法去掉绝对值，这就是本题的难点. 如果我们分左、右极限来讨论的话，就能分清 x 的正负情况，这样绝对值的问题也就好处理了.

因为

$$\lim_{x\to 0^-}\frac{|x|}{x}=\lim_{x\to 0^-}\frac{-x}{x}=-1,\quad \lim_{x\to 0^+}\frac{|x|}{x}=\lim_{x\to 0^+}\frac{x}{x}=1,$$

所以由定理 1.3 可知，$\lim\limits_{x\to 0}\dfrac{|x|}{x}$ 不存在.

无论数列或者函数，都是变量，而数列的极限和函数的极限，也都是变量的极限，所讨论的内容都是在自变量的某种变化过程中，因变量的某种变化趋势. 在这里，我们要给大家提出一个简单的事实.

定理 1.4　任何具有极限的变量，其极限值都是唯一的.

习题 1-2

习题 1-2 答案

1. 填空题

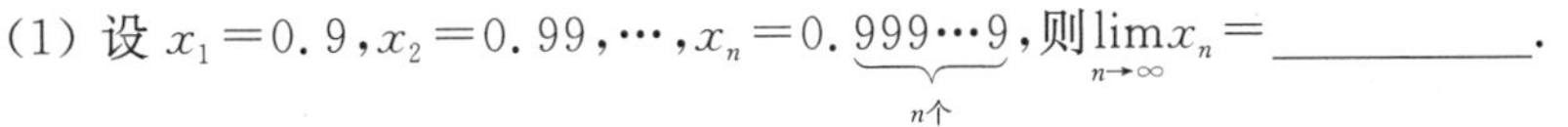

(1) 设 $x_1=0.9$，$x_2=0.99$，…，$x_n=0.\underbrace{999\cdots 9}_{n个}$，则 $\lim\limits_{n\to\infty} x_n=$ ________.

(2) 设数列$\{x_n\}$的一般项为 $x_n=\begin{cases}0, & n\text{ 为奇数},\\ \dfrac{1}{2^n}, & n\text{ 为偶数},\end{cases}$ 则$\lim\limits_{n\to\infty}x_n=$__________.

(3) $\lim\limits_{x\to+\infty}\mathrm{e}^x=$__________, $\lim\limits_{x\to-\infty}\mathrm{e}^x=$__________.

(4) 设 $f(x)=\begin{cases}x^2, & x\leqslant 0,\\ 2x-1, & x>0,\end{cases}$ 则$\lim\limits_{x\to 0^+}f(x)=$__________.

(5) 设 $f(x)=\begin{cases}x^2+a, & x<0,\\ 2x+3, & x\geqslant 0,\end{cases}$ 若$\lim\limits_{x\to 0}f(x)$存在,则 $a=$__________.

2. 单项选择题

(1) 观察下列数列,其中发散的是(　　).

A. $-1,\dfrac{1}{2},-\dfrac{1}{3},\dfrac{1}{4},\cdots,(-1)^n\dfrac{1}{n},\cdots$　　B. $\left\{(-1)^n\left(1+\dfrac{1}{n}\right)\right\}$

C. $1,\dfrac{1}{3},\dfrac{1}{5},\cdots,\dfrac{1}{2n-1},\cdots$　　D. $\left\{1-\dfrac{1}{2^n}\right\}$

(2) 若数列$\{x_n\}$与数列$\{y_n\}$的极限分别为 a 与 b,且 $a\neq b$,则数列 $x_1,y_1,x_2,y_2,x_3,y_3,\cdots$ 的极限为(　　).

A. a　　B. b　　C. $a+b$　　D. 不存在

(3) $f(x_0)$存在是极$\lim\limits_{x\to x_0}f(x)$存在的(　　).

A. 必要条件　B. 充分条件　C. 充要条件　D. 无关条件

(4) $f(x_0^+)$与 $f(x_0^-)$都存在是函数 $f(x)$在点 $x=x_0$ 处有极限的(　　).

A. 必要条件　B. 充分条件　C. 充要条件　D. 无关条件

(5) 设 $f(x)=\begin{cases}x-1, & x<0,\\ 0, & x=0,\\ x+1, & x>0,\end{cases}$ 则$\lim\limits_{x\to 0}f(x)$(　　).

A. 等于-1　B. 等于 0　C. 等于 1　D. 不存在

3. 设函数 $f(x)=\begin{cases}\mathrm{e}^{\frac{1}{x}}+1, & x<0,\\ 3x+1, & x\geqslant 0,\end{cases}$ 求极限 $\lim\limits_{x\to 0^-}f(x)$与 $\lim\limits_{x\to 0^+}f(x)$,并判断极限$\lim\limits_{x\to 0}f(x)$是否存在.

1.3　极限的性质及运算法则

1.3.1　极限的性质

视频 15

除了前面提到的极限唯一性(定理 1.4)外,极限还有如下几个性质:

定理 1.5　单调有界数列必有极限.

前面说过,数列有界只是数列收敛的必要条件.单调有界的数列其极限存在,因此对于单调数列来说,有界是其收敛的充要条件.

何为单调数列呢?我们来看下面的定义.

定义 1.17　如果数列$\{x_n\}$满足条件

$$x_1 \leqslant x_2 \leqslant \cdots \leqslant x_n \leqslant x_{n+1} \leqslant \cdots (\text{或 } x_1 \geqslant x_2 \geqslant \cdots \geqslant x_n \geqslant x_{n+1} \geqslant \cdots),$$

则称数列$\{x_n\}$是单调增加(或单调减少)的.

单调增加数列或单调减少数列简称为单调数列. 例如,数列$\left\{\frac{n}{n+1}\right\}$,$\{2n\}$等都是单调增加数列,而数列$\left\{\frac{n+1}{n}\right\}$,$\left\{\frac{1}{2n}\right\}$等都是单调减少数列.

定理 1.6　(极限的局部保号性)若$\lim\limits_{x\to x_0} f(x)=A$,且 $A>0$(或 $A<0$),则存在点 $x=x_0$ 的某一去心邻域,当 x 在该邻域内时,就有 $f(x)>0$(或 $f(x)<0$).

推论　如果在点 $x=x_0$ 的某一去心邻域内 $f(x)\geqslant 0$(或 $f(x)\leqslant 0$),且$\lim\limits_{x\to x_0} f(x)=A$,则有 $A\geqslant 0$(或 $A\leqslant 0$).

定理 1.7　(夹极限定理)设函数 $g(x)$,$f(x)$与 $h(x)$均在点 $x=x_0$ 的某一个去心邻域内有定义,且满足不等式 $g(x)\leqslant f(x)\leqslant h(x)$,并有$\lim\limits_{x\to x_0} g(x)=\lim\limits_{x\to x_0} h(x)=A$,则

$$\lim_{x\to x_0} f(x)=A.$$

夹极限定理又称极限的夹逼准则,它在几何上是非常直观的,并且对数列的极限也同样成立. 若有数列$\{y_n\}$,$\{x_n\}$与$\{z_n\}$,且 $y_n\leqslant x_n\leqslant z_n$ 并有$\lim\limits_{x\to\infty} y_n=\lim\limits_{n\to\infty} z_n=A$,则有

$$\lim_{n\to\infty} x_n=A.$$

以上定理我们均略去证明,大家只要记住结论就可以了.

例 1.32　利用极限的夹逼准则证明:

$$\lim_{n\to\infty}\left(\frac{1}{\sqrt{n^2+1}}+\frac{1}{\sqrt{n^2+2}}+\cdots+\frac{1}{\sqrt{n^2+n}}\right)=1.$$

证　因为

$$\frac{n}{\sqrt{n^2+n}}\leqslant \frac{1}{\sqrt{n^2+1}}+\frac{1}{\sqrt{n^2+2}}+\cdots+\frac{1}{\sqrt{n^2+n}}\leqslant\frac{n}{\sqrt{n^2+1}},$$

而

$$\lim_{n\to\infty}\frac{n}{\sqrt{n^2+n}}=\lim_{n\to\infty}\frac{1}{\sqrt{1+\frac{1}{n}}}=1,\quad \lim_{n\to\infty}\frac{n}{\sqrt{n^2+1}}=\lim_{n\to\infty}\frac{1}{\sqrt{1+\frac{1}{n^2}}}=1,$$

所以,由夹逼准则可得

$$\lim_{n\to\infty}\left(\frac{1}{\sqrt{n^2+1}}+\frac{1}{\sqrt{n^2+2}}+\cdots+\frac{1}{\sqrt{n^2+n}}\right)=1.$$

1.3.2　极限的四则运算法则

视频 16

在介绍极限运算法则之前,先作一点说明:以下的极限表达式均在极限记号“lim”下面省略了自变量 x 的变化过程. 其意表示在同一个等式中,自变量 x 的变化过程均保持一致,即$x\to x_0$或 $x\to\infty$. 以后如遇到这种记号,均可这样理解,目的是避免叙述上的重复. 还有一点要说明的是,以下介绍的极限运算法则

对数列极限一样成立.

若极限$\lim f(x)=A$，$\lim g(x)=B$均存在，则有：

法则1 (加减运算法则)$\lim[f(x)\pm g(x)]=\lim f(x)+\lim g(x)=A\pm B$.

这个法则可以推广到有限个函数代数和的情形，如果这有限个函数的极限均单独存在，则这有限个函数代数和的极限等于它们极限的代数和. 不过，要注意的是只能推广到有限个，不能是无穷个. 例如，由例1.32可知：

$$\lim_{n\to\infty}\left(\frac{1}{\sqrt{n^2+1}}+\frac{1}{\sqrt{n^2+2}}+\cdots+\frac{1}{\sqrt{n^2+n}}\right)=1,$$

但如果运用法则1，则变成

$$\begin{aligned}&\lim_{n\to\infty}\left(\frac{1}{\sqrt{n^2+1}}+\frac{1}{\sqrt{n^2+2}}+\cdots+\frac{1}{\sqrt{n^2+n}}\right)\\&=\lim_{n\to\infty}\frac{1}{\sqrt{n^2+1}}+\lim_{n\to\infty}\frac{1}{\sqrt{n^2+2}}+\cdots+\lim_{x\to\infty}\frac{1}{\sqrt{n^2+n}}\\&=0+0+\cdots+0=0,\end{aligned}$$

显然结果是错误的，错在哪里呢？当$n\to\infty$时，这个和式是无穷项相加，而不是有限项，故滥用了法则1的推广.

法则2 (乘积运算法则)$\lim[f(x)\cdot g(x)]=\lim f(x)\cdot\lim g(x)=A\cdot B$.

这个法则也可以推广到有限个函数相乘的情形.

推论 (1) $\lim[Cf(x)]=C\lim f(x)=C\cdot A$ (C是常数).

(2) $\lim[f(x)]^k=[\lim f(x)]^k=A^k$ ($k\in\mathbf{N}^*$且为有限值).

显然，对常数C求极限的话，无论自变量x如何变化，常数的极限就是常数本身，即

$$\lim C=C.$$

法则3 (商的运算法则)

$$\lim\frac{f(x)}{g(x)}=\frac{\lim f(x)}{\lim g(x)}=\frac{A}{B}\quad(\lim g(x)=B\neq 0).$$

以上极限的四则运算法则从表面上看都很简单，但运用不当也容易犯错误. 因此在运用四则运算法则求极限时，一般要注意以下几点：

(1) 函数$f(x)$，$g(x)$的极限必须单独存在；

(2) 加、减与积的运算法则只能推广到有限个函数的情形；

(3) 商的运算法则中，分母的极限不能为零.

例1.33 求$\lim\limits_{x\to 2}\dfrac{3x+1}{x\ln x}$.

解 这里，分母的极限不为零，故

$$\begin{aligned}\lim_{x\to 2}\frac{3x+1}{x\ln x}&=\frac{\lim\limits_{x\to 2}(3x+1)}{\lim\limits_{x\to 2}x\cdot\ln x}=\frac{\lim\limits_{x\to 2}3x+\lim\limits_{x\to 2}1}{\lim\limits_{x\to 2}x\cdot\lim\limits_{x\to 2}\ln x}\\&=\frac{3\lim\limits_{x\to 2}x+1}{2\cdot\ln 2}=\frac{3\times 2+1}{\ln 2^2}=\frac{7}{\ln 4}.\end{aligned}$$

例 1.34　求$\lim\limits_{x\to 3}\dfrac{x^2-9}{x-3}$.

解　当 $x\to 3$ 时，分子和分母的极限均为零，因此不能直接用法则来计算. 但我们注意到，分子和分母中有公因子 $x-3$，由于 $x\to 3$ 表明 $x\neq 3$，即 $x-3\neq 0$，故可约去这个不为零的公因子，所以

$$\lim_{x\to 3}\frac{x^2-9}{x-3}=\lim_{x\to 3}\frac{(x-3)(x+3)}{x-3}=\lim_{x\to 3}(x+3)=6.$$

分子和分母的极限均为零的这类极限，我们称之为"$\dfrac{0}{0}$"型未定式. 未定式极限的形式还有许多，如"$\dfrac{\infty}{\infty}$"型、"$\infty-\infty$"型、"$0\cdot\infty$"型、"1^{∞}"型等. 可以说，求极限的难点就是未定式极限的计算问题，这类极限在计算中往往不能直接运用四则运算法则. 在后续的学习中我们会逐步给出一些求解办法，目前用的是初等变换法，也是最基本的一种方法.

例 1.35　求$\lim\limits_{\Delta x\to 0}\dfrac{\sqrt{x+\Delta x}-\sqrt{x}}{\Delta x}$.

解　这里的极限自变量是 Δx 而不是 x，所以，x 在这里可以看成是常量. 当 $\Delta x\to 0$ 时，分子和分母的极限均为零，故是"$\dfrac{0}{0}$"型未定式，可先利用分子有理化改变整个极限变量的结构，然后再求极限. 所以

$$\begin{aligned}\lim_{\Delta x\to 0}\frac{\sqrt{x+\Delta x}-\sqrt{x}}{\Delta x}&=\lim_{\Delta x\to 0}\frac{x+\Delta x-x}{\Delta x(\sqrt{x+\Delta x}+\sqrt{x})}\\&=\lim_{\Delta x\to 0}\frac{1}{\sqrt{x+\Delta x}+\sqrt{x}}=\frac{1}{2\sqrt{x}}.\end{aligned}$$

注意　在求极限时，凡是与极限自变量无关的量，均可以看成是常量. 另外，在求复合函数的极限时，在其定义域内，均有$\lim f[\varphi(x)]=f[\lim\varphi(x)]$，因此，在求极限时不必像例 1.33 那样过于繁杂.

例 1.36　求$\lim\limits_{x\to 1}\left(\dfrac{1}{1-x}-\dfrac{3}{1-x^3}\right)$.

解　当 $x\to 1$ 时，这个极限其实就是"$\infty-\infty$"型未定式，这一点在学完无穷小和无穷大的知识后，大家自然会清楚. 目前在 $x\to 1$ 时，$\dfrac{1}{1-x}$和$\dfrac{3}{1-x^3}$的极限都不存在，故不能直接用法则 1，因此要先进行初等变换后，再求极限. 所以，

$$\begin{aligned}\lim_{x\to 1}\left(\frac{1}{1-x}-\frac{3}{1-x^3}\right)&=\lim_{x\to 1}\frac{1+x+x^2-3}{1-x^3}=\lim_{x\to 1}\frac{(x+2)(x-1)}{(1-x)(1+x+x^2)}\\&=\lim_{x\to 1}\left(-\frac{x+2}{1+x+x^2}\right)\\&=-\frac{1+2}{1+1+1^2}=-1.\end{aligned}$$

例 1.37　求$\lim\limits_{x\to\infty}(\sqrt{x^2+x}-\sqrt{x^2+1})$.

解　类似例 1.35，先分子有理化，然后利用$\lim\limits_{x\to\infty}\dfrac{1}{x}=0$来计算本题的极限.

$$原式=\lim_{x\to\infty}\frac{(x^2+x)-(x^2+1)}{\sqrt{x^2+x}+\sqrt{x^2+1}}=\lim_{x\to\infty}\frac{x-1}{\sqrt{x^2+x}+\sqrt{x^2+1}}$$

$$=\lim_{x\to\infty}\frac{1-\frac{1}{x}}{\sqrt{1+\frac{1}{x}}+\sqrt{1+\frac{1}{x^2}}}$$

$$=\frac{1-0}{\sqrt{1+0}+\sqrt{1+0}}=\frac{1}{2}.$$

习题 1-3 答案

习题 1-3

1. 计算下列各极限

(1) $\lim\limits_{x\to -1}\frac{x^2+2x-3}{x^2+3}$；

(2) $\lim\limits_{x\to\sqrt{2}}\frac{x^2-2}{x^2+2}$；

(3) $\lim\limits_{x\to 2}\frac{x-2}{x^2-4}$；

(4) $\lim\limits_{x\to\infty}\frac{5x^3+x^2-1}{2x^3+1}$；

(5) $\lim\limits_{n\to\infty}\frac{1+2+3+\cdots+(n-1)}{n^2}$；

(6) $\lim\limits_{n\to\infty}\frac{(n+1)(n+2)(n+3)}{5n^3}$；

(7) $\lim\limits_{x\to 1}\left(\frac{1}{x-1}-\frac{2}{x^2-1}\right)$；

(8) $\lim\limits_{h\to 0}\frac{(x+h)^3-x^3}{h}$；

(9) $\lim\limits_{x\to 1}\frac{\sqrt{5x-4}-\sqrt{x}}{x-1}$；

(10) $\lim\limits_{x\to 3}\frac{\sqrt{x+1}-2}{\sqrt{x-1}-\sqrt{2}}$.

2. 计算下列各极限

(1) $\lim\limits_{n\to\infty}\frac{2^n-1}{3^n+1}$；

(2) $\lim\limits_{n\to\infty}\left(1+\frac{1}{2}+\frac{1}{4}+\cdots+\frac{1}{2^n}\right)$.

1.4 无穷小、无穷大及无穷小的比较

1.4.1 无穷小

视频 17

在前面的极限讨论过程中，常会遇到以零为极限的变量. 对这一类变量通常称之为无穷小量，并简称为无穷小. 为此可定义如下：

定义 1.18 在自变量的某一变化过程中，以零为极限的变量称为自变量在此变化过程中的无穷小量，简称为无穷小.

大家在学习理解无穷小的概念时，要注意以下几点：

(1) 无穷小与一个很小的确定常数(例如 10^{-7})不能混为一谈. 这是因为无穷小是个变量(即函数)，它在自变量的某一变化过程中，其绝对值可以任意小，要多小就能有多小. 但 10^{-7} 只是一个很小的定数，它不可能任意小.

(2) 说一个变量是不是无穷小不是绝对的，而是要相对于自变量的变化情况再确定. 例如，就变量 $f(x)=1-x$ 而言，当 $x\to 1$ 时，$f(x)$ 是无穷小，但当 $x\to 2$ 时，$f(x)$ 就不是无穷小了. 因此，我们不能孤立地去说一个变量是不是无穷小，而是要先确定自变量的变化状况，然后再根据极限结果判断相应的变量是不是无穷小.

(3) 我们通常把零看作是无穷小，这是因为常数零的极限总是等于零，所以，零是可以作为无穷小的唯一常数. 如果我们把无穷小看成是一个家族的话，那么，零只是这个家族的一个成员，因此可以说零是无穷小. 但说无穷小是零的话，则是不正确的.

定理 1.8　在自变量 x 的某一变化过程中，函数 $f(x)$ 以 A 为极限的充要条件是 $f(x)$ 可以表示为常数 A 与一个无穷小之和. 即

$$\lim f(x)=A \Leftrightarrow f(x)=A+\alpha \text{（其中 } \alpha \text{ 是无穷小，即} \lim\alpha=0\text{）}.$$

事实上，根据极限的定义和四则运算法则，不难看出下面的两个极限是等价的：

$$\lim f(x)=A \quad \text{与} \quad \lim[f(x)-A]=0$$

即可互相推出，若令 $\alpha=f(x)-A$，则由定义 1.18 可知 α 是无穷小，且 $f(x)=A+\alpha$.

定理 1.8 给出了无穷小与函数极限的关系，并且它也是证明前面极限四则运算法则的主要根据.

下面我们来看无穷小的几个代数性质：

定理 1.9　有限个无穷小的和、差、积仍是无穷小.

定理 1.10　有界变量与无穷小的乘积仍是无穷小.

推论　常数与无穷小的乘积仍是无穷小.

大家注意看一下例 1.32，在例 1.32 中所讨论的就是无穷小的和的极限，不过不是有限个，而是无穷个无穷小的和的极限，其结果并不是无穷小. 因此，定理 1.9 只能针对有限个无穷小的情形. 另外，定理 1.10 则是我们求极限的一种常用手段，大家一定要熟记.

例 1.38　求 $\lim\limits_{x\to\infty}\dfrac{\arctan x}{x}$.

解　当 $x\to\infty$ 时，分子和分母的极限都不存在(分子的极限可参看例 1.28(2))，因此不能用商的极限运算法则，但是，当 $x\to\infty$ 时，$\dfrac{1}{x}$ 是无穷小，而 $|\arctan x|<\dfrac{\pi}{2}$ 有界. 所以由定理 1.10 可得

$$\lim_{x\to\infty}\frac{\arctan x}{x}=\lim_{x\to\infty}\frac{1}{x}\cdot\arctan x=0.$$

例 1.39　求 $\lim\limits_{n\to\infty}\dfrac{\sin n!}{n+1}$.

解　与上例一样，当 $n\to\infty$ 时，分子和分母的极限都不存在，但是 $|\sin n!|\leqslant 1$ 有界，且 $\dfrac{1}{n+1}$ 是当 $n\to\infty$ 时的无穷小，所以，根据定理 1.10，有

$$\lim_{n\to\infty}\frac{\sin n!}{n+1}=\lim_{n\to\infty}\frac{1}{n+1}\cdot\sin n!=0.$$

视频 18

1.4.2　无穷大

在前面的学习中经常遇到无穷大这一概念，下面就给出无穷大的定义.

定义 1.19 在自变量的某一变化过程中，绝对值无限增大的变量称为自变量在此变化过程中的无穷大量，简称为无穷大.

对于无穷大的概念，要注意以下几点：

(1) 无穷大不是数，不可与绝对值很大的数(如 10^7 等)混为一淡，无穷大是指绝对值可以任意大的变量.

(2) 一个变量是不是无穷大量要看自变量的变化过程而定.

(3) 无穷大的极限是不存在的，"$\lim f(x)=\infty$"只是借用了极限的符号，以便于表述"函数 $f(x)$的绝对值无限增大"的性质.

无穷大与无穷小之间存在一种简单的关系，这就是：

定理 1.11 在自变量的同一变化过程中，若 $f(x)$是无穷大，且 $f(x)\neq 0$，则$\dfrac{1}{f(x)}$是无穷小；若 $f(x)$是无穷小，且 $f(x)\neq 0$，则$\dfrac{1}{f(x)}$是无穷大.

事实上，定理 1.11 的结论也是求极限时一种常用的手段. 例如在数列极限与函数极限中，常用极限$\lim\limits_{n\to\infty}\dfrac{1}{n}=0$ 和$\lim\limits_{x\to\infty}\dfrac{1}{x}=0$ 的结果计算极限.

例 1.40 求下列各极限：

(1) $\lim\limits_{x\to\infty}\dfrac{2x^3+3x-1}{3x^3+x+2}$； (2) $\lim\limits_{x\to\infty}\dfrac{3x^2-1}{x^3+2x-3}$； (3) $\lim\limits_{x\to\infty}\dfrac{4x^3+2x-1}{x^2+3x+1}$.

解 这里所求各极限都是在 $x\to\infty$ 时的情形.

(1) 为保证分母极限不为零，在这分子、分母可同除 x^3，然后求极限，得

$$\lim_{x\to\infty}\frac{2x^3+3x-1}{3x^3+x+2}=\lim_{x\to\infty}\frac{2+\dfrac{3}{x^2}-\dfrac{1}{x^3}}{3+\dfrac{1}{x^2}+\dfrac{2}{x^3}}=\frac{2}{3}.$$

注意 $\lim\limits_{x\to\infty}\dfrac{1}{x^n}=\left(\lim\limits_{x\to\infty}\dfrac{1}{x}\right)^n=0$，其中 $n=1,2,3,\cdots$

一般情形，$\lim\limits_{x\to\infty}\dfrac{a}{x^n}=a\lim\limits_{x\to\infty}\dfrac{1}{x^n}=a\left(\lim\limits_{x\to\infty}\dfrac{1}{x}\right)^n=0$，其中 a 为常数，n 为有限正整数.

(2) 同样是为了分母的极限不为零，先用 x^3 除分子与分母，再求极限得

$$\lim_{x\to\infty}\frac{3x^2-1}{x^3+2x-3}=\lim_{x\to\infty}\frac{\dfrac{3}{x}-\dfrac{1}{x^3}}{1+\dfrac{2}{x^2}-\dfrac{3}{x^3}}=\frac{0}{1}=0.$$

(3) 若分子、分母同除 x^2，则分子的极限还是不存在；若分子、分母同除 x^3，则分母的极限为零. 因此不能运用商的运算法则求解，而必须借用定理1.11的结论来求本题的极限.

因为

$$\lim_{x\to\infty}\frac{x^2+3x+1}{4x^3+2x-1}=\lim_{x\to\infty}\frac{\dfrac{1}{x}+\dfrac{3}{x^2}+\dfrac{1}{x^3}}{4+\dfrac{2}{x^2}-\dfrac{1}{x^3}}=\frac{0}{4}=0,$$

所以，根据定理 1.11，可得

$$\lim_{x\to\infty}\frac{4x^3+2x-1}{x^2+3x+1}=\infty.$$

总结例 1.40 中各小题的结论，可得下面的一般情形：

当 $a_m\neq 0, b_n\neq 0$，且 m 和 n 为非负整数时，有

$$\lim_{x\to\infty}\frac{a_mx^m+a_{m-1}x^{m-1}+\cdots+a_0}{b_nx^n+b_{n-1}x^{n-1}+\cdots+b_0}=\begin{cases}\dfrac{a_m}{b_n}, & \text{当 } m=n;\\ 0, & \text{当 } m<n;\\ \infty, & \text{当 } m>n.\end{cases}$$

1.4.3 无穷小的比较

通过前面的学习可以看出，两个无穷小的和、差、积仍是无穷小. 但是关于两个无穷小的商(即"$\frac{0}{0}$"型)的极限却会出现不同的情况. 例如，当 $x\to 0$ 时，x，$2x$，x^2 都是无穷小，然而 $\lim\limits_{x\to 0}\frac{x}{2x}=\frac{1}{2}$，$\lim\limits_{x\to 0}\frac{x^2}{2x}=0$，$\lim\limits_{x\to 0}\frac{2x}{x^2}=\infty$. 因此，我们把"$\frac{0}{0}$"型的极限又称为未定式的极限. 为什么会出现这种情况呢？其实原因并不难找，无穷小量虽然都是趋近于零的变量，但不同的无穷小量趋近于零的速度却不一定相同，有时可能差别还很大. 例如，当 $x\to 0$ 时，我们把无穷小 $x, 2x, x^2$ 的变化情况列表比较一下(表 1-1).

视频 19

表 1-1

x	1	0.1	0.01	0.001	…	→	0
$2x$	2	0.2	0.02	0.002	…	→	0
x^2	1	0.01	0.0001	0.000001	…	→	0

很显然，x^2 比 x 和 $2x$ 趋近于零的速度要快得多. 而两个无穷小的商的极限会出现不同的结果，正是反映了不同的无穷小趋近于零的"快慢"程度. 在数学上为了刻画无穷小量的这一特性，需要引入无穷小量阶这一概念.

下面，就根据两个无穷小之比的极限存在或为无穷大时的情况来定义无穷小之间的比较. 以下定义中的变量 α 和 β 都是在自变量同一变化过程中的无穷小，且 $\alpha\neq 0$，而极限 $\lim\frac{\beta}{\alpha}$ 也是在这个变化过程中的极限.

定义 1.20　设变量 α,β 是在自变量同一变化过程中的无穷小，则有

(1) 如果 $\lim\frac{\beta}{\alpha}=0$，就说 β 是比 α 更高阶的无穷小，记作 $\beta=o(\alpha)$；在 $\beta\neq 0$ 时，也说 α 是比 β 低阶的无穷小.

(2) 如果 $\lim\frac{\beta}{\alpha}=C(C\neq 0)$，就说 β 与 α 是同阶无穷小.

(3) 如果 $\lim\frac{\beta}{\alpha}=1$，就说 β 与 α 是等价无穷小，记作 $\beta\sim\alpha$.

显然，等价无穷小是同阶无穷小的特殊情形(即 $C=1$ 的情形).

注意　两个无穷小可比较的条件是其比值的极限存在或为无穷大,例如,$x\to 0$ 时,x 和 $x\sin\dfrac{1}{x}$ 都是无穷小,但是它们的比值 $\dfrac{x\sin\dfrac{1}{x}}{x}=\sin\dfrac{1}{x}$ 在 $x\to 0$ 时极限不存在,所以,这两个无穷小是不可以进行比较的.

习题 1-4

习题 1-4 答案

1. 单项选择题:

(1) 当 $x\to 1$ 时,下列变量中不是无穷小的是(　　).

A. $x-1$　　B. $(x-2)^2+1$　　C. $3x^2-2x-1$　　D. $\sin(x-1)$

(2) 下列变量中不是无穷大的有(　　).

A. $\dfrac{x^2+1}{\sqrt{x^3+2}}$ $(x\to+\infty)$　　B. $\ln x$ $(x\to+\infty)$

C. $e^{\frac{1}{x}}$ $(x\to 0^-)$　　D. e^x $(x\to+\infty)$

(3) 当 $x\to 0$ 时,与无穷小 $x+10x^3$ 等价的无穷小是(　　).

A. x　　B. x^2　　C. x^3　　D. $10x^3$

(4) 当 $x\to 0$ 时,与无穷小$(\sqrt{1+x}-\sqrt{1-x})$等价的无穷小是(　　).

A. $2x^2$　　B. $2x$　　C. x　　D. $\dfrac{1}{2}x$

(5) 当 $x\to 0^+$ 时,比 x 更高阶的无穷小是(　　).

A. $\sqrt{x}$　　B. $3x$　　C. $\sqrt[3]{x}$　　D. $\dfrac{x^3}{x^2+1}$

2. 当 $x\to 0$ 时,$2x-2x^2$ 与 $1000x^3$ 相比,哪一个无穷小趋近于零的速度更快?

3. 计算下列各极限:

(1) $\lim\limits_{x\to\infty}\dfrac{\operatorname{arccot}x}{x}$;　　(2) $\lim\limits_{x\to 2}\dfrac{3x+1}{(x-2)^2}$;

(3) $\lim\limits_{x\to 3}(x-3)\cos\dfrac{1}{x-3}$;　　(4) $\lim\limits_{x\to\infty}(2x^3-3x+1)$;

(5) $\lim\limits_{x\to\infty}\dfrac{3x^5+2x-1}{x^4-4}$;　　(6) $\lim\limits_{x\to\infty}\dfrac{(x-1)^{10}(3x+1)^{25}}{(5x+2)^{35}}$.

4. $\lim\limits_{x\to 0}\dfrac{f(x)}{x}=3$,求极限 $\lim\limits_{x\to 0}\dfrac{\sqrt{1+f(x)}-1}{x}$.

1.5　求解未定式极限的两种方法

求极限的难点就在于计算未定式极限,除了利用初等变换的方法外,在这里给大家介绍两种常用的求解未定式极限的方法,这就是利用两个重要极限和等价无穷小的替换原理来计算未定式极限. 在 3.1 节中,还将给出求这类极限的一个简便且重要的法则——洛必达法则.

1.5.1　两个重要极限及其应用

在求解未定式极限中，常会用到两个重要极限，在这里不加证明，直接给出这两个重要极限，这就是

$$\lim_{x\to 0}\frac{\sin x}{x}=1,\qquad \lim_{n\to\infty}\left(1+\frac{1}{n}\right)^n=\mathrm{e}.$$

1. 第一个重要极限：$\lim\limits_{x\to 0}\frac{\sin x}{x}=1$ （“$\frac{0}{0}$”型）

视频 20

大家可以看到第一个重要极限本身就是“$\frac{0}{0}$”型未定式，它可以利用极限的夹逼准则来证明（证明从略）. 同时，第一个重要极限还说明，当 $x\to 0$ 时，$\sin x\sim x$.

由第一个重要极限可以很容易推出以下“$\frac{0}{0}$”型未定式极限，它们是

$\lim\limits_{x\to 0}\frac{x}{\sin x}=1$，$\lim\limits_{x\to 0}\frac{\tan x}{x}=1$，$\lim\limits_{x\to 0}\frac{x}{\tan x}=1$，$\lim\limits_{x\to 0}\frac{\arcsin x}{x}=1$，$\lim\limits_{x\to 0}\frac{\arctan x}{x}=1$ 等.

如$\lim\limits_{x\to 0}\frac{\tan x}{x}=\lim\limits_{x\to 0}\frac{\sin x}{x}\cdot\frac{1}{\cos x}=\lim\limits_{x\to 0}\frac{\sin x}{x}\cdot\lim\limits_{x\to 0}\frac{1}{\cos x}=1\times 1=1$；

又如，设 $\arcsin x=t$，则有 $\sin t=x$，且当 $x\to 0$ 时，$t\to 0$，

故有$\lim\limits_{x\to 0}\frac{\arcsin x}{x}=\lim\limits_{x\to 0}\frac{t}{\sin t}=1$.

同理可推出：$\lim\limits_{x\to 0}\frac{\arctan x}{x}=1$.

以上这些未定式极限都可以当成公式来利用，为了更好地运用这些公式，可以建立如下计算模型：

设 $u=u(x)$，且在自变量 x 的某一变化过程中，$u(x)\to 0$，则有

$$\lim_{u\to 0}\frac{\sin u}{u}=1,$$

并且

$$\lim_{u\to 0}\frac{u}{\sin u}=1,\ \lim_{u\to 0}\frac{\tan u}{u}=1,\ \lim_{u\to 0}\frac{u}{\tan u}=1,\ \lim_{u\to 0}\frac{\arcsin u}{u}=1,\ \lim_{u\to 0}\frac{\arctan u}{u}=1.$$

很明显，当函数 u 是无穷小量时，即 $u\to 0$ 时，有

$$\sin u\sim u,\quad \tan u\sim u,\quad \arcsin u\sim u,\quad \arctan u\sim u.$$

例 1.41　计算下列各极限：

(1) $\lim\limits_{x\to 0}\frac{\sin 5x}{\sin 7x}$；　　(2) $\lim\limits_{x\to 0}\frac{\arctan 3x}{\sin 2x}$；

(3) $\lim\limits_{x\to 0}\frac{1-\cos x}{\frac{1}{2}x^2}$；　　(4) $\lim\limits_{x\to 1}\frac{\sin(1-x)}{x^2-1}$.

解 根据题意：

(1) $\lim\limits_{x\to0}\dfrac{\sin5x}{\sin7x}=\lim\limits_{x\to0}\dfrac{5x\cdot\dfrac{\sin5x}{5x}}{7x\cdot\dfrac{\sin7x}{7x}}=\dfrac{5}{7}\dfrac{\lim\limits_{x\to0}\dfrac{\sin5x}{5x}}{\lim\limits_{x\to0}\dfrac{\sin7x}{7x}}=\dfrac{5}{7}$;

(2) $\lim\limits_{x\to0}\dfrac{\arctan3x}{\sin2x}=\lim\limits_{x\to0}\dfrac{3x\cdot\dfrac{\arctan3x}{3x}}{2x\cdot\dfrac{\sin2x}{2x}}=\dfrac{3}{2}$;

(3) $\lim\limits_{x\to0}\dfrac{1-\cos x}{\dfrac{1}{2}x^2}=\lim\limits_{x\to0}\dfrac{2\sin^2\dfrac{x}{2}}{\dfrac{1}{2}x^2}=\lim\limits_{x\to0}\left(\dfrac{\sin\dfrac{x}{2}}{\dfrac{x}{2}}\right)^2=1^2=1$;

(4) $\lim\limits_{x\to1}\dfrac{\sin(1-x)}{x^2-1}=\lim\limits_{x\to1}\dfrac{\sin(1-x)}{(x-1)(x+1)}=-\lim\limits_{x\to1}\dfrac{\sin(1-x)}{1-x}\cdot\lim\limits_{x\to1}\dfrac{1}{1+x}=-\dfrac{1}{2}$.

通过以上的计算模型和例题讨论，我们不难发现，重要极限$\lim\limits_{x\to0}\dfrac{\sin x}{x}=1$主要是运用于由三角函数或反三角函数组成的“$\dfrac{0}{0}$”型未定式.

2. 第二个重要极限：$\lim\limits_{n\to\infty}\left(1+\dfrac{1}{n}\right)^n=e$（“$1^\infty$”型）

视频 21

这是一个数列的极限，其本身也是“1^∞”型未定式. 我们可以用数列极限的单调有界收敛准则来证明数列$\left\{\left(1+\dfrac{1}{n}\right)^n\right\}$的极限存在(证明从略)，并且推出的结果就是大家都知道的无理数 e，即$\lim\limits_{n\to\infty}\left(1+\dfrac{1}{n}\right)^n=e$.

$$e\approx2.718281828459045\cdots$$

由于数列也是一种特殊的函数，所以我们总是把上面的数列极限推广成下面的函数极限形式，即

$$\lim_{x\to\infty}\left(1+\frac{1}{x}\right)^x=e \quad 或 \quad \lim_{x\to0}(1+x)^{\frac{1}{x}}=e,$$

并把它们称为第二个重要极限.

对于这个重要极限$\lim\limits_{x\to\infty}\left(1+\dfrac{1}{x}\right)^x=e$，有很多的初学者往往理解不了，他们总是不知不觉地把这个极限与中学老师说过的“1 的任何次方都等于 1”相比较，从而得出错误的结论：$\lim\limits_{x\to\infty}\left(1+\dfrac{1}{x}\right)^x=1$. 那么，问题出在哪里呢？是中学老师错了，还是这个重要极限错了？许多初学者在学习中都存在这种困惑. 其实，问题的焦点就在于当$x\to\infty$时，底数$\left(1+\dfrac{1}{x}\right)$是不是 1？也就是无穷小$\dfrac{1}{x}$是不是零. 前面学习无穷小的概念时，我们曾经说过零是无穷小，但不能说无穷小是零，也就是说，当$x\to\infty$时，$\dfrac{1}{x}$只是无限接近于零，但并不等于零. 因此，整个底数

$\left(1+\frac{1}{x}\right)$并不等于 1，只是无限趋近于 1. 所以，这里根本不是什么 1 的任何次方问题，也就不能与中学老师说过的话相比较. 希望大家在学习这个重极限时必须理解这一点.

运用重要极限$\lim\limits_{x\to\infty}\left(1+\frac{1}{x}\right)^x=\mathrm{e}$可以很容易推出以下极限等式：

$$\lim_{x\to\infty}\left(1-\frac{1}{x}\right)^x=\mathrm{e}^{-1}\text{和}\lim_{x\to\infty}\left(1+\frac{a}{x}\right)^x=\mathrm{e}^a\text{，其中 }a\text{ 是常数，且 }a\neq 0.$$

如
$$\lim_{x\to\infty}\left(1-\frac{1}{x}\right)^x=\lim_{x\to\infty}\left(1+\frac{1}{-x}\right)^{(-x)\cdot(-1)}=\lim_{(-x)\to\infty}\left[\left(1+\frac{1}{-x}\right)^{(-x)}\right]^{-1}=\mathrm{e}^{-1},$$

又如

$$\lim_{x\to\infty}\left(1+\frac{a}{x}\right)^x=\lim_{x\to\infty}\left(1+\frac{1}{\frac{x}{a}}\right)^{\frac{x}{a}\cdot a}=\lim_{\frac{x}{a}\to\infty}\left[\left(1+\frac{1}{\frac{x}{a}}\right)^{\frac{x}{a}}\right]^a=\mathrm{e}^a.$$

同理还可推出

$$\lim_{x\to 0}(1-x)^{\frac{1}{x}}=\mathrm{e}^{-1}\text{和}\lim_{x\to 0}(1+ax)^{\frac{1}{x}}=\mathrm{e}^a\text{，其中 }a\text{ 是常数，且 }a\neq 0.$$

以上这些极限等式都可以当成公式来用，为此，我们来建立如下计算模型：

设 $u=u(x)$，且在自变量 x 的某一变化过程中，$u(x)\to\infty$（或 $u(x)\to 0$）则有

$$\lim_{u\to\infty}\left(1\pm\frac{a}{u}\right)^u=\mathrm{e}^{\pm a}\quad(a\text{ 是常数，且 }a\neq 0)$$

或

$$\lim_{u\to 0}(1\pm au)^{\frac{1}{u}}=\mathrm{e}^{\pm a}\quad(a\text{ 是常数，且 }a\neq 0).$$

例 1.42　计算下列各极限：

(1) $\lim\limits_{x\to 0}\frac{\ln(1+x)}{x}$；　　(2) $\lim\limits_{x\to 0}\frac{\mathrm{e}^x-1}{x}$.

解　(1) 原式$=\lim\limits_{x\to 0}\frac{1}{x}\cdot\ln(1+x)=\lim\limits_{x\to 0}\ln(1+x)^{\frac{1}{x}}$

$$=\ln\left[\lim_{x\to 0}(1+x)^{\frac{1}{x}}\right]=\ln\mathrm{e}=1.$$

(2) 先作变量代换，令 $\mathrm{e}^x-1=t$，则有 $x=\ln(1+t)$，并且当 $x\to 0$ 时，$t\to 0$，故有

$$\text{原式}=\lim_{x\to 0}\frac{t}{\ln(1+t)}=\lim_{x\to 0}\frac{1}{\frac{1}{t}\ln(1+t)}=\lim_{x\to 0}\frac{1}{\ln(1+t)^{\frac{1}{t}}}=\frac{1}{\ln\mathrm{e}}=1.$$

从例 1.42 的解答中可以看到，当 $x\to 0$ 时，

$$\ln(1+x)\sim x,\ \mathrm{e}^x-1\sim x.$$

例 1.43　求$\lim\limits_{x\to\infty}\left(\frac{2x-1}{2x+1}\right)^{3x}$.

解 因为 $\lim\limits_{x\to\infty}\dfrac{2x-1}{2x+1}=\lim\limits_{x\to\infty}\dfrac{2-\dfrac{1}{x}}{2+\dfrac{1}{x}}=1$,

所以,本题是"1^{∞}"型的未定式极限,利用我们建立的计算模型,容易得出

$$\begin{aligned}\lim_{x\to\infty}\left(\frac{2x-1}{2x+1}\right)^{3x}&=\lim_{x\to\infty}\left(1+\frac{2x-1}{2x+1}-1\right)^{3x}=\lim_{x\to\infty}\left(1+\frac{-2}{2x+1}\right)^{3x}\\&=\lim_{x\to\infty}\left(1-\frac{2}{2x+1}\right)^{(2x+1)\cdot\frac{3x}{2x+1}}\\&=\lim_{x\to\infty}\left[\left(1-\frac{2}{2x+1}\right)^{2x+1}\right]^{\frac{3}{2+\frac{1}{x}}}\\&=(e^{-2})^{\frac{3}{2}}=e^{-3}.\end{aligned}$$

形如 $y=f(x)^{g(x)}$ $(f(x)\neq 1)$形式的函数,称为幂指函数.这类函数也是本课程常会遇到的函数.对于幂指函数,也可以通过对数的性质去分解函数的结构,把它转化成指数函数的形式,即

$$f(x)^{g(x)}=e^{\ln f(x)^{g(x)}}=e^{g(x)\ln f(x)}.$$

显然,第二个重要极限主要运用于幂指函数极限中趋于"1^{∞}"型的未定式极限.

1.5.2 等价无穷小的替换原理及其应用

定理 1.12 (等价无穷小的替换原理)在自变量同一变化过程中,$\alpha,\alpha',\beta,\beta'$ 都是无穷小,且 $\alpha\sim\alpha',\beta\sim\beta'$,如果 $\lim\dfrac{\alpha'}{\beta'}$ 存在,那么有

$$\lim\frac{\alpha}{\beta}=\lim\frac{\alpha'}{\beta'}.$$

视频 22

证 因为 $\alpha\sim\alpha',\beta\sim\beta'$,所以

$$\lim\frac{\alpha}{\beta}=\left(\lim\frac{\alpha}{\alpha'}\cdot\frac{\alpha'}{\beta'}\cdot\frac{\beta'}{\beta}\right)=\lim\frac{\alpha}{\alpha'}\cdot\lim\frac{\alpha'}{\beta'}\cdot\lim\frac{\beta'}{\beta}=\lim\frac{\alpha'}{\beta'}.$$

由于任何无穷小(零除外)都与自身是等价的,即 $\alpha\sim\alpha,\beta\sim\beta$,所以有

推论 $\lim\dfrac{\alpha}{\beta}=\lim\dfrac{\alpha'}{\beta}=\lim\dfrac{\alpha}{\beta'}=\lim\dfrac{\alpha'}{\beta'}$.

这个推论告诉我们,在替换原理的运用中,有时可以只替换分子或只替换分母.

定理 1.12 及其推论是今后简化"$\dfrac{0}{0}$"型未定式极限的一种常用手段,其方法有独到之处.在这里,要理解的是"替换"两个字,这种替换往往是初等变换无法做到的.不过,要想用好这种方法,就必须熟知一些常见的等价无穷小以备替换,并会举一反三.下面给大家列举一些常会用到的等价无穷小,希望大家熟记.

设 $u=u(x)$,当 $x\to 0$ 时,$u(x)\to 0$,且 k 为常数,则有

$\sin x \sim x \to \sin u \sim u$；　　$(\sin u)^k \sim u^k$；

$\tan x \sim x \to \tan u \sim u$；　　$(\tan u)^k \sim u^k$；

$\arcsin x \sim x \to \arcsin u \sim u$；　　$(\arcsin u)^k \sim u^k$；

$\arctan x \sim x \to \arctan u \sim u$；　　$(\arctan u)^k \sim u^k$；

$e^x - 1 \sim x \to e^u - 1 \sim u$；　　$(e^x - 1)^k \sim u^k$；

$\ln(1+x) \sim x \to \ln(1+u) \sim u$；　　$[\ln(1+u)]^k \sim u^k$；

$1-\cos x \sim \frac{1}{2}x^2 \to 1-\cos u \sim \frac{1}{2}u^2$；　　$(1-\cos u)^k \sim \left(\frac{1}{2}u^2\right)^k$；

$\sqrt{1+x}-1 \sim \frac{1}{2}x \to \sqrt{1+u}-1 \sim \frac{1}{2}u$；　　$(\sqrt{1+u}-1)^k \sim \left(\frac{1}{2}u\right)^k$.

例 1.44　计算下列各极限：

(1) $\lim\limits_{x\to 0}\frac{\ln(1+x^2)}{1-\cos 3x}$；　　(2) $\lim\limits_{x\to 0}\frac{\sin(\sin 2x)}{5x}$；

(3) $\lim\limits_{x\to 0}\frac{(e^{\sin 2x}-1)^3}{\tan^3 x}$；　　(4) $\lim\limits_{x\to 0}\frac{\arctan 3x}{\sqrt{1+2x}-1}$.

解　(1) 当 $x\to 0$ 时，$\ln(1+x^2)\sim x^2$，$1-\cos 3x \sim \frac{1}{2}(3x)^2$，所以

$$\lim_{x\to 0}\frac{\ln(1+x^2)}{1-\cos 3x}=\lim_{x\to 0}\frac{x^2}{\frac{1}{2}(3x)^2}=\frac{2}{9}.$$

(2) 当 $x\to 0$ 时，$\sin(\sin 2x)\sim \sin 2x \sim 2x$，所以

$$\lim_{x\to 0}\frac{\sin(\sin 2x)}{5x}=\lim_{x\to 0}\frac{2x}{5x}=\frac{2}{5}.$$

(3) 当 $x\to 0$ 时，$(e^{\sin 2x}-1)^3\sim(\sin 2x)^3\sim(2x)^3$，$\tan^3 x\sim x^3$，所以

$$\lim_{x\to 0}\frac{(e^{\sin 2x}-1)^3}{\tan^3 x}=\lim_{x\to 0}\frac{(2x)^3}{x^3}=8.$$

(4) 当 $x\to 0$ 时，$\arctan 3x\sim 3x$，$\sqrt{1+2x}-1\sim\frac{1}{2}(2x)$，所以

$$\lim_{x\to 0}\frac{\arctan 3x}{\sqrt{1+2x}-1}=\lim_{x\to 0}\frac{3x}{\frac{1}{2}(2x)}=3.$$

例 1.45　求 $\lim\limits_{x\to 0}\frac{(x+2)\sin 2x}{\arcsin 3x}$.

解　函数 $f(x)=\frac{(x+2)\sin 2x}{\arcsin 3x}$ 的分子中，含有无穷小因子 $\sin 2x$，且当 $x\to 0$ 时，$\sin 2x\sim 2x$. 所以

$$\lim_{x\to 0}\frac{(x+2)\sin 2x}{\arcsin 3x}=\lim_{x\to 0}\frac{(x+2)\cdot 2x}{3x}=\frac{4}{3}.$$

注意　在对函数的分子(或分母)的某一部分作替换时,只可对无穷小因子作等价无穷小的替换,否则就要出错,如 $\sin x-\tan x$ 并不等价于 $x-x$.

例 1.46　求 $\lim\limits_{x\to 0}\dfrac{\tan x-\sin x}{x^3}$.

解　$\lim\limits_{x\to 0}\dfrac{\tan x-\sin x}{x^3}=\lim\limits_{x\to 0}\dfrac{\tan x(1-\cos x)}{x^3}=\lim\limits_{x\to 0}\dfrac{x\cdot\frac{1}{2}x^2}{x^3}=\dfrac{1}{2}$.

例 1.47　求 $\lim\limits_{x\to 0}\dfrac{(1+x)^a-1}{ax}$($a$ 是常数,且 $a\neq 0$).

解　由对数的性质可得

$$(1+x)^a=e^{\ln(1+x)^a}=e^{a\ln(1+x)},$$

而当 $x\to 0$ 时,$a\ln(1+x)\to 0$,故有

$$e^{a\ln(1+x)}-1\sim a\ln(1+x)\quad(x\to 0).$$

所以

$$\lim_{x\to 0}\frac{(1+x)^a-1}{ax}=\lim_{x\to 0}\frac{e^{a\ln(1+x)}-1}{ax}=\lim_{x\to 0}\frac{a\ln(1+x)}{ax}=\lim_{x\to 0}\frac{ax}{ax}=1.$$

从例 1.47 可以看到,当 $x\to 0$ 时,$(1+x)^a-1\sim ax\quad(a\neq 0)$.

习题 1-5

习题 1-5 答案

1. 计算下列各极限:

(1) $\lim\limits_{x\to 0}\dfrac{x-\sin 2x}{x+\tan 3x}$;　(2) $\lim\limits_{x\to 0}\dfrac{1-\cos 2x}{x\sin x}$;

(3) $\lim\limits_{n\to\infty}5^n\cdot\sin\dfrac{x}{5^n}\ (x\neq 0)$;　(4) $\lim\limits_{x\to a}\dfrac{\sin x-\sin a}{x-a}$;

(5) $\lim\limits_{x\to 0}(1+2x)^{\frac{2}{x}}$;　(6) $\lim\limits_{x\to\infty}\left(\dfrac{3x+2}{3x-1}\right)^{x+1}$;

(7) $\lim\limits_{x\to\frac{\pi}{2}}(1+\cos x)^{5\sec x}$;　(8) $\lim\limits_{x\to 2}(x-1)^{\frac{2}{x-2}}$.

2. 计算下列各极限:

(1) $\lim\limits_{x\to 0}\dfrac{\sin^2 5x}{1-\cos 2x}$;　(2) $\lim\limits_{x\to 0}\dfrac{\sin(\sin 3x)}{\arcsin 2x}$;

(3) $\lim\limits_{x\to 0}\dfrac{\tan x-\sin x}{\ln(1+x^3)}$;　(4) $\lim\limits_{x\to 0}\dfrac{(\sqrt{1+x}-1)(x+2)}{\tan 7x}$.

3. 若 $\lim\limits_{x\to\infty}\left(\dfrac{3}{x+1}+bx+a\right)=2$($a,b$ 均为常数),求 a,b 的值.

1.6　函数的连续性与间断点

函数的连续性是与函数的极限密切相关的重要概念，这个概念的建立为后续学习微分与积分及其应用打下了坚实的基础.

1.6.1　函数的连续性

在自然界中，很多现象如昼夜气温的变化、植物的生长、河水的流动等，都是连续不断地在运动变化着，其变化的特点都是当时间变化不大时，其相应的值变化也不大. 这种现象反映到数学的函数关系上，就是函数的连续性.

视频 23

为了描述函数的连续性，先引入增量这一概念.

定义 1.21　设变量 u 从它的一个初值 u_1，变到终值 u_2，其终值与初值的差 u_2-u_1，就叫做变量 u 的增量，记作 Δu，即

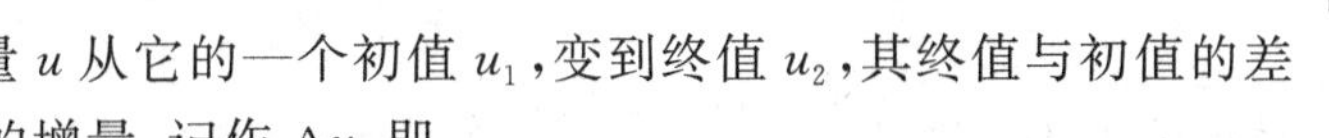

$$\Delta u=u_2-u_1.$$

注意

(1) 记号 Δu 是一个不可分割的整体记号，不能看成是某个量 Δ 与 u 的乘积；

(2) 由于初值 u_1 与终值 u_2 并没确定大小，所以，Δu 可以是正的(即 $u_1<u_2$)，也可以是负的(即 $u_1>u_2$)，还可以是零(即 $u_1=u_2$). 所以，有时我们也称增量 Δu 为变量的改变量.

假设函数 $y=f(x)$ 在点 $x=x_0$ 的某一邻域内有定义，当自变量 x 在该邻域内获得一个增量 Δx(即 x 从 x_0 变到 $x_0+\Delta x$)时，则相应的函数 y 也获得一个增量 Δy，且

$$\Delta y=f(x_0+\Delta x)-f(x_0).$$

这个关系式的几何意义如图 1-29 所示.

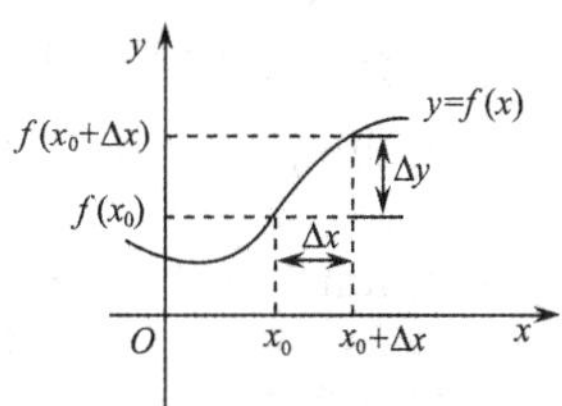

图 1-29

1. 函数 $y=f(x)$ 在点 $x=x_0$ 处连续的定义

函数 $y=f(x)$ 在点 $x=x_0$ 处连续，表示函数 $y=f(x)$ 的曲线图形在点 $(x_0,f(x_0))$ 处是连续不断的(图 1-29)，而从图 1-30 中所看到的曲线则明显不同，其函数曲线在点 $(x_0,f(x_0))$ 处是断开的. 对比这两个图形，我们不难发现，当 $\Delta x\to 0$ 时，图 1-29 中的 Δy 也会趋近于零，而图 1-30 中的 Δy 则不会趋近于零. 于是便有了以下函数在一点处连续的数学定义.

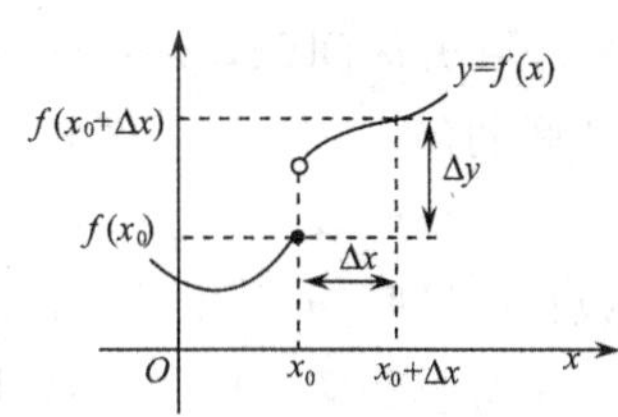

图 1-30

定义 1.22　设函数 $y=f(x)$ 在点 $x=x_0$ 处的某一邻域内有定义，如果当自变量的增量 $\Delta x\to 0$ 时，相应的函数增量 $\Delta y=f(x_0+\Delta x)-f(x_0)$ 也趋近于零，即

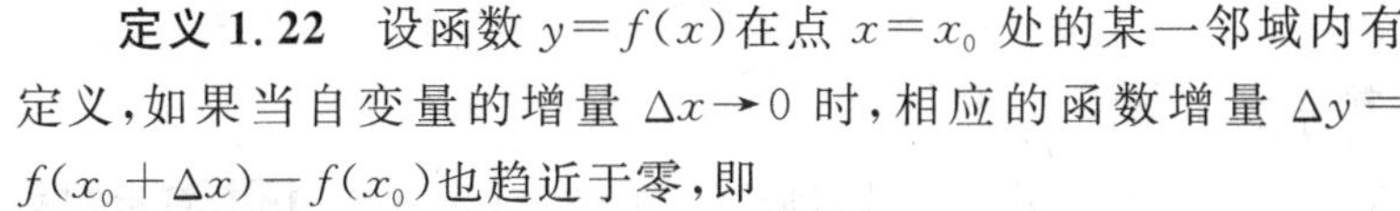

$$\lim_{\Delta x\to 0}\Delta y=0$$

那么就称函数 $y=f(x)$ 在点 $x=x_0$ 处连续.

注意　定义 1.22 中的极限表达式 $\lim\limits_{\Delta x\to 0}\Delta y=0$ 刻画了连续函数的一个最基本的性质，那就是当自变量变化不大时，相应的函数值变化也不大. 事实上，微积分的许多思想和研究都是建立在这样一个思维基础上进行的. 所以，如果能理解这一点，将会给大家后续的学习带来很大

的帮助.

在定义 1.22 中,若令 $x=x_0+\Delta x$,则有 $\Delta x=x-x_0$,且当 $\Delta x\to 0$ 时,$x\to x_0$,而 $\Delta y=f(x)-f(x_0)$,因此,我们可以由 $\lim\limits_{\Delta x\to 0}\Delta y=0$ 推出 $\lim\limits_{x\to x_0}[f(x)-f(x_0)]=0$,$\lim\limits_{x\to x_0}f(x)=f(x_0)$,这样,我们又可得到如下定义:

定义 1.23 设函数 $y=f(x)$在点 $x=x_0$ 处的某一邻域内有定义,如果函数$f(x)$当 $x\to x_0$ 时的极限存在,且等于它在点 $x=x_0$ 处的函数值 $f(x_0)$,即

$$\lim_{x\to x_0}f(x)=f(x_0),$$

那么就称函数 $y=f(x)$在点 $x=x_0$ 处连续.

显然定义 1.23 要比定义 1.22 实用得多,今后我们在判断函数在某一点处是否连续时,往往是用定义 1.23 来判断.也就是

$$\text{函数 } y=f(x)\text{在点 } x=x_0 \text{ 处连续}\Leftrightarrow\lim_{x\to x_0}f(x)=f(x_0).$$

例 1.48 讨论函数 $f(x)=\begin{cases}x^2+1, & x<0,\\ 2x+1, & x\geqslant 0\end{cases}$ 在点 $x=0$ 处的连续性.

解 因为 $\lim\limits_{x\to 0^-}f(x)=\lim\limits_{x\to 0^-}(x^2+1)=1$,$\lim\limits_{x\to 0^+}f(x)=\lim\limits_{x\to 0^+}(2x+1)=1$,

所以$\lim\limits_{x\to 0}f(x)=1$,且 $f(0)=2\times 0+1=1$.

因此有

$$\lim_{x\to 0}f(x)=f(0),$$

故函数 $f(x)$在点 $x=0$ 处连续.

下面介绍函数 $y=f(x)$在点 $x=x_0$ 处左连续和右连续的概念.

如果 $\lim\limits_{x\to x_0^-}f(x)=f(x_0)$,就称函数 $y=f(x)$在点 $x=x_0$ 处左连续.

如果 $\lim\limits_{x\to x_0^+}f(x)=f(x_0)$,就称函数 $y=f(x)$在点 $x=x_0$ 处右连续.

左连续和右连续的概念往往用来判断函数 $y=f(x)$在区间端点处的连续性.显然,如果函数 $y=f(x)$在某一点处连续,则说明函数 $f(x)$在该点既左连续,也右连续.

2. 区间上连续函数的概念

在开区间(a,b)内每一点都连续的函数,称为在开区间(a,b)内的连续函数,或者称函数在开区间(a,b)内连续,区间(a,b)也叫做函数的连续区间.

如果函数在开区间(a,b)内连续,且在左端点 a 处右连续,在右端点 b 处左连续,那么称函数在闭区间$[a,b]$上连续.

直观感受告诉我们:区间上连续函数的图形是一条在该区间内连续而不间断的曲线.

1.6.2 函数的间断点及其分类

定义 1.24 若函数 $y=f(x)$在点 $x=x_0$ 处不连续,则称函数 $y=f(x)$在点 $x=x_0$ 处间断,而点 $x=x_0$ 也称为函数 $y=f(x)$的间断点.

视频 24

显然,在函数 $y=f(x)$的间断点 $x=x_0$ 处,极限等式$\lim\limits_{x\to x_0}f(x)=f(x_0)$总是不成立的,原因可以分为下述三种情形:

(1) 函数 $f(x)$在点 $x=x_0$ 的某个去心邻域内有定义,而在点 $x=x_0$ 处没有

定义，即$f(x_0)$不存在；

(2) 极限$\lim\limits_{x\to x_0}f(x)$不存在；

(3) 极限$\lim\limits_{x\to x_0}f(x)$存在，且 $f(x_0)$也存在(即有定义)，但是$\lim\limits_{x\to x_0}f(x)\neq f(x_0)$.

函数的间断点可以按其左、右极限是否存在，分为第一类间断点与第二类间断点.

设点 $x=x_0$ 是函数 $f(x)$的间断点，则有

第一类间断点：左、右极限 $f(x_0^-)$与 $f(x_0^+)$都存在，则

Ⅰ. $f(x_0^-)=f(x_0^+)$ ——可去间断点；

Ⅱ. $f(x_0^-)\neq f(x_0^+)$——不可去间断点.

第二类间断点：左、右极限 $f(x_0^-)$与 $f(x_0^+)$至少有一个不存在的间断点统归为第二类间断点. 如，无穷间断点(即极限等于无穷大的间断点)就属第二类间断点.

下面简单介绍一下函数的第一类可去间断点.

函数的第一类可去间断点有一个明显的特征，那就是函数在间断点处的极限都存在，这样，造成函数间断的原因就很清楚了，那就是函数在该点的定义出了问题. 要么就是没有定义；要么就是有定义，但定义的函数值不等于函数的极限值. 因此，我们只要对该点的函数定义作适当的调整，即对没有定义的补充定义，对有定义的则改变其定义(不过，补充的定义或改变后的定义都必须等于函数的极限值)，就能使补充定义(或改变定义)后的函数在该点处连续. 所以这类间断点我们称其为可去间断点.

例 1.49　函数 $f(x)=\dfrac{\sin x}{x}$在点 $x=0$ 处无定义，故点 $x=0$ 是其间断点，但由于$\lim\limits_{x\to 0}\dfrac{\sin x}{x}=1$，因此点 $x=0$ 是函数 $f(x)$的第一类可去间断点. 因为函数 $f(x)$在点 $x=0$ 处没有定义，故补充定义后得到

$$f_1(x)=\begin{cases}\dfrac{\sin x}{x}, & x\neq 0,\\ 1, & x=0,\end{cases}$$

则函数 $f_1(x)$在点 $x=0$ 处连续.

例 1.50　函数 $f(x)=\begin{cases}\dfrac{x^2-4}{x-2}, & x\neq 2,\\ 2, & x=2\end{cases}$ 在点 $x=2$ 处有定义，即 $f(2)=2$，而极限 $\lim\limits_{x\to 2}\dfrac{x^2-4}{x-2}=\lim\limits_{x\to 2}(x+2)=4$. 因此，$\lim\limits_{x\to 2}f(x)=4\neq 2=f(2)$. 所以点 $x=2$ 为函数$f(x)$的第一类可去间断点，故改变定义后得到

$$f_1(x)=\begin{cases}\dfrac{x^2-4}{x-2}, & x\neq 2,\\ 4, & x=2,\end{cases}$$

则函数 $f_1(x)$在点 $x=2$ 处连续.

由于函数的图形往往在第一类不可去间断点处会产生跳跃现象，因此我们又称第一类不可去间断点为函数 $f(x)$的跳跃间断点.

1.6.3 初等函数与分段函数的连续性

1. 初等函数的连续性

视频 25

首先讨论基本初等函数的连续性.

通过前面 1.1.6 节的学习,我们知道基本初等函数的图形在其定义区间内都是一条连续不间断的曲线,所以可以得出这样的结论:基本初等函数在其定义的区间内都是连续的.

其次,通过函数在点 $x=x_0$ 处连续的定义和极限的运算法则可以得出如下定理.

定理 1.13 如果函数 $f(x)$ 和 $g(x)$ 都在点 $x=x_0$ 处连续,则函数 $f(x)\pm g(x)$, $f(x)\cdot g(x)$, $\frac{f(x)}{g(x)}(g(x_0)\neq 0)$ 在点 $x=x_0$ 处也连续.

证 只证 $f(x)\pm g(x)$ 在点 $x=x_0$ 处连续的情形,其他情形可类似证明.

因为 $f(x)$ 和 $g(x)$ 都在点 $x=x_0$ 处连续,所以有

$$\lim_{x\to x_0} f(x)=f(x_0),\quad \lim_{x\to x_0} g(x)=g(x_0).$$

根据极限的运算法则可得

$$\lim_{x\to x_0}[f(x)\pm g(x)]=\lim_{x\to x_0} f(x)\pm\lim_{x\to x_0} g(x)=f(x_0)\pm g(x_0).$$

所以,根据定义 1.23 可知,函数 $f(x)\pm g(x)$ 在点 $x=x_0$ 处也连续.

定理 1.14 如果函数 $u=\varphi(x)$ 在点 $x=x_0$ 处连续,且 $u_0=\varphi(x_0)$,而函数 $y=f(u)$ 在点 $u=u_0$ 处连续,则复合函数 $y=f[\varphi(x)]$ 在点 $x=x_0$ 处连续.

证 因为函数 $\varphi(x)$ 在点 $x=x_0$ 处连续,即当 $x\to x_0$ 时,有 $u\to u_0$. 所以

$$\lim_{x\to x_0} f[\varphi(x)]=\lim_{u\to u_0} f(u)=f(u_0)=f[\varphi(x_0)].$$

由定义 1.23 可知,复合函数 $f[\varphi(x)]$ 在点 $x=x_0$ 处连续.

由于初等函数都是由基本初等函数经过有限次的四则运算和有限次的复合步骤所构成,所以根据基本初等函数的连续性和定理 1.13、定理 1.14 可得如下定理.

定理 1.15 一切初等函数在其定义区间内都是连续的.

这个定理告诉我们,初等函数的连续区间就是它的自然定义域,如函数

$$f(x)=\frac{\sqrt{x-1}}{x-5}$$

的连续区间就是 $[1,5)\cup(5,+\infty)$.

今后我们可以利用定理 1.15 的结论来求函数的极限:如果 $y=f(x)$ 是初等函数,且点 $x_0\in D$,则有 $\lim\limits_{x\to x_0} f(x)=f(x_0)$,即只要计算对应的函数值 $f(x)$ 就可以了.

2. 分段函数的连续性

由于分段函数一般都不是初等函数,所以,定理 1.15 对分段函数一般不成立. 但是分段函数除分段点外,在每个部分定义区间内还是由初等函数的形式给出. 所以,一般分段函数除分段点外在有定义的区间内都是连续的(特殊情况除外,如狄利克雷函数),而分段点的连续性则必须利用定义 1.23 单独讨论.

例 1.51　讨论分段函数

$$f(x)=\begin{cases}\sin x, & x<0,\\ x, & 0\leqslant x\leqslant 1,\\ x^2+1, & x>1\end{cases}$$

的连续性，并写出函数的连续区间，若有间断点，指出它属于哪类间断点.

解　当 $x\in(-\infty,0)$ 时，$f(x)=\sin x$ 是初等函数，所以 $f(x)$ 连续.

当 $x\in(0,1)$ 时，$f(x)=x$ 也是初等函数，所以 $f(x)$ 也连续.

当 $x\in(1,+\infty)$ 时，$f(x)=x^2+1$ 还是初等函数，所以 $f(x)$ 还是连续.

在 $x=0$ 处，$f(0)=0$，因为 $f(0^-)=\lim\limits_{x\to 0^-}f(x)=\lim\limits_{x\to 0^-}\sin x=0$，

$$f(0^+)=\lim_{x\to 0^+}f(x)=\lim_{x\to 0^+}x=0,$$

所以 $\lim\limits_{x\to 0}f(x)=0=f(0)$，因此函数 $f(x)$ 在点 $x=0$ 处连续.

在 $x=1$ 处，$f(1)=1$，因为 $f(1^-)=\lim\limits_{x\to 1^-}f(x)=\lim\limits_{x\to 1^-}x=1$，

$$f(1^+)=\lim_{x\to 1^+}f(x)=\lim_{x\to 1^+}(x^2+1)=2,$$

所以 $f(1^-)\neq f(1^+)$. 因此函数 $f(x)$ 在点 $x=1$ 处间断，且 $x=1$ 是第一类不可去间断点（即跳跃间断点）.

通过以上的讨论可知：函数 $f(x)$ 的连续区间为 $(-\infty,1)\cup(1,+\infty)$.

例 1.52　设函数

$$f(x)=\begin{cases}\dfrac{\sin x}{x}, & x<0,\\ a, & x=0,\\ \dfrac{2(\sqrt{1+x}-1)}{x}, & x>0,\end{cases}$$

请选择适当的数 a，使得函数 $f(x)$ 在 $(-\infty,+\infty)$ 内连续.

解　根据题意：

当 $x\in(-\infty,0)$ 时，$f(x)=\dfrac{\sin x}{x}$ 是初等函数，所以 $f(x)$ 连续.

当 $x\in(0,+\infty)$ 时，$f(x)=\dfrac{2(\sqrt{1+x}-1)}{x}$ 也是初等函数，所以 $f(x)$ 也连续.

在点 $x=0$ 处，$f(0)=a$，因为

$$f(0^-)=\lim_{x\to 0^-}f(x)=\lim_{x\to 0^-}\frac{\sin x}{x}=1,$$

$$f(0^+)=\lim_{x\to 0^+}f(x)=\lim_{x\to 0^+}\frac{2(\sqrt{1+x}-1)}{x}=\lim_{x\to 0^+}\frac{2\cdot\frac{1}{2}x}{x}=1,$$

所以 $\lim\limits_{x\to 0}f(x)=1$，故应选择 $a=1$ 时，$f(x)$ 在点 $x=0$ 处连续.

因此，当 $a=1$ 时，函数 $f(x)$ 在 $(-\infty,+\infty)$ 内连续.

1.6.4 闭区间上连续函数的性质

视频 26

在闭区间上连续的函数有许多重要的性质，这些性质的几何意义都比较直观，但证明却并不容易，有的已超出本课程的范围. 所以下面我们只以定理的形式叙述这些性质，略去证明.

定理 1.16 （最大值与最小值存在定理）闭区间上的连续函数在该区间内一定存在最大值和最小值.

注意：

(1) 这个定理只告诉我们最值的存在，至于如何求解最值会在后续的导数应用中给出.

(2) 如果只在开区间(a,b)内连续，或在闭区间内不连续，则结论未必成立. 即函数的最大值与最小值可能存在，也可能不存在. 如图 1-31(a)，(b)，(c)所示的都是不存在的情形.

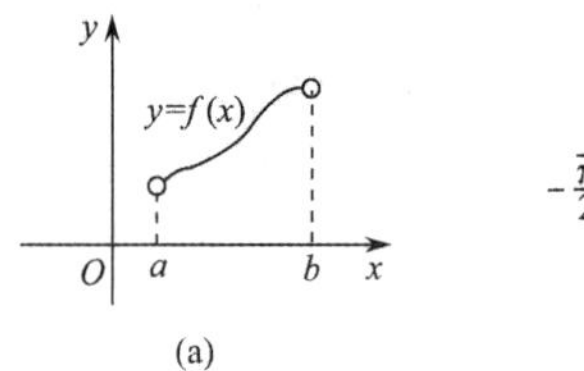

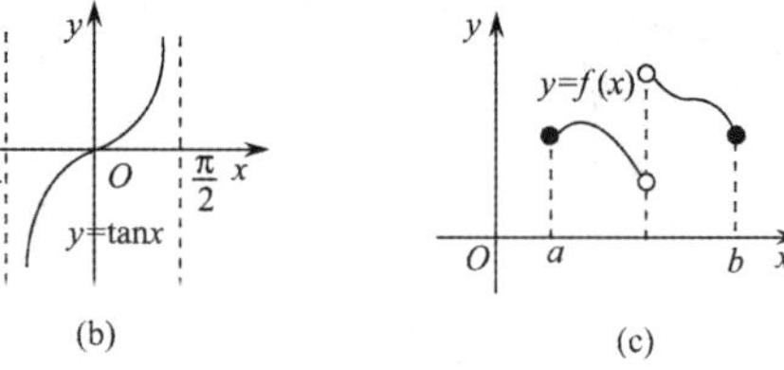

图 1-31

由定理 1.6 可以推出下面的定理.

定理 1.17 （有界性定理）闭区间上的连续函数在该区间内一定有界.

这个定理的证明很简单，因为函数一定存在最大值和最小值，所以函数自然就有界. 不过，如果只是在开区间内连续，那就未必有界了. 如图 1-31（b）所示，正切函数 $y=\tan x$ 在$\left(-\frac{\pi}{2},\frac{\pi}{2}\right)$内连续，但却无界.

定理 1.18 （介值定理，又叫中间值定理）如果函数 $y=f(x)$在闭区间$[a,b]$上连续，且在此区间的两个端点处取不同的函数值 $f(a)=A$ 与 $f(b)=B$ $(A\neq B)$，那么，对于介于 A，B 之间的任意一个常数 C，在开区间(a,b)内至少有一点 ξ，使得

$$f(\xi)=C \quad (a<\xi<b).$$

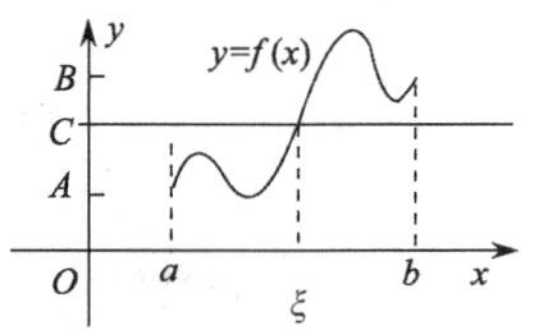

图 1-32

介值定理的几何意义：介于 A，B 之间的任意一条水平直线 $y=C$ 与连续曲线 $y=f(x)$至少相交一次（即至少有一个交点），如图 1-32 所示.

介值定理是闭区间上连续函数的重要性质之一，下面介绍它的两个推论.

如果点 $x=x_0$ 能使 $f(x_0)=0$，则称 $x=x_0$ 点是函数$f(x)$的零点.

推论 1 （零点定理）如果函数 $y=f(x)$在闭区间$[a,b]$上连续，且两端点的函数值 $f(a)$和 $f(b)$异号，则函数 $f(x)$在开区间(a,b)内至少存在一个零点，即至少存在一点 $\xi\in(a,b)$，使得 $f(\xi)=0$.

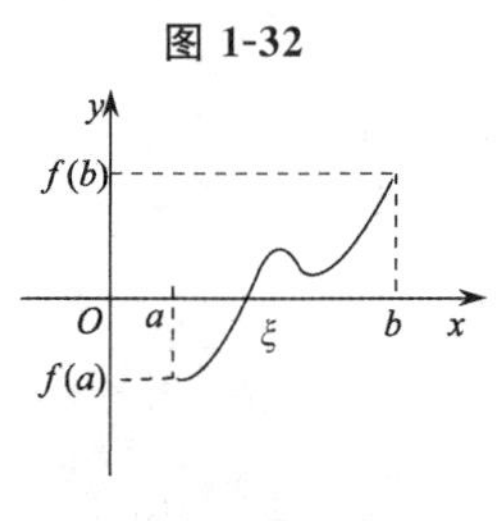

图 1-33

从几何上看，零点定理非常直观：如果连续曲线 $y=f(x)$的两个端点位于 x 轴的不同侧，那么这条连续曲线与 x 轴至少有一个交点 ξ，如图 1-33 所示.

例 1.53　证明三次代数方程 $x^3-4x^2+1=0$ 在 $(0,1)$ 内至少有一个根.

证　设 $f(x)=x^3-4x^2+1$.

因为 $f(x)=x^3-4x^2+1$ 是初等函数，所以 $f(x)$ 的连续区间为 $(-\infty,+\infty)$，因而 $f(x)$ 在闭区间 $[0,1]$ 上连续.

又，$f(0)=1>0$，$f(1)=-2<0$ 异号，所以由零点定理可知，在 $(0,1)$ 内至少存在一点 ξ，使得 $f(\xi)=0$，即 $\xi^3-4\xi^2+1=0$.

所以，三次代数方程 $x^3-4x^2+1=0$ 在 $(0,1)$ 内至少有一个根.

推论 2　闭区间上的连续函数一定能取得介于最大值与最小值之间的任何值.

这个推论也比较直观，只要设最大值点为 x_1，最小值点为 x_2，那么在闭区间 $[x_1,x_2]$（或 $[x_2,x_1]$）上利用介值定理，就可以得到推论 2.

习题 1-6

习题 1-6 答案

1. 填空题

(1) 设函数 $f(x)=3x^2-1$，当自变量 x 有增量 Δx 时，相应函数的增量 $\Delta y=$__________.

(2) 初等函数在它的__________上是连续的.

(3) 函数 $y=\dfrac{\sqrt{x-1}}{(x+2)(x-5)}$ 的连续区间为__________.

(4) 设函数 $f(x)$ 在 $x=x_0$ 点的某个领域内有定义，则函数 $f(x)$ 在点 $x=x_0$ 处连续的充分必要条件是__________.

(5) 若函数 $f(x)$ 在间断点 $x=x_0$ 处的左、右极限都存在，则这样的间断点称为第__________类间断点.

(6) 设 $f(x)=\begin{cases}(1-x)^{\frac{1}{x}}, & x\neq 0.\\ a, & x=0\end{cases}$ 在点 $x=0$ 处连续，则 $a=$__________.

2. 单项选择题

(1) 函数 $f(x)=5x^2$，当自变量 x 有增量 Δx 时，相应函数的增量 $\Delta y=$(　　).

A. $10x\Delta x$　　　B. $10+5\Delta x$

C. $10x\Delta x+5(\Delta x)^2$　　　D. $5(\Delta x)^2$

(2) 函数 $f(x)=\dfrac{\sqrt{x+2}}{(x+1)(x-3)}$ 的连续区间是(　　).

A. $(-\infty,-1)\cup(-1,3)\cup(3,+\infty)$　　　B. $(-2,+\infty)$

C. $(-2,-1)\cup(-1,3)$　　　D. $[-2,-1)\cup(-1,3)\cup(3,+\infty)$

(3) 函数 $y=f(x)$ 在点 $x=x_0$ 处有定义是 $f(x)$ 在点 $x=x_0$ 处连续的(　　).

A. 充要条件　　B. 必要条件　　C. 充分条件　　D. 无关条件

(4) 若函数 $f(x)=\begin{cases}1+\dfrac{\sin x}{x}, & x\neq 0,\\ k, & x=0\end{cases}$ 在点 $x=0$ 处连续，则 $k=$(　　).

A. 2　　B. -2　　C. 0　　D. 1

(5) 极限 $\lim\limits_{x\to -2}\dfrac{e^x}{x^2+1}=$(　　).

A. $\dfrac{e^{-2}}{-3}$　　B. $\dfrac{e^{-2}}{2}$　　C. $\dfrac{e^{-2}}{5}$　　D. e^{-2}

(6) 函数 $y=1-x^2$ 在区间$(-1,1)$内的最小值是(　　).

A. 0　　B. 1　　C. 2　　D. 不存在

(7) 函数 $y=\dfrac{1}{x}$在区间$(1,2)$内的最大值是(　　).

A. 不存在　　B. $\dfrac{1}{2}$　　C. 1　　D. 2

3. 在函数 $f(x)=\dfrac{\sqrt{1+x}-\sqrt{1-x}}{x}(x\neq 0)$中,适当补充 $f(0)$的定义,使 $f(x)$在点 $x=0$ 处连续.

4. 若函数 $f(x)=\begin{cases}\dfrac{1}{x}\sin x, & x<0,\\ k, & x=0,\\ x\sin\dfrac{1}{x}+1, & x>0,\end{cases}$ 问常数 k 为何值,函数 $f(x)$在其定义域内连续.

5. 求下列函数的连续区间,并求极限.

(1) $f(x)=\dfrac{1}{\sqrt[3]{x^2-3x+2}}$,并求$\lim\limits_{x\to 0}f(x)$;

(2) $f(x)=\ln\arcsin x$,并求$\lim\limits_{x\to \frac{1}{2}}f(x)$.

6. 如果函数 $f(x)=\begin{cases}\sqrt{x^2-1}, & x<-1,\\ b, & x=-1,\\ a+\arccos x, & -1<x\leqslant 1\end{cases}$ 在点 $x=-1$ 处连续,求常数 a,b 的值.

7. 证明:五次代数方程 $x^5-3x+1=0$ 在开区间$(1,2)$内至少有一个根.

8. 验证方程 $x-a\sin x-b=0$(其中 a,b 均为常数,且 $a>0,b>0$)至少有一个小于或等于$(a+b)$的正根.

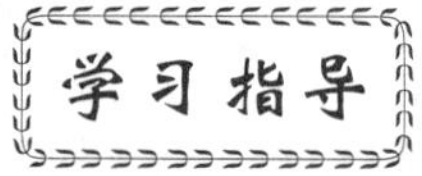

一、学习重点与要求

1. 了解邻域的概念,知道决定函数关系的两大要素(定义域、对应法则),了解函数的三种表达方式(解析法、表格法、图形法),理解函数的四大特性(有界性、单调性、奇偶性与周期性).

2. 熟知六个基本初等函数(常函数、幂函数,指数函数、对数函数、三角函数与反三角函数)的表达式、定义域、值域、图形与性质.

3. 了解复合函数的概念,会正确分析外层函数与内层函数的复合分解过程,知道其复合的条件:$D_{外}\cap D_{内}\neq\varnothing$.

4. 了解反函数的概念,会求简单函数的反函数.

5. 理解初等函数与分段函数的概念与区别，能区分基本初等函数与初等函数，会求函数的自然定义域.

6. 具有对简单实际问题建立相应函数关系的能力，会求函数的实际定义域.

7. 理解数列极限与函数极限的概念与性质，掌握极限的四则运算法则，了解函数左、右极限的概念，知道函数在某点处存在极限的充分必要条件.

8. 理解无穷小与无穷大的定义和无穷小的运算性质，知道无穷小与无穷大的关系，能比较无穷小的阶(高阶无穷小、同阶无穷小、等价无穷小).

9. 会用两个重要极限、等价无穷小的替换原理计算未定式极限.

10. 理解函数连续的概念，熟练掌握函数在某一点连续的充分必要条件($\lim\limits_{x\to x_0}f(x)=f(x_0)$)，能区分间断点的类型，知道连续函数的运算法则.

11. 熟知初等函数的连续性，会判断分段函数在分段点处的连续性.

12. 知道闭区间上连续函数的性质(最大值和最小值定理、零点定理、价值定理).

二、学习疑难解答

1. 在比较两函数是否相同时，如何对比两大要素？

答：定义域可直接求解对比，对应法则可以通过对比值域是否相同来决定. 可以说值域不同意味着两函数的对应法则不同.

2. 求函数定义域应注意哪些方面的问题？

答：函数定义域又分自然定义域和实际定义域，一般只有在解决实际问题时建立的函数关系，才要求解实际定义域，否则都是求自然定义域.

(1) 求解初等函数的自然定义域，就是求使其函数解析表达式有意义的全体实数，一般原则有：①分式的分母不等于零；②平方根式内不能小于零；③对数的真数必须大于零；④当外层函数是反三角函数时，如 $y=\arcsin f_1(x)$，$y=\arctan f_2(x)$，则要求 $|f_1(x)|\leqslant 1$，$-\infty<f_2(x)<+\infty$.

(2) 求解分段函数的自然定义域时，只需要对函数表达式中的自变量取值范围进行简单合并即可，不需要另外再求解.

3. 如何对复合函数进行复合与分解？

答：对初等函数来说，复合函数的复合过程常用直接代入法，就是直接把内层函数代入到外层函数的自变量中，不过这种复合是有条件的，那就是 $D_{外}\cap W_{外}\neq\varnothing$；而分解复合函数的复合过程都是由外层函数向内层函数逐层进行分解.

4. 如何求简单函数的反函数？

答：在这里要注意两点：一是只有单调函数在其单调区间内才存在反函数(这里是指单值反函数)，且单调性不变；二是先从直接函数 $y=f(x)$ 中解出反函数关系 $x=f^{-1}(y)$，然后再互换 x,y，即改写成 $y=f^{-1}(x)$ 即可.

5. 计算一般数列极限与函数极限都有哪些方法？

答：(1)利用极限四则运算法则求极限，要注意法则应用的条件，可极限必须单独存在、在分式中分母极限不能等于零等；

(2) 利用有界变量(或常数)与无穷小量的乘积仍为无穷小求极限；

(3) 利用无穷小与无穷大的关系求极限，如 $\lim\limits_{n\to\infty}\dfrac{1}{n}=0$，$\lim\limits_{x\to\infty}\dfrac{1}{x}=0$；

(4) 利用初等函数的连续性求极限(即 $\lim\limits_{x\to x_0}f(x)=f(x_0)$).

6. 计算未定式极限都有哪些方法？

答：(1) 利用恒等变形化简表达式求未定式极限.

如，当 $a_0\neq 0$，$b_0\neq 0$，m 和 n 为非负整数时，有

$$\lim_{x\to\infty}\frac{a_0x^m+a_1x^{m-1}+\cdots+a_m}{b_0x^n+b_1x^{n-1}+\cdots+b_n}=\begin{cases}\dfrac{a_0}{b_0}, & 当\ n=m;\\ 0, & 当\ n>m;\\ \infty, & 当\ n<m.\end{cases}$$

(2) 利用两个重要极限求未定式极限.

$$\lim_{x\to 0}\frac{\sin x}{x}=1,\quad \lim_{x\to\infty}\left(1+\frac{1}{x}\right)^{x}=\mathrm{e},\quad \lim_{x\to 0}(1+x)^{\frac{1}{x}}=\mathrm{e}.$$

(3) 利用等价无穷小的替换原理求“$\frac{0}{0}$”型极限.

(4) 第 3 章将要学到的洛必达(L'Hospital)法则.

7. 在无穷小的比较中,“阶”的含意是什么?

答:“阶”的含意在这里可以理解为无穷小趋近于零的速度.例如说 α 是比 β 更高阶的无穷小(记为 $\alpha=o(\beta)$),意思就是说 α 趋近于零的速度要比 β 趋近于零的速度快很多;如果说 α 与 β 是同阶无穷小,那就是指 α 与 β 趋近于零的速度差不多;如果说 α 与 β 是等价无穷小,则可以理解为当 α 与 β 小到一定程度时,它们趋近于零的速度几乎是一致的.

8. 如何理解连续函数的概念?

答:连续函数的概念最根本的意义就在于,当函数的自变量变化不大时,相应的函数值的变化也不大.这也是连续函数的定义中,极限表达式 $\lim\limits_{\Delta x\to 0}\Delta y=0$ 的真实含义.事实上,微积分学的许多思想和研究都是建立在这样一个基础上进行的.

9. 如何讨论初等函数与分段函数的连续性.

答:初等函数的连续区间就是它的定义域,也就是说一般初等函数在有定义的地方都是连续的.

一般分段函数除分段点外在有定义的区间内都是连续的(特殊情况除外,如狄利克雷函数),而分段点的连续性则必须利用极限 $\lim\limits_{x\to x_0}f(x)=f(x_0)$ 来讨论.

复习题一

复习题一答案

1. 填空题

(1) 函数 $y=\ln(x+3)+\frac{1}{x-2}$ 的定义域是__________;

(2) 设 $f(x)=\frac{1}{x}(x\neq 0)$. 如果 $f(x)+f(3)=f(y)$,则 $y=$__________;

(3) 函数 $y=\mathrm{e}^{\sin\sqrt{2x}}$ 的复合过程是__________;

(4) 函数 $y=\frac{\sqrt{x+1}}{x^2-5x+6}$ 的连续区间是__________;

(5) 当 $x\to 0$ 时,$\tan x-\sin x$ 与 $\frac{x^3}{2}$ 是__________无穷小;

(6) $\lim\limits_{x\to\infty}\frac{3x^2-1}{1+2x-5x^2}=$__________;

(7) $\lim\limits_{x\to 1}\frac{\mathrm{e}^x-\mathrm{e}}{x-1}=$__________;

(8) 分段函数 $f(x)=\begin{cases}\mathrm{e}^{x-1}, & x<1,\\ 2x-1, & 1\leqslant x<3\end{cases}$ 的连续区间是__________.

2. 单项选择题

(1) 如果 $f\left(\frac{1}{x}\right)=\frac{x+1}{x}(x\neq 0)$,则 $f(x)=($　　$)$.

A. $\frac{x}{x+1}\quad(x\neq -1)$　　B. $\frac{x+1}{x}$

C. $1+x$　　D. $1-x$

(2) 设 $f(x)=\begin{cases}|x+1|+\dfrac{|x-1|}{x+1}, & x\neq-1,\\ 0, & x=-1,\end{cases}$ 则 $f(-2)=($　　$)$.

A. 0　　B. -1　　C. 2　　D. -2

(3) 数列$\{x_n\}$有界是数列$\{x_n\}$收敛的(　　).

A. 充分条件　　B. 必要条件　　C. 充要条件　　D. 无关条件

(4) 当 $x\to1$ 时,无穷小$(1-x)$的等价无穷小是(　　).

A. $\arcsin(x-1)$　　B. $1-x^3$　　C. $1-x^2$　　D. $\ln(2-x)$

(5) $f(x)$在闭区间$[a,b]$内连续,则 $f(x)$在该区间内一定(　　).

A. 有界　　B. 无界　　C. 只有最大值　　D. 只有最小值

3. 设 $f\left(x-\dfrac{1}{x}\right)=\dfrac{x^3+x}{x^4-1}(x\neq0)$,求 $f(x)$.

4. 求函数 $y=\ln\dfrac{1}{3-x}+\sqrt{x+4}$ 的定义域.

5. 求下列各极限:

(1) $\lim\limits_{x\to0}\dfrac{1-\cos2x+\tan^2x}{x\sin x}$;　　(2) $\lim\limits_{x\to\infty}\left(\dfrac{x-2}{x+1}\right)^{x-2}$.

6. 讨论分段函数 $f(x)=\begin{cases}\sin x, & x<0,\\ x, & 0\leqslant x\leqslant1,\\ \dfrac{1}{x-1}, & x>1\end{cases}$ 的连续性,若有间断点,指出它属于哪类间断点,并写出连续区间.

7. 验证方程 $3x=2^x$ 至少有一个小于 1 的正根.

【人文数学】

中国古代数学家刘徽简介

刘徽(生于公元 225 年),三国后期魏国人,是中国古代杰出的数学家,也是中国古典数学理论的奠基者之一. 其生卒年月、生平事迹,史书上很少记载. 据有限史料推测,他是魏晋时代山东邹平人,终生未做官. 他在世界数学史上,也占有杰出的地位. 他的杰作《九章算术注》和《海岛算经》,是我国最宝贵的数学遗产.

《九章算术》约成书于东汉之初,共有 246 个问题的解法. 在许多方面:如解联立方程,分数四则运算,正负数运算,几何图形的体积面积计算等,都属于世界先进之列,但因解法比较原始,缺乏必要的证明,而刘徽则对此均作了补充证明. 据《隋书·律历志》称:“魏陈留王景元四年(263)刘徽注《九章》.”他在长期精心研究《九章算术》的基础上,采用高理论,精计算,潜心为《九章》撰写注解文字. 他的注解内容详细、丰富,并纠正了原书流传下来的一些错误,更有大量新颖见解,创造了许多数学原理并严加证明,然后应用于各种算法之中,成为中国传统数学理论体系的奠基者之一. 如他说:“徽幼习《九章》,长再详览. 观阴阳之割裂,总算术之根源,探赜之暇,遂悟其意. 是以敢竭顽鲁,采其所见,为之作注.”又说:“析理以辞,解体用图. 庶亦约而能周,通而不黩,览之者思过半矣.”在这些注解中,显示了他在多方面的创造性的贡献. 刘徽的著作《九章算术注》,主要是给“九章算术”的术文作解释和逻辑证明,更正其中的个别错误公式,使后人在知其然的同时又知其所以然. 有了刘徽的注释,“九章算术”才得以成为一部完美的古代数学教科书.

在《九章算术注》中,刘徽发展了中国古代“率”的思想和“出入相补”原理. 用“率”统一证明“九章算术”的大部分算法和大多数题目,用“出入相补”原理证明了

勾股定理以及一些求面积和求体积公式.为了证明圆的面积公式和计算圆周率,刘徽创立了割圆术.在刘徽之前人们曾试图证明它,但是不严格.刘徽提出了基于极限思想的割圆术,严谨地证明了圆的面积公式.他还用无穷小分割的思想证明了一些锥体体积公式.在计算圆周率时,刘徽应用割圆术,从圆内接正六边形出发,依次计算出圆内接正12边形、正24边形、正48边形,直到圆内接正192边形的面积,然后使用现在称之为的“外推法”,得到了圆周率的近似值3.14,纠正了前人“周三径一”的说法.“外推法”是现代近似计算技术的一个重要方法,刘徽遥遥领先于西方发现了“外推法”.刘徽的割圆术是求圆周率的正确方法,它奠定了中国圆周率计算长期在世界上领先的基础.据说,祖冲之就是用刘徽的方法将圆周率的有效数字精确到7位.在割圆过程中,要反复用到勾股定理和开平方.为了开平方,刘徽提出了求“微数”的思想,这与现今无理根的十进小数近似值完全相同.求微数保证了计算圆周率的精确性.同时,刘徽的微数也开创了十进小数的先河.使他成为世界上最早提出十进小数概念的人,并用十进小数来表示无理数的立方根.在代数方面,他正确地提出了正负数的概念及其加减运算的法则,改进了线性方程组的解法.

刘徽在割圆术中提出的“割之弥细,所失弥少,割之又割,以至于不可割,则与圆合体而无所失矣”,这可视为中国古代极限观念的佳作.

他除为《九章》作注外,还撰写过《重差》一卷,唐代改称为《海岛算经》.在《海岛算经》一书中,刘徽精心选编了九个测量问题,这些题目的创造性、复杂性和富有代表性,都在当时为西方所瞩目.刘徽思想敏捷,方法灵活,既提倡推理,又主张直观.他是我国最早明确主张用逻辑推理的方式来论证数学命题的人.

刘徽治学态度严肃,为后世树立了楷模.在求圆的面积公式时,在当时计算工具很简陋的情况下,他开方即达12位有效数字.他在注释“方程”章节18题时,共用1500余字,反复消元运算达124次,无一差错,答案正确无误,即使作为今天大学代数课答卷亦无逊色.刘徽注“九章算术”时年仅30岁左右.北宋大观三年(1109)刘徽被封为淄乡男.刘徽的一生是为数学刻苦探求的一生.他虽然地位低下,但人格高尚.他不是沽名钓誉的庸人,而是学而不厌的伟人,他给我们中华民族留下了宝贵的财富.

第 2 章

导数与微分

章序 微分学是微积分的重要组成部分，它的基本概念是导数与微分. 其中导数反映出函数相对于自变量变化的快慢程度，即函数的变化率问题；而微分则是指明当自变量有微小变化时，函数大体上变化了多少.

微分是从数量关系上描述物质运动的数学工具. 正如恩格斯所说："只有微分学才能使自然科学有可能用数学来不仅仅表明状态，并且也表明过程：运动."

在本章中，我们主要讨论导数和微分的概念以及它们的计算方法. 至于导数的应用，我们将在下一章中讨论.

2.1 导数的概念

2.1.1 导数概念的两个引例

在自然科学、工程实践以及日常生活中，我们不仅需要研究变量之间的绝对变化关系，有时还需要研究变量之间的相对变化关系，即变化率问题. 下面我们先来讨论两个问题：变速直线运动的速度问题和曲线切线的斜率问题. 这两个问题在历史上都曾经与导数概念的形成有着十分密切的关系.

视频 27

1. 变速直线运动的速度问题

由物理学知识知道，当物体作等速直线运动时，计算它在任何时刻的速度都可以用公式：

$$速度=\frac{路程}{时间}.$$

动画 2

但是，我们在许多实际问题中遇到的运动往往都是变速的，也就是说，上述公式只能反映物体走完某一段路程的平均速度，而没有反映出在运动过程中变化着的速度. 如果想要精确地去刻画出这种变化着的速度，就需要我们进一步讨论物体在运动过程中任一时刻的速度，即所谓的瞬时速度.

设一物体作变速直线运动，以它运动的直线为数轴，则在物体运动的过程中，对于每一时刻 t，物体的相应位置都可以用数轴上的一个坐标 s 表示，即 s 与 t 之间存在函数关系：$s=s(t)$. 这一函数称为该物体在上述运动过程中的位置函数.

设在 t_0 时刻物体的位置为 $s(t_0)$，当时间 t 从 t_0 变化到 $t_0+\Delta t$ 时，则物体的位置函数 s 相

应地有增量 $\Delta s=s(t_0+\Delta t)-s(t_0)$，于是，比值

$$\frac{\Delta s}{\Delta t}=\frac{s(t_0+\Delta t)-s(t_0)}{\Delta t}$$

反映的是物体从 t_0 到 $t_0+\Delta t$ 这段时间内的平均速度，记作 $\bar{v}$，即 $\bar{v}=\frac{\Delta s}{\Delta t}$.

由于变速运动的速度通常是连续的，所以从整体来看，运动是变速的；但从局部来看，在一段很短的时间 Δt 内，速度变化并不大，可以近似看成是等速的. 因此，当 $|\Delta t|$ 很小时，$\bar{v}$ 可作为物体在 t_0 时刻的瞬时速度的近似值. 然而，这个问题在 18 世纪末 19 世纪初却遇到了一个极大的困难，这就是 Δt 到底是不是 0？如果 $\Delta t=0$，则$\frac{\Delta s}{\Delta t}$便是$\frac{0}{0}$，毫无意义；如果 $\Delta t\neq 0$，那么，即使令它再小，$\frac{\Delta s}{\Delta t}$所得的结果仍是近似值而非精确值. 这样，数学家们便陷于左右为难的境地，无法自圆其说了. 这就是数学史上的“第二次数学危机”. 最初，数学家们忙于微积分的应用，丝毫不考虑它的基础问题. 但是到了 18 世纪末，随着分析数学的发展，人们开始感到有弄清这个问题的必要了. 经过一段时间的研究，法国数学家柯西(Cauxhy A L，1789—1857)在 19 世纪中叶以极限的方法来解决前面所碰到的这一类困难. 他认为，$|\Delta t|$ 越小，$\bar{v}$ 也就越接近物体在 t_0 时刻的瞬时速度，因此，当 $\Delta t\to 0$ 时，$\bar{v}$ 的极限就是物体在 t_0 时刻的瞬时速度，即

$$v(t_0)=\lim_{\Delta t\to 0}\bar{v}=\lim_{\Delta t\to 0}\frac{\Delta s}{\Delta t}=\lim_{\Delta t\to 0}\frac{s(t_0+\Delta t)-s(t_0)}{\Delta t}.$$

也就是说：物体运动的瞬时速度是位置函数的增量和时间的增量之比，当时间增量趋近于零时的极限，从而使$\frac{\Delta s}{\Delta t}$问题的解决无懈可击. 因此，人们认为直到柯西，才开始奠定了微积分学的牢靠基础.

例 2.1 自由落体的运动规律为 $s=\frac{1}{2}gt^2$，求自由落体在 t_0 时刻的瞬时速度.

解 当时间 t 在 t_0 时刻获得增量 Δt 时，位置函数 s 的增量为

$$\Delta s=\frac{1}{2}g(t_0+\Delta t)^2-\frac{1}{2}gt_0^2=gt_0\Delta t+\frac{1}{2}g(\Delta t)^2.$$

因此，落体在 t_0 到 $t_0-\Delta t$ 这段时间内的平均速度为

$$\bar{v}=\frac{\Delta s}{\Delta t}=\frac{gt_0\Delta t+\frac{1}{2}g(\Delta t)^2}{\Delta t}=gt_0+\frac{1}{2}g\Delta t,$$

于是瞬时速度

$$v(t_0)=\lim_{\Delta t\to 0}\bar{v}=\lim_{\Delta t\to 0}\left(gt_0+\frac{1}{2}g\Delta t\right)=gt_0.$$

例如，落体在 $t_0=3\text{s}$ 时的瞬时速度为

$$v(t_0)=v(3)=9.8\times 3=29.4(\text{m/s}).$$

2. 曲线切线的斜率问题

中学数学中把圆的切线定义为“与圆只有一个交点的直线”. 显然，对于一般曲线而言，就不能把“与曲线只有一个交点的直线”作为切线的定义了.

对于一般曲线的切线应怎样理解，又如何求其切线呢？下面先用极限的思想给出曲线切线的定义.

动画 3

定义 2.1　设曲线 l 以及 l 上的一个点 M，除点 M 之外，另取 l 上的一点 N，作割线 MN. 当点 N 沿着曲线 l 趋向点 M 时，割线 MN 绕点 M 旋转并转向某一极限位置 MT，那么，直线 MT 就称为曲线 l 在点 M 处的切线(图 2-1).

若图 2-1 中曲线 l 为函数 $y=f(x)$ 的图形，且点 $M(x_0, y_0)$ 是曲线 l 上的一点，$y_0=f(x_0)$，如果给自变量一个增量 Δx，则可得到曲线 l 上的另外一点 $N(x_0+\Delta x, f(x_0+\Delta x))$. 那么，割线 MN 的斜率为

$$\tan\varphi=\frac{\Delta y}{\Delta x}=\frac{f(x_0+\Delta x)-f(x_0)}{\Delta x},$$

其中，φ 为割线 MN 的倾斜角.

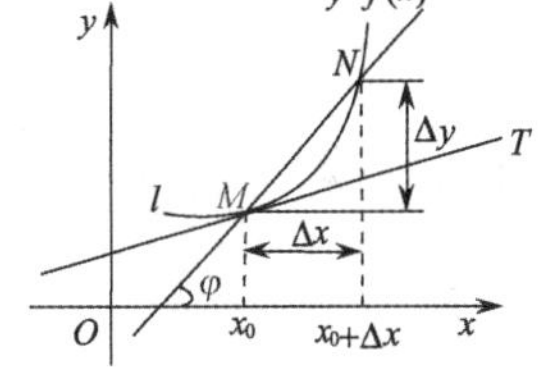

图 2-1

根据定义 2.1，当 $\Delta x\to 0$ 时，点 N 沿曲线 l 趋向于点 M，割线 MN 绕点 M 旋转并转向切线 MT. 此时，若上式极限存在，且记为 k，即

$$k=\lim_{\Delta x\to 0}\frac{f(x_0+\Delta x)-f(x_0)}{\Delta x},$$

则割线 MN 的斜率的极限是就是切线 MT 的斜率.

于是，通过点 $M(x_0, y_0)$，且以 k 为斜率的直线 MT 便是曲线 l 在点 M 处的切线且方程可表示为

$$y-y_0=k(x-x_0).$$

2.1.2　导数的定义及几何意义

1. 导数的定义

视频 28

上面所讨论的两个引例，虽然是两个不同的具体问题，但是它们在计算时最终都归结为如下的极限：

$$\lim_{\Delta x\to 0}\frac{f(x_0+\Delta x)-f(x_0)}{\Delta x}.$$

而这种形式的极限在许多问题中会经常出现，具有比较广泛的代表性. 其中的

$$\frac{\Delta y}{\Delta x}=\frac{f(x_0+\Delta x)-f(x_0)}{\Delta x}$$

是函数增量与自变量增量的比值，表示函数的平均变化率. 如果要求其精确的变化率，就必须计算形如上式的极限.

通过两个引例的讨论可以看出，我们所面临的都是均匀变化与非均匀变化的矛盾. 在均匀变化的情形下，问题很简单，用初等数学的方法就可以解决. 但是，对于非均匀变化，情况就大不一样子，这时仅仅用初等数学的方法就不够了，导数这个重要概念正是为适应这类需要而引进的. 同时，我们还注意到，在解决均匀变化与非均匀变化的矛盾中所使用的方法都是：局部以均匀代替非均匀，算出平均变化率，然后通过求极限得到一个时刻或一个点处的变化率. 导数的概念也就是按照这种方式给出的. 下面来看导数的定义.

定义 2.2 设函数 $y=f(x)$在点 $x=x_0$ 的某个邻域内有定义，当自变量 x 在$x=x_0$处获得增量 Δx 时，相应的函数值 y 也获得增量 $\Delta y=f(x_0+\Delta x)-f(x_0)$，如果比值$\frac{\Delta y}{\Delta x}$当 $\Delta x\to 0$ 时的极限存在，则称函数 $y=f(x)$在点 $x=x_0$ 处可导，并称这个极限值为函数 $y=f(x)$在点 $x=x_0$处的导数，记为

$$y'\big|_{x=x_0} \quad 或 \quad f'(x_0), \quad 或 \quad \left.\frac{\mathrm{d}y}{\mathrm{d}x}\right|_{x=x_0}, \quad \left.\frac{\mathrm{d}f(x)}{\mathrm{d}x}\right|_{x=x_0},$$

$$y'\big|_{x=x_0}=\lim_{\Delta x\to 0}\frac{\Delta y}{\Delta x}=\lim_{\Delta x\to 0}\frac{f(x_0+\Delta x)-f(x_0)}{\Delta x}. \tag{1}$$

此时，也称函数 $y=f(x)$在 $x=x_0$ 处具有导数，或称导数存在. 如果式(1)极限不存在，则称函数 $y=f(x)$在点 $x=x_0$ 处不可导，如果不可导的原因为$\lim\limits_{\Delta x\to 0}\frac{\Delta y}{\Delta x}=\infty$，这时，也往往称函数 $y=f(x)$在点 $x=x_0$ 处的导数为无穷大.

注意　对导数的定义式(1)作简单的变换(令 $x=x_0+\Delta x$)便可以表示成下列形式：

$$f'(x_0)=\lim_{x\to x_0}\frac{f(x)-f(x_0)}{x-x_0}. \tag{2}$$

视频 29

今后我们在讨论函数 $y=f(x)$在 $x=x_0$ 处的导数 $f'(x_0)$时，若要用定义的方式来讨论的话，还是式(2)比较实用. 尤其是在讨论分段函数在分段点处的导数时，用式(2)讨论比较好.

以上给出了函数在一点处可导的概念，如果函数 $y=f(x)$在开区间(a,b)内的每一点处都可导，那么就称函数 $y=f(x)$在开区间(a,b)内可导. 这时，函数 $y=f(x)$对于(a,b)内的每一个确定的 x 值，都对应着一个确定的导数，这样就构成一个新的函数，这个函数我们称它为函数 $y=f(x)$的导函数，简称为导数，记为

$$y'或 f'(x), \quad 或 \quad \frac{\mathrm{d}y}{\mathrm{d}x}, \quad 或 \quad \frac{\mathrm{d}f(x)}{\mathrm{d}x}.$$

对于导数记号$\frac{\mathrm{d}f(x)}{\mathrm{d}x}$，有时也会写成$\frac{\mathrm{d}}{\mathrm{d}x}f(x)$.

在式(1)中把 x_0 换成任意 x，就可得到导函数的定义表达式

$$y'=\lim_{\Delta x\to 0}\frac{f(x+\Delta x)-f(x)}{\Delta x}, \ x\in(a,b). \tag{3}$$

大家应该注意到，式(3)的极限自变量是 Δx，所以，虽然 x 可以取开区间(a,b)内的任何一点，但在整个极限过程中，x 还是被视为常量，而 Δx 是变量.

显然，对于可导函数 $y=f(x)$而言，函数在 $x=x_0$ 点的导数 $f'(x_0)$，其实就是它的导函数 $y'=f'(x)$在点 $x=x_0$ 处的函数值，即

$$f'(x_0)=f'(x)\big|_{x=x_0}.$$

由此可见，如能求出导函数 $f'(x)$，则求函数 $y=f(x)$在某一点的导数就容易了.

下面，根据导数的定义来求一些简单基本初等函数的导数.

例 2.2 求常函数 $f(x)=C$ （C 为常数）的导数.

解 $f'(x)=\lim\limits_{\Delta x\to 0}\dfrac{f(x+\Delta x)-f(x)}{\Delta x}=\lim\limits_{\Delta x\to 0}\dfrac{C-C}{\Delta x}=0$，即

$$(C)'=0.$$

这就是说，常数的导数等于零.

例 2.3 求函数 $f(x)=x^n(n\in\mathbf{N}^*)$ 的导数

解
$$\begin{aligned}f'(x)&=\lim_{\Delta x\to 0}\frac{f(x+\Delta x)-f(x)}{\Delta x}=\lim_{\Delta x\to 0}\frac{(x+\Delta x)^n-x^n}{\Delta x}\\&=\lim_{\Delta x\to 0}\frac{\mathrm{C}_n^1x^{n-1}\Delta x+\mathrm{C}_n^2x^{n-2}(\Delta x)^2+\cdots+(\Delta x)^n}{\Delta x}\\&=\lim_{\Delta x\to 0}[nx^{n-1}+\mathrm{C}_n^2x^{n-2}\Delta x+\mathrm{C}_n^3x^{n-3}(\Delta x)^2+\cdots+(\Delta x)^{n-1}]\\&=nx^{n-1},\end{aligned}$$

即

$$(x^n)'=nx^{n-1}.$$

一般地，对于幂函数 $y=x^a$（a 为实数，$x>0$），有

$$(x^a)'=ax^{a-1},$$

这就是幂函数的导数公式. 利用这个公式可以很方便地求出幂函数的导数.

例如，当 $a=3,\dfrac{1}{2},-2$ 时，有

$$(x^3)'=3x^2;\ (\sqrt{x})'=\frac{1}{2\sqrt{x}};\ (x^{-2})'=-2x^{-3}=-\frac{2}{x^3}.$$

例 2.4 求正弦函数 $f(x)=\sin x$ 的导数.

解
$$\begin{aligned}f'(x)&=\lim_{\Delta x\to 0}\frac{f(x+\Delta x)-f(x)}{\Delta x}=\lim_{\Delta x\to 0}\frac{\sin(x+\Delta x)-\sin x}{\Delta x}\\&=\lim_{\Delta x\to 0}\frac{2\cos\dfrac{2x+\Delta x}{2}\cdot\sin\dfrac{\Delta x}{2}}{\Delta x}\\&=\lim_{\Delta x\to 0}\cos\left(x+\frac{\Delta x}{2}\right)\cdot\lim_{\Delta x\to 0}\frac{\sin\dfrac{\Delta x}{2}}{\dfrac{\Delta x}{2}}=\cos x,\end{aligned}$$

即

$$(\sin x)'=\cos x,$$

这就是正弦函数的导数公式.

同理可求得余弦函数的导数公式

$$(\cos x)'=-\sin x.$$

例 2.5 求指数函数 $f(x)=a^x(a>0,a\neq 1)$ 的导数.

解
$$\begin{aligned}f'(x)&=\lim_{\Delta x\to 0}\frac{f(x+\Delta x)-f(x)}{\Delta x}=\lim_{\Delta x\to 0}\frac{a^{x+\Delta x}-a^x}{\Delta x}\\&=a^x\lim_{\Delta x\to 0}\frac{a^{\Delta x}-1}{\Delta x}=a^x\ln a,\end{aligned}$$

其中,极限$\lim\limits_{\Delta x \to 0}\dfrac{a^{\Delta x}-1}{\Delta x}$可利用等价无穷小的替换原理计算为

$$\lim_{\Delta x \to 0}\frac{a^{\Delta x}-1}{\Delta x}=\lim_{\Delta x \to 0}\frac{e^{\Delta x\ln a}-1}{\Delta x}=\lim_{\Delta x \to 0}\frac{\Delta x\ln a}{\Delta x}=\ln a.$$

所以

$$(a^x)'=a^x\ln a,$$

这就是指数函数的导数公式.

特别是,当 $a=\mathrm{e}$ 时,有$(\mathrm{e}^x)'=\mathrm{e}^x$,即以 e 为底的指数函数的导数就是它本身,这是以 e 为底的指数函数的一个重要特性,以后经常会用到.

例 2.6 求对数函数 $y=\log_a x\,(a>0,a\neq 1)$的导数.

解 $f'(x)=\lim\limits_{\Delta x \to 0}\dfrac{\log_a(x+\Delta x)-\log_a x}{\Delta x}=\lim\limits_{\Delta x \to 0}\dfrac{\log_a\left(1+\dfrac{\Delta x}{x}\right)}{\Delta x}$

$$=\frac{1}{x}\lim_{\Delta x \to 0}\frac{x}{\Delta x}\log_a\left(1+\frac{\Delta x}{x}\right)=\frac{1}{x}\lim_{\Delta x \to 0}\log_a\left(1+\frac{\Delta x}{x}\right)^{\frac{1}{\frac{\Delta x}{x}}}$$

$$=\frac{1}{x}\log_a \mathrm{e}=\frac{1}{x}\cdot\frac{\ln \mathrm{e}}{\ln a}=\frac{1}{x\ln a},$$

即

$$(\log_a x)'=\frac{1}{x\ln a}.$$

这就是对数函数的导数公式.

特别地,当 $a=\mathrm{e}$ 时,有

$$(\ln x)'=\frac{1}{x}.$$

从函数 $y=f(x)$在点 $x=x_0$ 处的导数 $f'(x_0)$的定义式(2)中不难看出,$f'(x_0)$是一个极限,而极限存在的充分必要条件是左、右极限都存在且相等,即

$$\lim_{x \to x_0^-}\frac{f(x)-f(x_0)}{x-x_0} \quad 和 \quad \lim_{x \to x_0^+}\frac{f(x)-f(x_0)}{x-x_0}$$

都存在且相等.因此,我们把这两个极限分别称为 $y=f(x)$在点 $x=x_0$ 处的左导数和右导数,记作 $f'_-(x_0)$和 $f'_+(x_0)$,即

左导数
$$f'_-(x_0)=\lim_{x \to x_0^-}\frac{f(x)-f(x_0)}{x-x_0},$$

右导数
$$f'_+(x_0)=\lim_{x \to x_0^+}\frac{f(x)-f(x_0)}{x-x_0}.$$

所以,函数 $y=f(x)$在点 $x=x_0$ 处可导的充要条件是左导数和右导数都存在且相等.

如果函数 $y=f(x)$在开区间(a,b)内可导,且 $f'_+(a)$和 $f'_0(b)$都存在,则称函数$y=f(x)$在闭区间$[a,b]$上可导,区间$[a,b]$也叫函数的可导区间.

2. 导数的几何意义

视频 30

由曲线切线的斜率问题的讨论以及上面导数的定义可知，函数 $y=f(x)$ 在点 $x=x_0$ 处的导数 $f'(x_0)$ 的几何意义是曲线 $y=f(x)$ 在点 $M(x_0,f(x_0))$ 处的切线的斜率，即

$$k_{切}=\tan\alpha=f'(x_0),$$

其中 α 是切线的倾斜角.

如果 $y=f(x)$ 在点 $x=x_0$ 处的导数为无穷大，则说明曲线 $y=f(x)$ 在点 $M(x_0,f(x_0))$ 处存在垂直于 x 轴的切线 $x=x_0$.

根据导数的几何意义，并由中学的直线点斜式方程可得：曲线 $y=f(x)$ 在点 $M(x_0,f(x_0))$ 处的切线方程为

$$y-f(x_0)=f'(x_0)(x-x_0).$$

如果 $f'(x_0)\neq 0$，那么，曲线 $y=f(x)$ 在点 $M(x_0,f(x_0))$ 处的法线方程为

$$y-f(x_0)=-\frac{1}{f'(x_0)}(x-x_0);$$

如果 $f'(x_0)=0$，那么，曲线 $y=f(x)$ 在点 $M(x_0,f(x_0))$ 处的切线方程为

$$y=f(x_0)\quad 或\quad y=y_0,$$

相应的法线方程为 $x=x_0$.

例 2.7　求对数函数 $y=\ln x$ 的图形在点 $(1,0)$ 处的切线方程和法线方程.

解　由例 6 和导数的几何意义知，曲线 $y=\ln x$ 在点 $(1,0)$ 处的切线斜率为

$$k_{切}=y'|_{x=1}=\left.\frac{1}{x}\right|_{x=1}=1,$$

故
$$k_{法}=-1.$$

所以，切线方程为

$$y-0=1\cdot(x-1),$$

即
$$y=x-1,$$

法线方程为
$$y-0=(-1)\cdot(x-1),$$

即
$$y=-x+1.$$

2.1.3　函数可导与连续的关系

视频 31

如果函数 $y=f(x)$ 在点 x 处可导，则有 $\lim\limits_{\Delta\to 0}\frac{\Delta y}{\Delta x}=f'(x)$ 存在，这样我们就可以利用极限的运算法则得到

$$\lim_{\Delta x\to 0}\Delta y=\lim_{\Delta x\to 0}\frac{\Delta y}{\Delta x}\cdot\Delta x=\lim_{\Delta x\to 0}\frac{\Delta y}{\Delta x}\cdot\lim_{\Delta x\to 0}\Delta x=0,$$

即函数 $y=f(x)$ 在点 x 处是连续的. 所以，我们有如下结论：

定理 2.1　如果函数 $y=f(x)$ 在点 x 处可导，那么，函数在该点必连续，反之不一定成立.

显然，如果一个函数在某点不连续，则函数在该点一定不可导. 因此，定理 2.1 说明连续是函数可导的必要条件.

例 2.8 函数 $f(x)=\sqrt[3]{x}$ 在 $(-\infty,+\infty)$ 上连续，但在点 $x=0$ 处却不可导，这是因为

$$\lim_{x\to 0}\frac{f(x)-f(0)}{x-0}=\lim_{x\to 0}\frac{\sqrt[3]{x}-0}{x}=\lim_{x\to 0}x^{-\frac{2}{3}}=+\infty,$$

即导数为无穷大，故函数 $f(x)$ 在点 $x=0$ 处导数不存在.

从几何上可以直观看出，函数 $f(x)=\sqrt[3]{x}$ 的曲线图形在点 $x=0$ 处有垂直于 x 轴的切线 $x=0$(图 1-11).

例 2.9 讨论绝对值函数 $f(x)=|x|=\begin{cases}x, & x\geqslant 0,\\ -x, & x<0\end{cases}$ 在点 $x=0$ 处的导数.

解 在 $x=0$ 处，$f(0)=0$，则有

$$f'(0)=\lim_{x\to 0}\frac{f(x)-f(0)}{x-0}=\lim_{x\to 0}\frac{|x|-0}{x}=\lim_{x\to 0}\frac{|x|}{x}.$$

因为

左导数 $$f'_-(0)=\lim_{x\to 0^-}\frac{|x|}{x}=\lim_{x\to 0^-}\frac{-x}{x}=-1,$$

右导数 $$f'_+(0)=\lim_{x\to 0^+}\frac{|x|}{x}=\lim_{x\to 0^+}\frac{x}{x}=1,$$

所以 $f'_0(0)\neq f'_+(0)$，故 $f'(0)$ 不存在，即函数 $f(x)=x$，在点 $x=0$ 处不可导，但绝对值函数 $f(x)=x$，在点 $x=0$ 处却是连续的(图 1-5).

综上讨论可知：可导一定连续，但连续不一定可导，而不连续则一定不可导. 所以，“函数在某点连续”是“函数在该点可导”的必要条件，但不是可导的充分条件.

习题 2-1 答案

习题 2-1

1. 填空题

(1) 设函数 $f(x)$ 在点 $x=x_0$ 处可导，则 $\lim\limits_{h\to 0}\frac{f(x_0-h)-f(x_0)}{h}=$__________.

(2) 抛物线 $y=x^2$ 在点(1,1)处的切线斜率等于__________.

(3) 若 $f(0)=0$，且 $f'(0)$ 存在，则 $\lim\limits_{x\to 0}\frac{f(x)}{x}=$__________.

(4) 设 $f(x)=\sin x$，则 $f'\left(\frac{\pi}{6}\right)=$__________，$f'\left(\frac{\pi}{3}\right)=$__________.

(5) 设 $f(x)=\begin{cases}x, & x<0,\\ \ln(1+x), & x\geqslant 0,\end{cases}$ 则 $f'_-(0)=$__________ $f'_+(0)=$__________ $f'(0)=$__________.

2. 单项选择题

(1) 函数 $y=f(x)$ 在点 $x=x_0$ 处可导，且曲线 $y=f(x)$ 在点 $(x_0,f(x_0))$ 处的切线平行于 x 轴，则 $f'(x_0)$(　　).

A. 等于零　　B. 大于零　　C. 小于零　　D. 不存在且为无穷大

(2) 函数 $y=f(x)$ 在点 $x=x_0$ 处连续，且曲线 $y=f(x)$ 在点 $(x_0,f(x_0))$ 处的切线垂直于

x 轴，则 $f'(x_0)$(　　).

A. 等于零　　B. 大于零　　C. 小于零　　D. 不存在且为无穷大

(3) 函数 $y=f(x)$ 在点 $x=x_0$ 处连续是在该点可导的(　　).

A. 充分条件　　B. 必要条件　　C. 充要条件　　D. 无关条件

(4) 曲线 $y=x^3$ 在点 $x=x_0$ 处的切线斜率为(　　).

A. x_0^3　　B. $3x_0$　　C. $3x_0^2$　　D. 不存在

(5) 函数 $f(x)=|x-2|$ 在点 $x=2$ 处的导数(　　).

A. 等于 1　　B. 等于 0　　C. 等于 -1　　D. 不存在

3. 求等轴双曲线 $y=\dfrac{1}{x}$ 在点 $\left(\dfrac{1}{2},2\right)$ 处的切线方程和法线方程.

4. 求下列函数的导数：

(1) $y=\dfrac{1}{x^2}$；　(2) $y=x^3\sqrt[7]{x}$；　(3) $y=5^x$；　(4) $y=3^x e^x$.

5. 设函数 $f(x)=\begin{cases} e^x, & x<0, \\ a+bx, & x\geqslant 0. \end{cases}$

(1) 为使函数 $f(x)$ 在点 $x=0$ 处连续且可导，a,b 应取何值？

(2) 写出曲线 $y=f(x)$ 在点 $x=0$ 处的切线方程和法线方程.

2.2　导数的运算

通过上节学习，可以利用导数的定义求出一些简单的基本初等函数的导数. 但对于一般函数而言，若用定义求导数则比较麻烦，甚至非常困难. 因此，必须寻求别的方法来求函数的导数，本节所要介绍的公式法就是常用的求导手段. 为此，需要先给出各种求导法则和基本初等函数的导数公式，借助于这些法则和公式，就能较方便地求出常见的函数——初等函数的导数.

2.2.1　导数的四则运算法则与反函数的求导法则

1. 导数的四则运算法则

视频 32

设 $u=u(x)$，$v=v(x)$ 都是 x 的可导函数，则有下面的四则运算法则

定理 2.2　(导数的四则运算法测)

(1)函数和、差的导数：

$$(u\pm v)'=u'\pm v'.$$

(2) 函数乘积的导数：

$$(uv)'=u'v+uv'.$$

数乘函数的导数：

$$(Cu)'=Cu'\ (C \text{ 是常数}).$$

(3) 函数商的导数：

$$\left(\frac{u}{v}\right)'=\frac{u'v-uv'}{v^2}\quad(\text{其中 } v\neq 0).$$

证明从略.

注意　导数的和、差运算法则(1)和乘积运算法则(2)还可以推广到有限多个可导函数的情形.

(1) $(u_1 \pm u_2 \pm \cdots \pm u_n)' = u_1' \pm u_2' \pm \cdots \pm u_n'$($n$为有限数);

(2) $(uvh)' = u'vh + uv'h + uvh'$.

例 2.10　设 $y = 3x^5 + 2^x - \ln 3$,求 y'.

解　$y' = (3x^5 + 2^x - \ln 3)' = (3x^5)' + (2^x)' - (\ln 3)'$

$= 3(x^5)' + 2^x \ln x - 0 = 15x^4 + 2^x \ln 2$.

例 2.11　设 $f(x) = e^x \sin x$,求 $f'(0)$.

解　因为 $f'(x) = (e^x \sin x)' = (e^x)' \sin x + e^x (\sin x)'$

$= e^x \sin x + e^x \cos x = e^x(\sin x + \cos x)$,

所以

$$f'(0) = e^0(\sin 0 + \cos 0) = 0 + 1 = 1.$$

例 2.12　求正切函数 $y = \tan x$ 的导数 y'.

解　$y' = (\tan x)' = \left(\dfrac{\sin x}{\cos x}\right)' = \dfrac{(\sin x)' \cos - \sin x (\cos x)'}{\cos^2 x}$

$= \dfrac{\cos^2 x + \sin^2 x}{\cos^2 x} = \dfrac{1}{\cos^2 x} = \sec^2 x$,

即

$$(\tan x)' = \sec^2 x,$$

这就是正切函数的导数公式.

同理可求得余切函数的导数公式

$$(\cot x)' = -\csc^2 x.$$

例 2.13　求正割函数 $y = \sec x$ 的导数 y'.

解　$y' = (\sec x)' = \left(\dfrac{1}{\cos x}\right)' = \dfrac{1' \cdot \cos x - 1 \cdot (\cos x)'}{\cos^2 x}$

$= \dfrac{0 - (-\sin x)}{\cos^2 x} = \dfrac{\sin x}{\cos^2 x} = \dfrac{\sin x}{\cos x} \cdot \dfrac{1}{\cos x}$

$= \tan x \sec x$,

即

$$(\sec x)' = \sec x \tan x,$$

这就是正割函数的导数公式.

同理可求得余割函数的导数公式

$$(\csc x)' = -\csc x \cot x.$$

例 2.14　设 $y = \dfrac{x \ln x}{1 + \tan x}$,求 y'.

解　$y' = \left(\dfrac{x \ln x}{1 + \tan x}\right)' = \dfrac{(x \ln x)'(1 + \tan x) - (x \ln x)(1 + \tan x)'}{(1 + \tan x)^2}$

$$=\frac{\left(x\frac{1}{x}+\ln x\right)(1+\tan x)-(x\ln x)(0+\sec^2 x)}{(1+\tan x)^2}$$

$$=\frac{(1+\ln x)(1+\tan x)-x\ln x\sec^2 x}{(1+\tan x)^2}.$$

2. 反函数的求导法则

视频 33

函数变量之间的关系往往总是相互对应的关系，前面介绍了反函数的概念，下面介绍反函数的求导法则.

由于 $y=f(x)$ 的导数 $\frac{\mathrm{d}y}{\mathrm{d}x}=\lim\limits_{\Delta x\to 0}\frac{\Delta y}{\Delta x}$，而可导函数都是连续的，即 $\lim\limits_{\Delta x\to 0}\Delta y=0$，所以有

$$\frac{\mathrm{d}y}{\mathrm{d}x}=\lim_{\Delta x\to 0}\frac{\Delta y}{\Delta x}=\lim_{\Delta y\to 0}\frac{1}{\frac{\Delta x}{\Delta y}}=\frac{1}{\lim\limits_{\Delta y\to 0}\frac{\Delta x}{\Delta y}}=\frac{1}{\frac{\mathrm{d}x}{\mathrm{d}y}}.$$

这样我们便得到如下反函数的求导法则.

定理 2.3　若函数 $y=f(x)$ 在点 x 的某个邻域内连续且单调，在点 x 处可导且 $f'(x)\neq 0$，则 $y=f(x)$ 的反函数 $x=\varphi(y)$ 在对应点 y 处也可导，且有

$$\frac{\mathrm{d}y}{\mathrm{d}x}=\frac{1}{\frac{\mathrm{d}x}{\mathrm{d}y}}\quad 或\quad f'(x)=\frac{1}{\varphi'(y)}.$$

注意　$\frac{\mathrm{d}y}{\mathrm{d}x}$ 表示的是 y 对 x 求导数，即 $f'(x)$，而 $\frac{\mathrm{d}x}{\mathrm{d}y}$ 表示的是 x 对 y 求导数，即 $\varphi'(y)$. 因此，反函数的求导法则简单地说就是：y 对 x 求导数等于 x 对 y 求导数的倒数.

下面，我们就利用反函数的求导法则来求反三角函数的导数公式.

例 2.15　设 $y=\arcsin x$，则 $x=\sin y$，且 $-\frac{\pi}{2}\leqslant y\leqslant\frac{\pi}{2}$，根据定理 2.3，有：

$$y'=(\arcsin x)'=\frac{1}{(\sin y)'}=\frac{1}{\cos y}.$$

因为 $y\in\left[-\frac{\pi}{2},\frac{\pi}{2}\right]$ 在第Ⅰ，第Ⅳ象限，所以 $\cos y>0$，并有 $\cos y=\sqrt{1-\sin^2 y}=\sqrt{1-x^2}$，于是

$$(\arcsin x)'=\frac{1}{\sqrt{1-x^2}},$$

这就是反正弦函数的导数公式.

同理可求得反余弦函数的导数公式：

$$(\arccos x)'=-\frac{1}{\sqrt{1-x^2}}.$$

例 2.16　设 $y=\arctan x(-\infty<x<+\infty)$，则 $x=\tan y\left(-\frac{\pi}{2}<y<\frac{\pi}{2}\right)$，根据定理 2.3，可得

$$y'=(\arctan x)'=\frac{1}{(\tan y)'}=\frac{1}{\sec^2 y}=\frac{1}{1+\tan^2 y}=\frac{1}{1+x^2},$$

即

$$(\arctan x)'=\frac{1}{1+x^2},$$

这就是反正切函数的导数公式.

同理可求得反余切函数的导数公式：

$$(\operatorname{arccot} x)'=-\frac{1}{1+x^2}.$$

2.2.2 基本初等函数的导数公式

视频 34

通过前面的讨论，已学习了 14 个基本初等函数的导数公式. 这些公式不仅是后续求导数的基础，同时，它也是求微分和计算积分的基础，可以说，每一个基本初等函数的导数公式的后面都会有一个相应的微分公式和积分公式. 因此，大家必须熟记这些公式. 下面把这些公式列在一起，以便大家记忆.

(1) $(C)'=0$（C 是常数）；

(2) $(x^a)'=ax^{a-1}$（a 是实数）；

(3) $(a^x)'=a^x\ln a \quad (a>0, a\neq 1)$，特别地，$(\mathrm{e}^x)'=\mathrm{e}^x$；

(4) $(\log_a x)'=\dfrac{1}{x\ln a} \quad (a>0, a\neq 1)$，特别地，$(\ln x)'=\dfrac{1}{x}$；

(5) $(\sin x)'=\cos x$；

(6) $(\cos x)'=-\sin x$；

(7) $(\tan x)'=\sec^2 x$；

(8) $(\cot x)'=-\csc^2 x$；

(9) $(\sec x)'=\sec x\tan x$；

(10) $(\csc x)'=-\csc x\cot x$；

(11) $(\arcsin x)'=\dfrac{1}{\sqrt{1-x^2}}$；

(12) $(\arccos x)'=-\dfrac{1}{\sqrt{1-x^2}}$；

(13) $(\arctan x)'=\dfrac{1}{1+x^2}$；

(14) $(\operatorname{arccot} x)'=-\dfrac{1}{1+x^2}$.

例 2.17 若 $y=x^2\arctan x$，求 y'.

解 $y'=(x^2\arctan x)'=(x^2)'\arctan x+x^2(\arctan x)'$

$$=2x\cdot\arctan x+x^2\cdot\frac{1}{1+x^2}=2x\arctan x+\frac{x^2}{1+x^2}.$$

2.2.3 复合函数的求导法则

视频 35

虽然已经有了 14 个基本初等函数的导数公式和导数的四则运算法则，但还是不能用公式法去求所有初等函数的导数. 下面讨论复合函数的求导问题.

定理 2.4 （复合函数求导法则）如果 $u=\varphi(x)$ 在点 x 处可导，而 $y=f(u)$ 在 $u=\varphi(x)$ 处可导，那么，复合函数 $y=f[\varphi(x)]$ 在点 x 处也可导，并且其导数为

$$\frac{\mathrm{d}y}{\mathrm{d}x}=\frac{\mathrm{d}y}{\mathrm{d}u}\cdot\frac{\mathrm{d}u}{\mathrm{d}x} \quad 或 \quad y'=f'(u)\cdot u'.$$

证明从略.

例如,复合函数 $y=\ln(1+x^2)$ 可以看成是由 $y=\ln u$(外层函数)和 $u=1+x^2$(内层函数)复合而成的,而 $f'(u)=\frac{dy}{du}=\frac{1}{u}=\frac{1}{1+x^2}$,$u'=\frac{du}{dx}=(1+x^2)'=2x$,所以有

$$y'=f'(u)\cdot u'=\frac{1}{1+x^2}\cdot 2x=\frac{2x}{1+x^2}.$$

复合函数的求导法则亦称链式法则,这个法则可以推广到有多个中间变量的函数.其实,当复合函数有多个中间变量时,只要反复运用该法则就行了,不过在每次运用中所面对的变量 u 可能不同,但却可以一直用到求 x' 为止.

为了帮助大家熟练运用复合函数的求导法则来求复合函数的导数,我们还可以把法则 $y'=f'(u)\cdot u'$ 具体落实到复合函数的每一种复合形式中去,在这里总共只有 13 种复合形式,具体的落实情况如下:

设 $u=u(x)$ 是 x 的可导函数,则有

(1) $(u^a)'=au^{a-1}\cdot u'$ (a 是实数),常用的有:$(\sqrt{u})'=\frac{1}{2\sqrt{u}}u'$,$\left(\frac{1}{u}\right)'=-\frac{1}{u^2}u'$;

(2) $(a^u)'=a^u\ln a\cdot u'$ ($a>0,a\neq 1$),特别地,$(e^u)'=e^u u'$;

(3) $(\log_a u)'=\frac{1}{u\ln a}u'(a>0,a\neq 1)$,特别地,$(\ln u)'=\frac{1}{u}u'$;

(4) $(\sin u)'=(\cos u)u'$;

(5) $(\cos u)'=(-\sin u)u'$;

(6) $(\tan u)'=(\sec^2 u)u'$;

(7) $(\cot u)'=(-\csc^2 u)u'$;

(8) $(\sec u)'=(\sec u\tan u)u'$;

(9) $(\csc u)'=(-\csc u\cot u)u'$;

(10) $(\arcsin u)'=\frac{1}{\sqrt{1-u^2}}u'$;

(11) $(\arccos u)'=-\frac{1}{\sqrt{1-u^2}}u'$;

(12) $(\arctan u)'=\frac{1}{1+u^2}u'$;

(13) $(\text{arccot}\, u)'=-\frac{1}{1+u^2}u'$.

以上的每一种形式其实都是一种求复合函数导数的计算模型,并且这些计算模型都是集基本初等函数的导数公式(当 $u=x$ 时)和复合函数求导法则为一体的.只要大家熟记这些计算模型,按照"从外到内,逐层求导"的原则进行求导运算,再加上导数的四则运算法则以及反函数的求导法则,就能用公式法去求所有初等函数的导数.这样运用起来既方便又实用,也比较容易掌握.

注意　在熟悉上述计算模型后,中间变量 u 可以在求导过程中不写出来,而直接写出中间变量的求导结果.关键是每一步对哪个变量求导数必须清楚.

例 2.18　求下列各函数的导数:

(1) $y=e^{x^2}$;

(2) $y=\sec^2 2x$;

(3) $y=\ln\cos\frac{1}{x}$;

(4) $y=\sqrt{\sin\frac{x}{2}}$.

解　根据题意:

(1) $y'=(e^{x^2})'=e^{x^2}\cdot(x^2)'$　　用到模型 $(e^u)'=e^u u'$

$=2x\cdot e^{x^2}$.　　用到公式 $(x^2)'=2x$

(2) $y'=(\sec^2 2x)=2\sec 2x(\sec 2x)'$　　用到模型 $(u^2)'=2uu'$

$=2\sec 2x(\sec 2x\tan 2x)(2x)'$　　用到模型 $(\sec u)'=(\sec u\tan u)u'$

$=4\sec^2 2x\tan 2x$.　　用到公式 $(2x)'=2$

(3) $y'=\left(\ln\cos\dfrac{1}{x}\right)'=\dfrac{1}{\cos\dfrac{1}{x}}\left(\cos\dfrac{1}{x}\right)'$　　用到模型 $(\ln u)'=\dfrac{1}{u}u'$

$=\dfrac{1}{\cos\dfrac{1}{x}}\left(-\sin\dfrac{1}{x}\right)\left(\dfrac{1}{x}\right)'$　　用到模型 $(\cos u)'=(-\sin u)u'$

$=\dfrac{1}{x^2}\tan\dfrac{1}{x}$.　　用到公式 $\left(\dfrac{1}{x}\right)'=-\dfrac{1}{x^2}$

(4) $y'=\left(\sqrt{\sin\dfrac{x}{2}}\right)'=\dfrac{1}{2\sqrt{\sin\dfrac{x}{2}}}\left(\sin\dfrac{x}{2}\right)'$　　用到模型 $(\sqrt{u})'=\dfrac{1}{2\sqrt{u}}u'$

$=\dfrac{1}{2\sqrt{\sin\dfrac{x}{2}}}\cdot\cos\dfrac{x}{2}\cdot\left(\dfrac{x}{2}\right)'$　　用到模型 $(\sin u)'=\cos u\cdot u'$

$=\dfrac{\cos\dfrac{x}{2}}{4\sqrt{\sin\dfrac{x}{2}}}$.　　用到公式 $\left(\dfrac{x}{2}\right)'=\dfrac{1}{2}$

从本例的分析中大家可以看到，在对复合函数的每一步求导过程中，中间变量 u 都不相同，而每一步用到的计算模型都是前面所给的 13 种计算模型中的一种，且求导的顺序也是按照“从外到内，逐层求导”的原则进行.

例 2.19 求下列各函数的导数：

(1) $y=\log_5\cos\sqrt{1+x^2}$；　　(2) $y=x\arccos x-\sqrt{1-x^2}$.

解 根据题意：

(1) $y'=(\log_5\cos\sqrt{1+x^2})'=\dfrac{1}{(\cos\sqrt{1+x^2})\cdot\ln 5}\cdot(\cos\sqrt{1+x^2})'$

$=\dfrac{1}{(\cos\sqrt{1+x^2})\cdot\ln 5}\cdot(-\sin\sqrt{1+x^2})\cdot(\sqrt{1+x^2})'$

$=\dfrac{-1}{\ln 5}\cdot\tan\sqrt{1+x^2}\cdot\dfrac{1}{2\sqrt{1+x^2}}\cdot(1+x^2)'=-\dfrac{x\tan\sqrt{1+x^2}}{(\ln 5)\sqrt{1+x^2}}$.

(2) $y'=(x\arccos x-\sqrt{1-x^2})'=(x\arccos x)'-(\sqrt{1-x^2})'$

$=\arccos x+x\cdot\left(-\dfrac{1}{\sqrt{1-x^2}}\right)-\dfrac{1}{2\sqrt{1-x^2}}\cdot(1-x^2)'$

$$=\arccos x-\frac{x}{\sqrt{1-x^2}}+\frac{x}{\sqrt{1-x^2}}=\arccos x.$$

(大家可以分析一下，本例用到了哪些复合函数求导的计算模型?)

2.2.4　分段函数的求导问题

分段函数在除分段点外的各部分区间上的导数计算，可按照初等函数的求导方法进行，而在有定义的分段点处的导数是否存在，则必须运用导数定义(2)式单独讨论.

视频 36

例 2.20　设 $f(x)=\begin{cases}1-x, & x\leqslant 0,\\ e^{-x}, & x>0,\end{cases}$ 求 $f'(x)$.

解　当 $x=0$ 时，$f(0)=1$，因为

$$\lim_{x\to 0^-}\frac{f(x)-f(0)}{x-0}=\lim_{x\to 0^-}\frac{(1-x)-1}{x}=-1,$$

$$\lim_{x\to 0^+}\frac{f(x)-f(0)}{x-0}=\lim_{x\to 0^+}\frac{e^{-x}-1}{x}=-1,$$

所以 $f'(0)=-1$，故

$$f'(x)=\begin{cases}-1, & x\leqslant 0,\\ -e^{-x}, & x>0.\end{cases}$$

例 2.21　设 $f(x)=\begin{cases}x^2+1, & 0<x<1,\\ 3x-1, & 1\leqslant x<+\infty,\end{cases}$ 求 $f'(x)$.

解　当 $x=1$ 时，$f(1)=2$，因为

$$\lim_{x\to 1^-}\frac{f(x)-f(1)}{x-1}=\lim_{x\to 1^-}\frac{(x^2+1)-2}{x-1}=\lim_{x\to 1^-}\frac{(x-1)(x+1)}{x-1}=2,$$

$$\lim_{x\to 1^+}\frac{f(x)-f(1)}{x-1}=\lim_{x\to 1^+}\frac{(3x-1)-2)}{x-1}=\lim_{x\to 1^+}\frac{3(x-1)}{x-1}=3,$$

所以 $f'_-(1)\neq f'_+(1)$，即 $f'(1)$ 不存在，故

$$f'(x)=\begin{cases}2x, & 0<x<1;\\ \text{不存在}, & x=1;\\ 3, & 1<x<+\infty.\end{cases}$$

2.2.5　高阶导数

导数是导函数的简称，如果函数 $y=f(x)$ 的导函数 $f'(x)$ 仍是 x 的可导函数，那么，就称导函数 $f'(x)$ 的导数为函数 $y=f(x)$ 的二阶导数，相应地，也把导函数 $f'(x)$ 称为函数 $y=f(x)$ 的一阶导数. 二阶导数记为

视频 37

$$y'',\ f''(x)\quad \text{或}\quad \frac{d^2y}{dx^2}\quad \text{或}\quad \frac{d}{dx}\left(\frac{dy}{dx}\right).$$

类似地可以定义：二阶导数的导数叫做三阶导数，三阶导数的导数叫做四阶导数，……一般地，$(n-1)$阶导数的导数叫做函数 $y=f(x)$的 n 阶导数，并分别记为

$$y^{(3)}, y^{(4)}, \cdots, y^{(n)} \quad \text{或} \quad f^{(3)}(x), f^{(4)}(x), \cdots, f^{(n)}(x) \quad \text{或} \quad \frac{\mathrm{d}^3 y}{\mathrm{d}x^3}, \frac{\mathrm{d}^4 y}{\mathrm{d}x^4}, \cdots, \frac{\mathrm{d}^n y}{\mathrm{d}x^n}.$$

如果函数 $y=f(x)$具有 n 阶导数，也常说成函数 $y=f(x)$为 n 阶可导.

函数的二阶导数以及二阶以上的导数统称为高阶导数.

由此可见，求函数的高阶导数就是对一个函数接连地求导数，所以仍可应用前面学过的求导方法来计算高阶导数.

二阶导数的物理意义：在物体作变速直线运动时，位置函数 $s=s(t)$的一阶导数 $s'(t)$是速度函数 $v(t)$，而速度函数 $v(t)$的导数 $v'(t)$是表示速度相对时间 t 的变化的快慢程度（即速度 $v(t)$对时间 t 的变化率），这就是中学物理中提到的加速度 $a(t)$. 所以

$$a(t)=v'(t)=s''(t),$$

即位置函数 $s=s(t)$的二阶导数 $s''(t)$就是物体作变速直线运动的加速度 $a(t)$.

例 2.22 设一质点作简谐运动，其运动规律为 $s=A\sin(\omega t+\varphi)$（$A,\omega,\varphi$ 是常数），求该质点在时刻 t 的速度和加速度

解 根据一阶导数和二阶导数的物理意义可知

$$v(t)=s'(t)=[A\sin(\omega t+\varphi)]'=A\omega\cos(\omega t+\varphi),$$

$$a(t)=s''(t)=v'(t)=[A\omega\cos(\omega t+\varphi)]'=-A\omega^2\sin(\omega t+\varphi).$$

例 2.23 求指数函数 $y=\mathrm{e}^{2x}$的 n 阶导数.

解 根据前面的计算模型$(\mathrm{e}^u)'=\mathrm{e}^u\cdot u'$，可得

$$y'=(\mathrm{e}^{2x})'=\mathrm{e}^{2x}(2x)'=2\mathrm{e}^{2x},$$

$$y''=(y')'=(2\mathrm{e}^{2x})'=2\mathrm{e}^{2x}(2x)'=2^2\mathrm{e}^{2x},$$

$$y'''=(y'')'=2^3\cdot\mathrm{e}^{2x},$$

$$y^{(4)}=(y''')'=2^4\mathrm{e}^{2x},$$

所以

$$y^{(n)}=2^n\mathrm{e}^{2x},$$

即

$$(\mathrm{e}^{2x})^{(n)}=2^n\mathrm{e}^{2x}.$$

一般地，$(\mathrm{e}^{kx})^{(n)}=k^n\mathrm{e}^{kx}$（$k$ 为常数）.

例 2.24 求余弦函数 $y=\cos x$ 的 n 阶导数.

解 $y'=(\cos x)'=-\sin x=\cos\left(\frac{\pi}{2}+x\right)$,

$$y''=\left[\cos\left(\frac{\pi}{2}+x\right)\right]'=-\sin\left(\frac{\pi}{2}+x\right)=\cos\left[\frac{\pi}{2}+\left(\frac{\pi}{2}+x\right)\right]=\cos\left(\frac{2\pi}{2}+x\right),$$

$$y'''=\left[\cos\left(\frac{2\pi}{2}+x\right)\right]'=-\sin\left(\frac{2\pi}{2}+x\right)=\cos\left[\frac{\pi}{2}+\left(\frac{2\pi}{2}+x\right)\right]=\cos\left(\frac{3\pi}{2}+x\right),$$

…

所以

$$y^{(n)}=\cos\left(\frac{n\pi}{2}+x\right),$$

即

$$(\cos x)^{(n)}=\cos\left(\frac{n\pi}{2}+x\right).$$

同理可求得

$$(\sin x)^{(n)}=\sin\left(\frac{n\pi}{2}+x\right).$$

在求函数的 n 阶导数时，总是先根据前面的有限阶导数寻找高阶导数的一般表达式的规律，然后总结得出 n 阶导数的表达式.

例 2.25　设 $f(x)=\dfrac{1}{1-x}$，求 $f^{(n)}(0)$.

解　根据题意

$$f'(x)=[(1-x)^{-1}]'=(-1)\times(1-x)^{-2}\times(1-x)'=1\times(1-x)^{-2},$$

$$f''(x)=[1\times(1-x)^{-2}]'=1\times(-2)\times(1-x)^{-3}\times(1-x)'=1\times 2(1-x)^{-3},$$

$$f'''(x)=[1\times 2(1-x)^{-3}]'=1\times 2\times(-3)(1-x)^{-4}\times(1-x)'=1\times 2\times 3(1-x)^{-4},$$

…

即

$$f^{(n)}(x)=1\times 2\times 3\times\cdots\times n(1-x)^{-(n+1)}=\frac{n!}{(1-x)^{n+1}},$$

所以

$$f^{(n)}(0)=n!.$$

习题 2-2

习题 2-2 答案

1. 填空题

(1) 设曲线 $y=\ln x$ 在点 M 处的斜率为 2，则点 M 的坐标为__________.

(2) 设 $f(x)=x(x+1)(x+2)(x+3)(x+4)$，则 $f'(0)=$__________.

(3) 设曲线 $y=\dfrac{1}{1-x^2}$ 在点 M 处的切线平行于 x 轴，则点 M 的坐标为__________.

(4) 过曲线 $y=\dfrac{x+2}{1-x}$ 上点 $(2,-4)$ 的法线斜率为__________.

(5) 设 $f(x)=\ln\cos x$，则 $f'\left(\dfrac{\pi}{4}\right)=$__________.

(6) $f(x)=x^n+e^x$，则 $f^{(n)}(0)=$__________.

(7) 设 $f(x)=\begin{cases}x^2, & x\leqslant 1,\\ 2-x, & x>1,\end{cases}$ 则 $f'_-(1)=$______，$f'_+(1)=$______，$f'(1)=$______.

(8) 一物体按规律 $s(t)=2t-t^3$ 作直线运动，则速度 $v(t)=$__________，加速度 $a(t)=$__________.

2. 单项选择题

(1) 设函数 $f(x)$ 可导，且 $y=f(-x)$，则 $y'=($　　$)$.

A. $f'(-x)$　　B. $-f'(-x)$

C. $\dfrac{1}{f'(x)}$　　D. $-f'(x)$

(2) 设 $y=2^{\ln x}$，则 $\dfrac{dy}{dx}=($　　$)$.

A. $2^{\ln x}\cdot\ln 2$　　B. $2^{(\ln x)-1}\cdot\ln x$

C. $\dfrac{1}{x}2^{\ln x}\cdot\ln 2$　　D. $2^{\ln x}\cdot\dfrac{1}{x}$

(3) 设 $f(x)=\arctan e^x$，则 $f'(x)=($　　$)$.

A. $\dfrac{e^x}{1+e^{2x}}$　　B. $\dfrac{1}{1+e^{2x}}$

C. $-\dfrac{e^x}{1+e^{2x}}$　　D. $-\dfrac{1}{1+e^{2x}}$

(4) 设 $y=\ln(1-2x)$，则 $y''(0)=($　　$)$.

A. 2　　B. -2

C. 4　　D. -4

(5) 函数 $y=f(x)$ 在点 $x=x_0$ 处可导是在点 $x=x_0$ 处连续的(　　).

A. 充分条件　　B. 必要条件

C. 充要条件　　D. 无关条件

(6) 设 $y=e^{-x}$，则 $y^{(n)}=($　　$)$.

A. e^{-x}　　B. $-e^{-x}$

C. $(-1)^n e^{-x}$　　D. $(-1)^{n-1}\cdot e^{-x}$

3. 求下列函数的导数：

(1) $y=x^2\ln x+\cos 2$；　　(2) $y=e^x\sin x+\ln 5$；

(3) $y=\dfrac{1-\ln x}{1+\ln x}$；　　(4) $y=\dfrac{x\tan x}{1+e^x}$.

4. 求下列函数在指定点处的导数：

(1) 已知 $f(x)=e^x-3x\cos x+5$，求 $f'\left(\dfrac{\pi}{3}\right)$；

(2) 设 $s(t)=\dfrac{1-\sqrt{t}}{1+\sqrt{t}}$，求 $\left.\dfrac{ds}{dt}\right|_{t=4}$.

5. 已知两条曲线 $y=\dfrac{1}{x}$ 和 $y=ax^2+b$ 在点 $\left(2,\dfrac{1}{2}\right)$ 处相切，求常数 a,b 的值.

6. 求下列函数的导数：

(1) $y=(3x+1)^5$；　　(2) $y=\sqrt{\sin x^2}$；

(3) $y=5^{\sqrt{x}}\cot 3x$；　　(4) $y=\ln[\ln(\ln x)]$；

(5) $y=\ln(x+\sqrt{1+x^2})$；　　(6) $y=\sin^n x\cos nx$；

(7) $y=\mathrm{e}^{\arctan\sqrt{x}}$; (8) $y=x\arcsin(\ln x)$.

7. 求下列函数的二阶导数:

(1) $y=3x^2-\ln x$; (2) $y=\tan x$;

(3) $y=x\mathrm{e}^{3x}$; (4) $y=x\ln(x+\sqrt{1+x^2})-\sqrt{1+x^2}$.

8. 求对数函数 $y=\ln(1+x)(x>-1)$的 n 阶导数.

9. 设以 $10\mathrm{m}^3/\mathrm{min}$ 的速率将气体注入球形气球内,当气球半径为 4m 时,气球表面积的变化率是多少(提示:气球的体积、半径和表面积均是时间 t 的函数,其变化率都是对 t 的导数)?

2.3 隐函数和由参数方程所确定的函数的导数

2.3.1 隐函数的导数

视频 38

前面所讨论的函数都可以表示为 $y=f(x)$的形式,如 $y=\sin x$, $y=\sqrt{1-x^2}$, $y=\arcsin 2x$ 等,这样的函数通常称为显函数. 在实际问题中,有时也会遇到用某一个方程表示函数关系的情形,如 $x+y^3-1=0$, $x^2+y^2=R^2$, $y^5+3y-2x+x^3=0$ 等. 像这种由二元方程 $F(x,y)=0$ 所确定的函数关系,称之为隐函数.

有些隐函数可以化成显函数的形式,如由方程 $x+y^3-1=0$ 所确定的隐函数可以表示成 $y=\sqrt[3]{1-x}$,这样的转化叫做隐函数的显化. 然而,有些隐函数的显化是很困难的,甚至是不可能的. 如由方程 $y^5+3y-2x+x^3=0$ 所确定的隐函数就很难用显函数的形式来表达.

在一些实际问题中,有时需要计算隐函数的导数. 往往要在不能显化或者说没有必要显化的情况下,运用复合函数的求导法则,直接通过方程 $F(x,y)=0$ 来计算由它所确定的隐函数的导数. 下面举例说明.

例 2.26 求由方程 $y^5+3y-2x+x^3=0$ 所确定的隐函数 $y=f(x)$的导数$\frac{\mathrm{d}y}{\mathrm{d}x}$.

解 因为 y 是 x 的函数,所以 y^5 是 x 的复合函数.

应用复合函数求导法则,在方程的两边同时对 x 求导数,可知

$$5y^4\cdot y'+3y'-2+3x^2=0.$$

由上式解出 y',便可得隐函数的导数为

$$\frac{\mathrm{d}y}{\mathrm{d}x}=\frac{2-3x^2}{5y^4+3}.$$

通过以上例题的计算,可以看到这种求导方法的原则是:在方程两边同时对 x 的求导过程中,碰到 x 时,直接对 x 求导数,而碰到 y 时,则要把 y 先看成中间变量,也就是先对 y 求导数,然后再乘以 y 对 x 的导数 y'. 这其实就是在运用复合函数的求导法则.

例 2.27 求由方程 $y=\arctan(x^2+y^2)$所确定的隐函数的导数 y'.

解 在方程的两边同时对 x 求导数,得

$$y'=\frac{1}{1+(x^2+y^2)^2}\cdot(2x+2y\cdot y'),$$

由上式解出 y',得

$$y'=\frac{2x}{1-2y+(x^2+y^2)^2}.$$

例 2.28 求曲线 $y^2=x^2(x-1)$ 在点(2,2)处的切线方程.

解 在方程 $y^2=x^2(x-1)$ 两边同时对 x 求导数，得

$$2y\cdot y'=3x^2-2x,$$

所以

$$y'=\frac{3x^2-2x}{2y},\quad k_{切}=y'|_{(2,2)}=\frac{3\times4-4}{4}=2.$$

故所求切线方程为

$$y-2=2(x-2),$$

即

$$2x-y-2=0.$$

2.3.2 幂指函数的导数与对数求导法

前面我们曾经指出：形如 $y=f(x)^{g(x)}$ 的函数称为幂指函数.对这类函数求导时，既不能用幂函数的导数公式，也不能用指数函数的导数公式.

视频 39

幂指函数的导数计算一般有两种方法.

(1) 指数恒等变换法

先把幂指函数 $y=f(x)^{g(x)}$ 恒等变换，化幂指函数为指数函数

$$y=f(x)^{g(x)}=e^{\ln f(x)g(x)}=e^{g(x)\ln f(x)},$$

然后再按照复合函数求导法则中的计算模型 $(e^u)'=e^u\cdot u'$ 求导即可.

(2) 对数求导法

这种方法是通过在幂指函数 $y=f(x)^{g(x)}$ 两边取自然对数分离幂指关系，得到

$$\ln y=\ln f(x)^{g(x)}=g(x)\ln f(x),$$

然后再按照隐函数的求导方法求导即可，并记住 $(\ln y)'_x=\frac{1}{y}\cdot y'$.

例 2.29 求幂指函数 $y=x^{\cos x}$ 的导数.

解法一 (指数恒等变换法)化幂指函数为指数函数，得

$$y=x^{\cos x}=e^{\ln x^{\cos x}}=e^{\cos x\ln x},$$

由复合函数导数的计算模型 $(e^u)'=e^u\cdot u'$ 求导，可得

$$y'=e^{\cos x\ln x}(\cos x\ln x)'=x^{\cos x}\left(-\sin x\ln x+\frac{\cos x}{x}\right)$$

$$=x^{\cos x}\left(\frac{\cos x}{x}-\sin x\ln x\right).$$

解法二 (对数求导法)两边取自然对数，得

$$\ln y=\cos x\ln x,$$

两边对 x 求导，则有

$$\frac{1}{y}y'=-\sin x\ln x+\frac{\cos x}{x},$$

所以

$$y'=x^{\cos x}\left(\frac{\cos x}{x}-\sin x\ln x\right).$$

对数求导法，除可用于幂指函数的求导运算外，还可以用于函数表达式为多个因子乘除形式的复杂函数的求导运算. 这类函数的导数若直接运用导数的乘、除运算法则计算会相当繁琐，而对数求导法则可以巧妙运用对数的性质，化导数的乘、除运算为加、减运算，大大简化了求导的运算过程.

例 2.30　设 $y=\sqrt[5]{\frac{x+2}{(x^2-2)(x+3)}}$，求 y'.

解　在函数两边同时取自然对数，得

$$\ln y=\frac{1}{5}[\ln(x+2)-\ln(x^2-2)-\ln(x+3)],$$

两边同时对 x 求导，得

$$\frac{1}{y}y'=\frac{1}{5}\left(\frac{1}{x+2}-\frac{2x}{x^2-2}-\frac{1}{x+3}\right),$$

所以

$$y'=\frac{1}{5}\sqrt[5]{\frac{x+2}{(x^2-2)(x+3)}}\left(\frac{1}{x+2}-\frac{2x}{x^2-2}-\frac{1}{x+3}\right).$$

例 2.31　设 $y=\frac{(x^2+1)^3\mathrm{e}^{\sin x}}{(x^3+2x-1)\sqrt{1-x^2}}$，求 y'.

解　在函数两边同时取自然对数，得

$$\ln y=3\ln(x^2+1)+\sin x-\ln(x^3+2x-1)-\frac{1}{2}\ln(1-x^2),$$

两边同时对 x 求导，得

$$\frac{1}{y}\cdot y'=\frac{6x}{x^2+1}+\cos x-\frac{3x^2+2}{x^3+2x-1}-\frac{-x}{1-x^2},$$

所以

$$y'=\frac{(x^2+1)^3\mathrm{e}^{\sin x}}{(x^3+2x-1)\sqrt{1-x^2}}\left(\frac{6x}{x^2+1}+\cos x-\frac{3x^2+2}{x^3+2x-1}+\frac{x}{1-x^2}\right).$$

*2.3.3　由参数方程所确定的函数的导数

视频 40

在中学的平面解析几何中，对于平面曲线的描述，除了前面已经介绍的显函数 $f(x)$ 和隐函数 $F(x,y)=0$ 等形式外，还有参数方程的形式，如参数方程

$$\begin{cases} x=a\cos\theta, \\ y=b\sin\theta \end{cases} \quad (0\leqslant\theta\leqslant 2\pi)$$

表示的是中心在原点的椭圆.

又如,研究抛射体的运动当空气阻力忽略不计时,抛射体的运动轨迹可表示为

$$\begin{cases} x=v_1 t, \\ y=v_2 t-\dfrac{1}{2}gt^2, \end{cases}$$

其中的 v_1,v_2 分别是抛射体的初始速度 v_0 沿水平、铅直两个方向的分速度,g 为重力加速度,t 是飞行的时间,而 x 和 y 是飞行中抛射体的位置坐标中的横坐标和纵坐标,如图 2-2 所示.

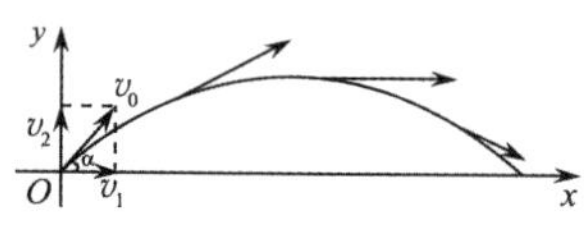

图 2-2

显然,在参数方程中,变量 x,y 之间往往可以通过参数 t(或 θ)建立起某种函数关系,像这种函数关系所表达的函数称为由参数方程所确定的函数.

一般地,如果参数方程

$$\begin{cases} x=\varphi(t), \\ y=\psi(t) \end{cases} \quad (t\in T)$$

确定 y 与 x 之间的函数关系,则中间变量就是参数 t. 只要假定 $x=\varphi(t)$,$y=\psi(t)$ 都是 t 的可导函数,且 $\varphi'(t)\neq 0$,就可以利用复合函数的求导法则和反函数的求导法则,得出这类函数的导数,即

$$\frac{\mathrm{d}y}{\mathrm{d}x}=\frac{\mathrm{d}y}{\mathrm{d}t}\cdot\frac{\mathrm{d}t}{\mathrm{d}x}=\frac{\mathrm{d}y}{\mathrm{d}t}\cdot\frac{1}{\dfrac{\mathrm{d}x}{\mathrm{d}t}}=\frac{\dfrac{\mathrm{d}y}{\mathrm{d}t}}{\dfrac{\mathrm{d}x}{\mathrm{d}t}}=\frac{\psi'(t)}{\varphi'(t)},$$

这就是由参数方程所确定的函数的求导公式.

例 2.32 已知椭圆的参数方程为

$$\begin{cases} x=a\cos\theta, \\ y=b\sin\theta \end{cases} \quad (0\leqslant\theta\leqslant 2\pi),$$

求椭圆在对应 $\theta=\dfrac{\pi}{4}$ 的点处的切线方程和法线方程.

解 当 $\theta=\dfrac{\pi}{4}$ 时,椭圆上的相应点 M_0 的坐标为

$$x_0=a\cos\frac{\pi}{4}=\frac{\sqrt{2}}{2}a,\ y_0=b\sin\frac{\pi}{4}=\frac{\sqrt{2}}{2}b.$$

而椭圆在点 M_0 处的切线斜率为

$$k=\left.\frac{\mathrm{d}y}{\mathrm{d}x}\right|_{\theta=\frac{\pi}{4}}=\left.\frac{(b\sin\theta)'}{(a\cos\theta)'}\right|_{\theta=\frac{\pi}{4}}=-\frac{b}{a}\cot\theta\bigg|_{\theta=\frac{\pi}{4}}=-\frac{b}{a},$$

于是,椭圆在点 M_0 处的切线方程和法线方程为

$$\text{切线方程}: y-\frac{\sqrt{2}}{2}b=-\frac{b}{a}\left(x-\frac{\sqrt{2}}{2}a\right),$$

$$\text{法线方程}: y-\frac{\sqrt{2}}{2}b=\frac{a}{b}\left(x-\frac{\sqrt{2}}{2}a\right).$$

例 2.33　已知抛射体的运动轨迹的参数方程为

$$\begin{cases} x=v_1 t, \\ y=v_2 t-\frac{1}{2}gt^2 \end{cases} \quad (t\geqslant 0),$$

求抛射体在时刻 t 运动速度的大小和方向；并讨论 t 为何值时，抛射体到达最高点.

解　先求速度的大小，因为水平速度为 $\frac{\mathrm{d}x}{\mathrm{d}t}=v_1$，铅直速度为

$$\frac{\mathrm{d}y}{\mathrm{d}t}=v_2-gt,$$

所以抛射体的运动速度为

$$v=\sqrt{\left(\frac{\mathrm{d}x}{\mathrm{d}t}\right)^2+\left(\frac{\mathrm{d}y}{\mathrm{d}t}\right)^2}=\sqrt{v_1^2+(v_2-gt)^2}.$$

显然，抛射体速度的方向也就是轨道的切线方向.

设 α 是切线的倾斜角，则由导数的几何意义知

$$\tan\alpha=\frac{\mathrm{d}y}{\mathrm{d}x}=\frac{\frac{\mathrm{d}y}{\mathrm{d}t}}{\frac{\mathrm{d}x}{\mathrm{d}t}}=\frac{v_2-gt}{v_1},$$

所以，当抛射体刚射出(即 $t=0$)时，$\tan\alpha\big|_{t=0}=\frac{v_2}{v_1}$，而当 $t=\frac{v_2}{g}$ 时，$\tan\alpha\big|_{t=\frac{v_2}{g}}=0$，这时，运动方向是水平的，即抛射体到达最高点(图 2-2).

习题 2-3

习题 2-3 答案

1. 求下列方程所确定的各隐函数的导数 $\frac{\mathrm{d}y}{\mathrm{d}x}$：

(1) $y^3-3y+2x^5=0$；　　(2) $y=\sin(x+y)$；

(3) $xy=\mathrm{e}^{x+y}$；　　(4) $x=y+\arctan y$；

(5) $\sqrt{x}+\sqrt{y}=\sqrt{a}$　(常数 $a>0$)　　(6) $\arctan\frac{y}{x}=\ln\sqrt{x^2+y^2}$.

2. 用对数求导法求下列函数的导数 y'：

(1) $y=x^{\sin x}$；　　(2) $y=x^{2x}+(2x)^x$；

(3) $y=\sqrt[3]{\frac{x(x^2+1)}{(x^2-1)(1+3x)}}$；　　(4) $y=\frac{\sqrt{x+2}(1+x^2)}{(2x-1)^3\mathrm{e}^x}$.

3. 求星形线 $x^{\frac{2}{3}}+y^{\frac{2}{3}}=a^{\frac{2}{3}}$(常数 $a>0$)在点 $M_0\left(\frac{\sqrt{2}}{4}a, \frac{\sqrt{2}}{4}a\right)$处的切线方程和法线方程.

*4. 求由下列参数方程所确定的函数的导数 $\frac{\mathrm{d}y}{\mathrm{d}x}$：

(1) $\begin{cases} x=at+b, \\ y=\dfrac{1}{2}at^2; \end{cases}$ (2) $\begin{cases} x=\dfrac{a}{2}\left(t+\dfrac{1}{t}\right), \\ y=\dfrac{b}{2}\left(t-\dfrac{1}{t}\right). \end{cases}$

*5. 求曲线$\begin{cases} x=\sin\theta, \\ y=\cos 2\theta \end{cases}$上对应于$\theta=\dfrac{\pi}{4}$点处的切线方程和法线方程.

2.4 函数的微分

2.4.1 微分的概念及几何意义

视频 41

在许多实际问题中，往往需要考虑函数变量的微小改变量(即函数的增量Δy)，例如在分析运动过程中，常常需要通过微小的局部运动来寻找运动的规律等等. 一般说来，计算函数$y=f(x)$的增量$\Delta y=f(x+\Delta x)-f(x)$的精确值并不是一件容易的事，有时是比较繁琐困难的，甚至是不太可能的. 而在一些理论研究和实际应用中，往往只需了解Δy的有效近似值就可以了. 因此，如何才能做到既简便又尽可能精确地计算函数增量Δy的近似值就成了本节要讨论的主要问题，为此先来看下面的两个例子.

例 2.34 一块正方形的金属薄片在温度变化的影响下，其边长由x_0变到$x_0+\Delta x$，如图 2-3 所示，问此块薄片的面积改变了多少？

图 2-3

解 设此薄片的边长为x，面积为S，则S是x的函数，$S=x^2$，薄片在受到温度变化的影响时，面积的改变量可以看成是当自变量x自x_0获得增量Δx时，函数S相应的增量ΔS，即

$$\Delta S=(x_0+\Delta x)^2-x_0^2=2x_0\Delta x+(\Delta x)^2.$$

从上式中可以看出，ΔS是Δx的二次函数，它可以分成两个部分：一部分是$2x_0\Delta x$，它是Δx的线性函数，即图 2-3 中带斜线的两个矩形面积之和；而另一部分就是$(\Delta x)^2$，是图 2-3 中带交叉线的小正方形的面积. 显然，$2x_0\Delta x$是面积增量ΔS的主要部分，我们称它为ΔS的线性主部；而$(\Delta x)^2$是次要部分，且当$|\Delta x|$很小时，$(\Delta x)^2$部分要比$|\Delta x|$小得多并可忽略不计. 因此，当$|\Delta x|$很小时，面积增量ΔS完全可以用$2x_0\Delta x$来近似表示，即

$$\Delta S\approx 2x_0\Delta x.$$

当Δx是一个无穷小量时，我们注意到上面的近似表达式所略去的部分$(\Delta x)^2$是一个比Δx更高阶的无穷小，即$\lim\limits_{\Delta x\to 0}\dfrac{(\Delta x)^2}{\Delta x}=\lim\limits_{\Delta x\to 0}\Delta x=0$. 这也是说，$|\Delta x|$越小，近似表达式$\Delta S\approx 2x_0\Delta x$的近似程度也就越好.

例 2.35 讨论自由落体运动由时刻t_0到$t_0+\Delta t$所经过路程的近似值.

解 由中学物理知识可知，自由落体的路程h与时间t的关系是：$h=\dfrac{1}{2}gt^2$. 当时间从t_0变化到$t_0+\Delta t$时，所经过路程的改变量为

$$\Delta h=\frac{1}{2}g(t_0+\Delta t)^2-\frac{1}{2}gt_0^2=gt_0\Delta t+\frac{1}{2}g(\Delta t)^2.$$

从上式可以看出，Δh 也是 Δt 的二次函数，它也可以分成两部分：一部是 $gt_0\Delta t$，而另一部分是 $\frac{1}{2}g(\Delta t)^2$. 显然，Δh 的线性主部是 $gt_0\Delta t$，而次要部分是 $\frac{1}{2}g(\Delta t)^2$，并且当 $|\Delta t|$ 很小时，$\frac{1}{2}g(\Delta t)^2$ 将比 $|\Delta t|$ 要小得多，完全可以忽略不计. 这样，路程的增量可以近似地用 $gt_0\Delta t$ 来表示，即

$$\Delta h \approx gt_0\Delta t.$$

其实，上面的近似表达式中所略去的部分 $\frac{1}{2}g(\Delta t)^2$ 是一个比 Δt（当 $\Delta t\to 0$ 时）更高阶的无穷小，即

$$\lim_{\Delta t\to 0}\frac{\frac{1}{2}g(\Delta t)^2}{\Delta t}=\lim_{\Delta t\to 0}\frac{1}{2}g\Delta t=0.$$

以上两个问题的实际意义虽然不同，但在数量关系上却有共同点：函数的增量都是自变量增量的二次函数，且都可以表示成两部分，第一部分为自变量增量的线性主部；第二部分是当自变量增量趋于零时，比自变量增量更高阶的无穷小. 通过上面两个问题的讨论可以看到，我们总是用第一部分来表示函数增量的近似值，而省略掉第二部分. 其实，这么做在自变量增量很小时所产生的误差是一个比自变量增量更小的值，这就为我们去计算函数增量的近似值找到了一条很好的思路. 下面引入微分这一概念.

定义 2.3　设函数 $y=f(x)$ 在点 $x=x_0$ 的某个 δ 邻域 $U(x_0,\delta)$ 内有定义，$x_0+\Delta x\in U(x_0,\delta)$，如果相应的函数的增量 $\Delta y=f(x_0+\Delta x)-f(x_0)$ 可以表示为

$$\Delta y=A\Delta x+o(\Delta x),$$

其中，A 是不依赖于 Δx 的常数，$o(\Delta x)$ 是一个比 Δx 更高阶的无穷小（当 $\Delta x\to 0$ 时），此时称函数 $y=f(x)$ 在点 $x=x_0$ 处是可微的，而 $A\Delta x$ 则称为函数 $y=f(x)$ 在点 $x=x_0$ 处相应于增量 Δx 的微分，记为

$$\mathrm{d}y\big|_{x=x_0}=A\Delta x.$$

事实上，当 $\Delta x\to 0$ 时，$A=\lim\limits_{\Delta x\to 0}\frac{\Delta y-o(\Delta x)}{\Delta x}=\lim\limits_{\Delta x\to 0}\frac{\Delta y}{\Delta x}-\lim\limits_{\Delta x\to 0}\frac{o(\Delta x)}{\Delta x}=\lim\limits_{\Delta x\to 0}\frac{\Delta y}{\Delta x}=f'(x_0)$. 这就是说，如果函数 $y=f(x)$ 在点 $x=x_0$ 处可微，那么，函数 $y=f(x)$ 在点 $x=x_0$ 处也一定可导，且 $A=f'(x_0)$.

由此可见，函数 $y=f(x)$ 在点 $x=x_0$ 处可微的充分必要条件是函数在点 $x=x_0$ 处可导，即可微必可导、可导必可微，可导与可微是等价的，且有

$$\mathrm{d}y\big|_{x=x_0}=f'(x_0)\Delta x.$$

如果函数 $y=f(x)$ 在区间 (a,b) 内每一点处都可微，则称 $f(x)$ 是 (a,b) 内的可微函数，而函数 $y=f(x)$ 在 (a,b) 内任意一点 x 处的微分就称为函数的微分，记为 $\mathrm{d}y$，即有

$$\mathrm{d}y=f'(x)\Delta x\quad 或\quad \mathrm{d}f(x)=f'(x)\Delta x.$$

显然，若 $f(x)=x$，则有 $\mathrm{d}f(x)=\mathrm{d}x=\Delta x$，所以自变量的微分就是自变量的增量，即 $\mathrm{d}x=\Delta x$，于是，函数的微分通常又记为

$$\mathrm{d}y=f'(x)\mathrm{d}x\quad 或\quad \mathrm{d}f(x)=f'(x)\mathrm{d}x,$$

从而有

$$\frac{\mathrm{d}y}{\mathrm{d}x}=f'(x),$$

即函数的微分与自变量的微分之商就等于导数,因此,导数又称为**微商**.

在这里应当注意的是:前面把$\frac{\mathrm{d}y}{\mathrm{d}x}$看作是导数的一个整体记号,但在引进微分概念之后,可以把它分离而看成一个分式,即函数的微分与自变量的微分之商.

例如,设 $y=\sin x$,则$\frac{\mathrm{d}y}{\mathrm{d}x^2}$,$\frac{\mathrm{d}y}{\mathrm{d}x^3}$的求导计算就可以用到上面的结论,即

$$\frac{\mathrm{d}y}{\mathrm{d}x^2}=\frac{\cos x\mathrm{d}x}{2x\mathrm{d}x}=\frac{\cos x}{2x},\quad \frac{\mathrm{d}y}{\mathrm{d}x^3}=\frac{\cos x\mathrm{d}x}{3x^2\mathrm{d}x}=\frac{\cos x}{3x^2}.$$

动画 4

为了让大家对微分有一个更直观的了解,现在来说明微分的几何意义.如图 2-4 所示:Δy 表示函数 $y=f(x)$在点$x=x_0$处的增量,而 $\mathrm{d}y$ 则是表示函数 $y=f(x)$在点 $x=x_0$ 处切线的增量.因此,简单地说:微分的几何意义就是函数 $y=f(x)$在点 $x=x_0$ 处切线的增量.

由于自变量的微分就是自变量的增量(即 $\mathrm{d}x=\Delta x$),所以在表示函数 $y=f(x)$在点 $x=x_0$ 处的微分时,有两种表现形式,即如 $\mathrm{d}y=f'(x_0)\Delta x$(已知 Δx 的值时)或 $\mathrm{d}y=f'(x_0)\mathrm{d}x$(未知 Δx 的值时).

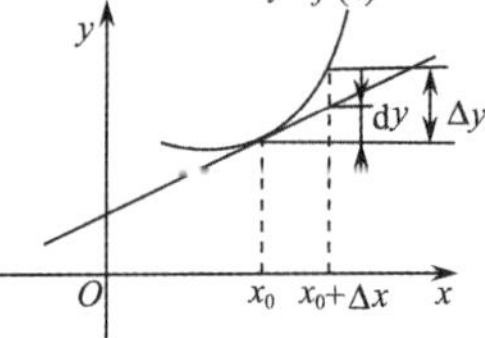

图 2-4

例 2.36 求函数 $y=3x^2$ 当 $x_0=3$,$\Delta x=0.01$ 时的微分.

解 $\mathrm{d}y=(3x^2)'|_{x=3}\cdot\Delta x=(6x)|_{x=3}\cdot\Delta x=6\times3\times0.01=0.18.$

例 2.37 求函数 $y=2\ln x$ 在点 $x=3$ 处的微分.

解 $\mathrm{d}y=(2\ln x)'|_{x=3}\cdot\mathrm{d}x=\left(\frac{2}{x}\bigg|_{x=3}\right)\mathrm{d}x=\frac{2}{3}\mathrm{d}x.$

视频 42

2.4.2 微分运算法则

从函数的微分定义表达式 $\mathrm{d}y=f'(x)\mathrm{d}x$ 不难看出,函数的微分等于导数 $f'(x)$乘以自变量的微分 $\mathrm{d}x$,所以我们根据导数公式和导数的运算法则,便能得到要求的微分公式和微分运算法则,具体如表 2-1 和表 2-2 所示:

表 2-1 **微分公式**

序号	导数公式	微分公式
(1)	$(C)'=0$(C 是常数)	$\mathrm{d}(C)=0$(C 是常数)
(2)	$(x^\alpha)'=\alpha x^{\alpha-1}$($\alpha$ 是实数)	$\mathrm{d}(x^\alpha)=\alpha x^{\alpha-1}\mathrm{d}x$($\alpha$ 是实数)
(3)	$(a^x)'=a^x\ln a\quad(\mathrm{e}^x)'=\mathrm{e}^x$	$\mathrm{d}(a^x)=a^x\ln a\mathrm{d}x\quad \mathrm{d}(\mathrm{e}^x)=\mathrm{e}^x\mathrm{d}x$
(4)	$(\log_a x)'=\frac{1}{x\ln a}\quad(\ln x)'=\frac{1}{x}$	$\mathrm{d}(\log_a x)=\frac{1}{x\ln a}\mathrm{d}x\quad \mathrm{d}(\ln x)=\frac{1}{x}\mathrm{d}x$
(5)	$(\sin x)'=\cos x$	$\mathrm{d}(\sin x)=\cos x\mathrm{d}x$
(6)	$(\cos x)'=-\sin x$	$\mathrm{d}(\cos x)=-\sin x\mathrm{d}x$
(7)	$(\tan x)'=\sec^2 x$	$\mathrm{d}(\tan x)=\sec^2 x\mathrm{d}x$
(8)	$(\cot x)'=-\csc^2 x$	$\mathrm{d}(\cot x)=-\csc^2 x\mathrm{d}x$
(9)	$(\sec x)'=\sec x\tan x$	$\mathrm{d}(\sec x)=\sec x\tan x\mathrm{d}x$
(10)	$(\csc x)'=-\csc x\cot x$	$\mathrm{d}(\csc x)=-\csc x\cot x\mathrm{d}x$

续表

序号	导数公式	微分公式
(11)	$(\arcsin x)'=\frac{1}{\sqrt{1-x^2}}$	$d(\arcsin x)=\frac{1}{\sqrt{1-x^2}}dx$
(12)	$(\arccos x)'=-\frac{1}{\sqrt{1-x^2}}$	$d(\arccos x)=-\frac{1}{\sqrt{1-x^2}}dx$
(13)	$(\arctan x)'=\frac{1}{1+x^2}$	$d(\arctan x)=\frac{1}{1+x^2}dx$
(14)	$(\text{arccot}x)'=-\frac{1}{1+x^2}$	$d(\text{arccot}x)=-\frac{1}{1+x^2}dx$

表 2-2　　**微分运算法则**

函数和、差、积、商的求导法则	函数和、差、积、商的微分法则
$(u\pm v)'=u'\pm v'$	$d(u\pm v)=du\pm dv$
$(uv)'=u'v+uv'$	$d(uv)=vdu+udv$
$\left(\frac{u}{v}\right)'=\frac{u'v-uv'}{v^2}(v\neq0)$	$d\left(\frac{u}{v}\right)=\frac{vdu-udv}{v^2}(v\neq0)$

注:表中 $u=u(x)$,$v=v(x)$均是 x 的可微函数.

注意　函数的和、差、积的微分法则也可以推广到有限个函数的情形且有

$$d(Cu)=Cdu\quad (C\text{ 是常数})$$

3. 复合函数的微分法则

设 $y=f(u)$,$u=\varphi(x)$,则复合函数 $y=f[\varphi(x)]$的导数为

$$\frac{dy}{dx}=f'[\varphi(x)]\varphi'(x),$$

所以,复合函数的微分为

$$dy=f'[\varphi(x)]\varphi'(x)dx.$$

由于 $f'[\varphi(x)]=f'(u)$,而 $du=\varphi'(x)dx$,所以上式也可以写成 $dy=f'(u)du$——这就是复合函数的微分法则.

显然,无论 u 是自变量,还是中间变量,微分形式 $dy=f'(u)du$ 总是不变的,所以复合函数的微分法则 $dy=f'(u)du$ 又叫做微分形式不变性.

例 2.38　设 $y=\sin\sqrt{1+x^2}$,求 dy.

解　由微分形式不变性可得

$$dy=d(\sin\sqrt{1+x^2})=\cos\sqrt{1+x^2}\,d(\sqrt{1+x^2})=\frac{\cos\sqrt{1+x^2}}{2\sqrt{1+x^2}}d(1+x^2)$$

$$=\frac{\cos\sqrt{1+x^2}}{2\sqrt{1+x^2}}2xdx=\frac{x\cos\sqrt{1+x^2}}{\sqrt{1+x^2}}dx.$$

例 2.39　设 $y=e^{2x}\sin3x$,求 dy.

解　根据微分的乘法运算法则和微分形式不变性可得

$$dy=d(e^{2x}\sin3x)=\sin3x\,d(e^{2x})+e^{2x}d(\sin3x)$$

$$=e^{2x}\sin3x\mathrm{d}(2x)+e^{2x}\cos3x\mathrm{d}(3x)$$

$$=2e^{2x}\sin3x\mathrm{d}x+3e^{2x}\cos3x\mathrm{d}x$$

$$=e^{2x}(2\sin3x+3\cos3x)\mathrm{d}x.$$

例 2.40 在下列等式右端的括号内填入适当的函数，使等式成立：

(1) $x^2\mathrm{d}x=\mathrm{d}(\qquad)$； (2) $3\sec^2x\mathrm{d}x=\mathrm{d}(\qquad)$；

(3) $\dfrac{1}{x}\mathrm{d}x=\mathrm{d}(\qquad)$； (4) $\dfrac{1}{1+x^2}\mathrm{d}x=\mathrm{d}(\qquad)$.

解 根据题意

(1) 因为 $\mathrm{d}(x^3)=3x^2\mathrm{d}x$，所以

$$x^2\mathrm{d}x=\frac{1}{2}\mathrm{d}(x^3)=\mathrm{d}\left(\frac{x^3}{3}\right).$$

又因为任意常数 C 的微分 $\mathrm{d}(C)=0$，所以一般地应该为

$$x^2\mathrm{d}x=\mathrm{d}\left(\frac{x^3}{3}+C\right)\quad(C\text{ 是任意常数}).$$

类似地，我们还可以得到

(2) $3\sec^2x\mathrm{d}x=\mathrm{d}(3\tan x+C)$ （C 是任意常数）.

(3) $\dfrac{1}{x}\mathrm{d}x=\mathrm{d}(\ln x+C)$ （C 是任意常数）.

(4) $\dfrac{1}{1+x^2}\mathrm{d}x=\mathrm{d}(\arctan x+C)$ 或 $\dfrac{1}{1+x^2}\mathrm{d}x=\mathrm{d}(-\mathrm{arccot}x+C)$

（C 是任意常数）.

本例的填空在微积分的计算中被称为凑微分，事实上，每一个微分公式，反过来看就是一个任意常数 $C=0$ 的凑微分公式. 而凑微分的技术则是后续积分计算中的一种常用手段，要求必须掌握.

2.4.3 微分在近似计算中的应用

先来看一道例题.

视频 43

例 2.41 已知 $y=x^3-2x$，当 $x=2$ 时，计算 Δx 分别等于 0.1，0.01 时的 Δy 和 $\mathrm{d}y$.

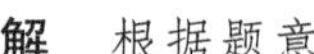

解 根据题意

当 $x=2,\Delta x=0.1$ 时，

$$\Delta y=[(2.1)^3-2\times2.1]-(2^3-2\times2)=(9.261-4.2)-(8-4)$$
$$=5.061-4=1.061.$$

$$\mathrm{d}y=(x^3-2x)'|_{x=2}\cdot\Delta x=(3x^2-2)|_{x=2}\cdot\Delta x=(3\times2^2-2)\times0.1=1.$$

当 $x=2,\Delta x=0.01$ 时，

$$\Delta y=[(2.01)^3-2\times2.01]-(2^3-2\times2)=(8.120601-4.02)-4$$
$$=4.100601-4=0.100601,$$

$$\mathrm{d}y=(x^3-2x)'|_{x=2}\cdot\Delta x=(3\times2^2-2)\times0.01=0.1.$$

从本例的计算中，大家可以体会到：dy 的计算远比 Δy 的计算要容易得多，但在 $|\Delta x|$ 很小时，二者却很接近，并且随着 $|\Delta x|$ 越小，Δy 的计算难度越大，而用 dy 作为 Δy 的近似值的精确度反而越高. 因此，在 $|\Delta x|$ 很小时，通常都是用微分 dy 来近似替代函数增量 Δy，即

$$\Delta y \approx dy \quad (\text{条件} |\Delta x| \text{越小越好}),$$

故有

$$f(x_0+\Delta x)-f(x_0)\approx f'(x_0)\Delta x, \tag{1}$$

$$f(x_0+\Delta x)\approx f(x_0)+f'(x_0)\Delta x. \tag{2}$$

在式(2)中，令 $x_0=0$，$\Delta x=x$，且 $|x|$ 很小时，有

$$\boldsymbol{f(x)\approx f(0)+f'(0)x}. \tag{3}$$

其实，应用式(1)—式(3)都可以用来计算函数的近似值. 当 $|x|$ 很小时，我们还可以应用(3)式推出下面在工程技术中常用的一些近似计算公式.

(1) $\sqrt[n]{1+x}\approx 1+\frac{x}{n}$.　　(2) $e^x\approx 1+x$.

(3) $\ln(1+x)\approx x$.　　(4) $\sin x\approx x$（x 用弧度制单位）.

例 2.42　计算 arccot1.05 的近似值.

解　设 $f(x)=\operatorname{arccot}x$，利用式(2) $f(x_0+\Delta x)\approx f(x_0)+f'(x_0)\Delta x$ 有

$$\operatorname{arccot}(x_0+\Delta x)\approx \operatorname{arccot}x_0-\frac{1}{1+x_0^2}\cdot\Delta x.$$

这里 $x_0=1$，$\Delta x=0.05$，于是有

$$\begin{aligned}\operatorname{arccot}1.05&=\operatorname{arccot}(1+0.05)\approx\operatorname{arccot}1-\frac{1}{1+1^2}\times 0.05\\&=\frac{\pi}{4}-\frac{0.05}{2}\approx 0.7604.\end{aligned}$$

例 2.43　计算 $\sqrt{1.024}$ 的近似值.

解　利用近似公式 $\sqrt[n]{1+x}=1+\frac{x}{n}$ 可得

$$\sqrt{1.024}=\sqrt{1+0.024}\approx 1+\frac{0.024}{2}=1.012.$$

若本例直接开平方，得

$$\sqrt{1.024}\approx 1.0119.$$

由上面两个结果可以看出，用 1.012 作为 $\sqrt{1.024}$ 的近似值，其误差不超过0.001，这样的精确度在一般应用中已经足够了. 如果开方次数再高些，就更能体现用微分进行近似计算的优点.

习题 2-4 答案

习题 2-4

1. 填空题

(1) 设 x 为自变量，当 $x=1$，$\Delta x=0.01$ 时，$d(x^3)=$________.

(2) $\dfrac{d(\ln x)}{d(x^2)}=$________.

(3) $e^{0.03}\approx$________.

(4) $\ln(1.005)\approx$__________.

(5) 将半径为 R 的球体加热，如果球的半径增加 ΔR，则球的体积的增量$\Delta V\approx$______.

2. 在下列等式右端的括号内填入适当的函数，使等式成立：

(1) $3x\mathrm{d}x=\mathrm{d}(\quad)$；　　(2) $\frac{1}{\sqrt{x}}\mathrm{d}x=\mathrm{d}(\quad)$；

(3) $\frac{1}{1+x}\mathrm{d}x=\mathrm{d}(\quad)$；　　(4) $\sin\omega t\mathrm{d}t=\mathrm{d}(\quad)$；

(5) $\mathrm{e}^{2x}\mathrm{d}x=\mathrm{d}(\quad)$；　　(6) $\csc^2 3x\mathrm{d}x=\mathrm{d}(\quad)$；

(7) $(2x^2+1)\mathrm{d}x=\mathrm{d}(\quad)$；　　(8) $(1+\cos x)\mathrm{d}x=\mathrm{d}(\quad)$.

3. 求下列函数的微分 $\mathrm{d}y$：

(1) $y=\frac{3}{x}+\sqrt{x}$；　　(2) $y=x^2\sin x$；

(3) $y=[\ln(1-x)]^2$；　　(4) $y=\frac{x}{\sqrt{1+x^2}}$；

(5) $y=\arcsin\sqrt{1-x^2}$；　　(6) $y=\mathrm{e}^{-x}\cos(1-x^2)$；

(7) $y=x^{2x}$；　　(8) $y=x-\cos(xy)$.

4. 利用微分求下列函数的近似值：

(1) $\sqrt{65}$；　　(2) $\sqrt[5]{1.02}$；

(3) $\mathrm{e}^{1.01}$；　　(4) $\lg 11$；

(5) $\cos 151^\circ$；　　(6) $\tan 46^\circ$.

5. 设扇形的圆心角 $\alpha=\frac{\pi}{3}$，半径 $R=10\mathrm{cm}$，如果 R 不变，α 减少$\frac{\pi}{360}$，问扇形面积大约改变多少？又如果 α 不变，R 增加 1mm，问扇形面积大约改变多少(提示：扇形面积 $S=\frac{1}{2}R^2\alpha$，其中 α 是弧度制)？

学习指导

一、学习重点与要求

1. 理解导数的定义及其几何意义和物理意义，会利用导数讨论函数的变化率问题.

2. 熟练掌握基本初等函数的 14 个求导公式，能熟练运用导数的四则运算法则.

3. 熟练掌握复合函数求导法则(链式法则)的 13 种计算模型，并能正确地计算复合函数的导数.

4. 了解高阶导数的定义以及二阶导数的物理意义，掌握求初等函数的一阶导数、二阶导数的方法，会求简单函数的 n 阶导数.

5. 掌握隐函数的导数，会用对数求导法，了解由参数方程所确定的函数的一阶导数.

6. 知道函数在一点处连续和可导的关系，会利用导数定义的极限表达式

$$f'(x_0)=\lim_{x\to x_0}\frac{f(x)-f(x_0)}{x-x_0}$$

讨论分段函数在分段点处的导数.

7. 了解函数微分的定义及其几何意义，知道函数可导与可微的联系.

8. 会运用基本初等函数的微分公式和微分运算法则求函数的微分，掌握凑微分的运算技巧.

9. 会用一阶微分形式不变性求复合函数的微分.

10. 了解微分在近似计算中的应用.

二、学习疑难解答

1. 函数的导数是什么?

答:函数的导数刻画的是函数的因变量相对自变量变化的快慢程度，这种变化的快慢程度也就是通常所说的变化率问题. 例如说，在给气球充气的过程中，气球的体积越来越大，在这样一个变化过程中，气球的体积 V、表面积 S、半径 R 都是随着时间 t 的变化而增大，那么它们相对于时间 t 的变化的快慢程度(也就是变化速度或称为它们相对于时间 t 的变化率)就可以用导数 $\frac{\mathrm{d}V}{\mathrm{d}t}$, $\frac{\mathrm{d}S}{\mathrm{d}t}$, $\frac{\mathrm{d}R}{\mathrm{d}t}$ 来表示.

2. 函数的微分是什么?

答:对一般函数 $y=f(x)$ 来说，计算函数 $y=f(x)$ 的增量 $\Delta y=f(x+\Delta x)-f(x)$ 的精确值并不是一件容易的事，有时是比较繁琐困难的，甚至是不太可能的，函数的微分很好地解决了这一难题，它能表示 Δy 的有效近似值，这就是

$$\Delta y\approx \mathrm{d}y \quad (|\Delta x|\text{越小，近似等式越精确}).$$

在这里要注意一个问题，这就是 $|\Delta x|$ 越小，Δy 的计算难度就越大，而这时用 $\mathrm{d}y$ 来近似替代 Δy 的精确程度反而越高，这就是微分的真实含义.

3. 求函数的导数要记很多公式吗?

答:不需要. 只需熟记 14 个基本初等函数的导数公式和导数的四则运算法则，外加复合函数求导法则的 13 种计算模型就差不多了. 事实上，复合函数求导法则的每一种计算模型本身就涵盖了基本初等函数的导数公式在内.

4. 在利用导数定义的极限表达式求函数在某一点的导数时，哪个表达式更好用?

答:导数定义中的极限表达式有两种表示方法.

(1) $f'(x_0)=\lim\limits_{\Delta x\to 0}\frac{f(x_0+\Delta x)-f(x_0)}{\Delta x}$;

(2) $f'(x_0)=\lim\limits_{x\to x_0}\frac{f(x)-f(x_0)}{x-x_0}$.

求函数在某一点的导数时，一般用第(2)个表达式讨论更方便，尤其是分段函数在分段点的导数求解，都是用第(2)个表达式来讨论的，即

$$f'(x_0)=\lim_{x\to x_0}\frac{f(x)-f(x_0)}{x-x_0}.$$

5. 凑微分的学习很重要吗?

答:是的. 因为凑微分的技巧在后面的积分计算中，是一种常用的重要方法，在换元积分法中，凑微分是换元的一种重要手段. 事实上，每一个基本初等函数的微分公式，反过来用就是一个凑微分的公式.

复习题二

复习题二答案

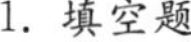

1. 填空题

(1) 过曲线 $y=\frac{3+x}{3-x}$ 上点(2,5)处的法线方程为__________.

(2) 曲线 $y=3x^2+1$ 在点__________处的切线斜率等于 3.

(3) 若函数 $y=\sin x$，则 $\frac{\mathrm{d}y}{\mathrm{d}x}=$__________, $\frac{\mathrm{d}y}{\mathrm{d}x^2}=$__________, $\frac{\mathrm{d}y}{\mathrm{d}x^3}=$__________.

(4) 一物体按规律 $s(t)=t^3-t$ 作直线运动，当 $t=$__________时，速度为 11.

(5) 设 $f(x)=\mathrm{e}^{\frac{1}{2}x}$，则 $f^{(n)}(0)=$__________.

(6) $\sqrt[3]{1.009}\approx=$__________; $\sin\dfrac{\pi}{2010}\approx$__________.

2. 单项选择题

(1) 若 $f(x)$在点 $x=x_0$ 处可导,则 $f'(x_0)=$(　　).

A. $\lim\limits_{x\to x_0}\dfrac{f(x)}{x_0}$　　B. $\lim\limits_{h\to 0}\dfrac{f(x_0)-f(x_0-h)}{h}$

C. $\lim\limits_{h\to 0}\dfrac{f(x_0-h)-f(x_0)}{h}$　　D. $\mathrm{lin}_{h\to 0}\dfrac{f(x_0+h)-f(x_0-h)}{h}$

(2) $f(x)$在点 $x=x_0$ 处可导是 $f(x)$在点 $x=x_0$ 处可微的(　　).

A. 必要条件　　B. 充分条件　　C. 充要条件　　D. 无关条件

(3) $y=\ln(1+x)$,则 $y^{(6)}=$(　　).

A. $\dfrac{5!}{(1+x)^6}$　　B. $\dfrac{6!}{(1+x)^6}$　　C. $-\dfrac{6!}{(1+x)^6}$　　D. $-\dfrac{5!}{(1+x)^6}$

(4) 设 $y=\dfrac{\mathrm{e}^{2x}}{x}$,则 $\mathrm{d}y=$(　　).

A. $\dfrac{x\mathrm{e}^{2x}-\mathrm{e}^{2x}}{x^2}\mathrm{d}x$　　B. $\dfrac{\mathrm{d}\mathrm{e}^{2x}x-\mathrm{e}^{2x}\mathrm{d}x}{x^2}$

C. $\dfrac{2x\mathrm{e}^{2x}-\mathrm{e}^{2x}}{x^2}$　　D. $\dfrac{x\mathrm{d}\mathrm{e}^{2x}-\mathrm{e}^{2x}\mathrm{d}x}{x^2}$

(5) $\dfrac{\mathrm{e}^x}{1+\mathrm{e}^x}\mathrm{d}x=\mathrm{d}(\quad)$ (C 为任意常数).

A. $\ln(1+\mathrm{e}^x)+C$　　B. $\dfrac{1}{1+\mathrm{e}^x}+C$

C. $\ln\dfrac{1}{1+\mathrm{e}^x}+C$　　D. $(1+\mathrm{e}^x)+C$

3. 曲线 $y=x^3+x-2$ 上哪一点的切线与直线 $y=4x+3$ 平行?

4. 求曲线 $x\mathrm{e}^y+y=1$ 在点$(1,0)$处的切线方程与法线方程.

5. 计算下列各题的导数与微分;

(1) 设 $f(x)=(\cos x)^2+\ln(1+2x)$,求 $f'(0)$.

(2) 设 $y=x^{3x}$,求 y'.

(3) 设 $y=\mathrm{e}^{1-3x}\sin 2x$,求 $\mathrm{d}y$.

(4) 求由方程 $y=\cos(xy)-x$ 所确定的隐函数 $y=y(x)$的微分 $\mathrm{d}y$.

6. 设用 t 表示时间,T 表示某物体的温度,V 表示该物体的体积,若温度 T 随时间变化的规律为 $T=5t-1$,体积 V 随温度 T 变化的规律为 $V=10+\sqrt{T+1}$,试求当 $t=5$ 时,物体的体积增加的变化率.

【人文数学】

数学家牛顿简介

牛顿(Newton,1643—1727),17 世纪英国最伟大的科学家,是近代科学的象征.牛顿在数学上的成果要有以下四个方面:发现二项式定理;创建微积分;引进极坐标,发展三次曲线理论;推进方程论,开拓变分法.

牛顿于 1642 年的圣诞节出生于英格兰林肯州活尔斯索浦.父亲在他出生前 3 个月就去世了,母亲改嫁后他只得由外祖母和舅舅抚养.幼年的牛顿,学习平平,但却非常喜欢手工制作.同时他还对绘画有着非凡的才华.

牛顿 12 岁开始上中学,这时他的爱好由手工制作发展到爱搞机械小制作.他从小制作中体会到学好功课,特别是学好数学,对动手搞好制作大有益处.于是牛顿在学习加倍努力,成绩大有长进.

牛顿 15 岁时，由于家庭原因，被迫辍学务农. 非常渴求知识的牛顿，仍然抓紧一切时间学习、苦读. 牛顿这种勤奋好学的精神感动了牛顿的舅舅. 终于在舅舅的资助之下又回到学校复读.

1661 年，19 岁的牛顿，考入了著名的剑桥大学. 在学习期间，牛顿的第一任教授伊萨克·巴鲁独具慧眼，发现了牛顿具有深邃的观察力、敏锐的理解力，于是将自己掌握的数学知识传授给了牛顿，并把他引向近代自然科学的研究. 1664 年经考试牛顿选为巴鲁的助手. 1665 年，牛顿大学毕业，获得学士学位. 正准备留校继续深造的时候，严重的鼠疫席卷英国，剑桥大学被迫关闭了. 牛顿两次回到故乡避灾，而这恰恰是牛顿一生中最重要的转折点. 牛顿在家乡安静的环境里，专心致志地思考数学、物理学和天文学问题，思想火山积聚多年的活力，终于爆发了，智慧的洪流，滚滚奔腾. 短短的 18 个月，他就孕育成形了：流数术（微积分）、万有引力定律和光学分析的基本思想. 牛顿于 1684 年通过计算彻底解决了 1666 年发现的万有引力. 1687 年，他 45 岁时完成了人类科学史上少有科学巨著《自然哲学的数学原理》，继承了开普勒、伽里略，用数学方法建立起完整的经典力学体系，轰动了全世界.

牛顿的数学贡献，最突出的有三项，即作为特殊形式的微积分的"流数术"，二项式定理及"广义的算术"（代数学）.

牛顿为了解决运动问题，创立了一种和物理概念直接联系的数学理论，即牛顿称之为"流数术"的理论，这实际上就是微积分理论. 牛顿在 1665 年 5 月 20 日的一份手稿中提到"流数术"，因此牛顿始创微积分的时间来说比现代微积分的创始人德国的数学家莱布尼茨大约早 10 年，但从正式公开发表的时间说牛顿却比莱布尼茨要晚. 事实上，他们二人是各自独立地建立了微积分. 只不过牛顿的"流数术"还存在着一些缺陷.

牛顿开始对二项式的研究是在从剑桥大学回故乡避鼠疫的前夕. 他在前人瓦里士的基础上进一步明确了负指数的含义. 牛顿研究得出的二项式级数展开式是研究级数论、函数论、数学分析、方程理论的有力工具.《广义算术》则总结了符号代数学的成果，推动了初等数学的进一步发展. 这本书关于方程论也有些突出的见解. 其中比较著名的是"牛顿幂和公式".

牛顿的数学贡献还远不止这些，他在解析几何中的成就也是令人瞩目的. 他的"一般曲线直径"理论，引起了解析几何界的广泛重视.

牛顿在其他科学领域的研究，毫不逊色于在数学上的贡献. 牛顿曾经说过：我不过就像是一个在海滨玩耍的小孩，为不时发现比寻常更为光滑的一块卵石或比寻常更为美丽的一片贝壳而沾沾自喜，而对于展现在我面前的浩瀚的真理的海洋，却全然没有发现. 从这里可以看出一代伟人的谦虚美德. 这些美德和他的成就，都值得后人去继承、去学习.

第 3 章

导数的应用

章序 前面学习了导数的概念,本章来讨论导数的各种应用.应该说,导数的应用是非常广泛的,本章将利用函数的一、二阶导数来进一步研究函数曲线的各种性态,以及函数的未定式极限的求法,并介绍导数在一些实际问题中求解最大值与最小值的应用.

3.1 利用导数求解函数的未定式极限

在求解函数的“$\frac{0}{0}$”型未定式极限时,在前面介绍了初等变换,两个重要极限的应用以及等价无穷小的替换原理等方法.本节再介绍一种利用导数求解函数未定式极限的方法——洛必达法则.

3.1.1 洛必达(L′Hospital)法则

视频 44

定理 3.1 (洛必达法则)设函数 $f(x)$,$g(x)$满足

(1) 极限 $\lim\limits_{\substack{x\to x_0\\(\text{或}x\to\infty)}}\frac{f(x)}{g(x)}$是“$\frac{0}{0}$”型或“$\frac{\infty}{\infty}$”型未定式;

(2) $f'(x)$与 $g'(x)$均存在,且 $g'(x)\neq 0$;

(3) 极限 $\lim\limits_{\substack{x\to x_0\\(\text{或}x\to\infty)}}\frac{f'(x)}{g'(x)}$存在或为无穷大.

则有

$$\lim_{\substack{x\to x_0\\(\text{或}x\to\infty)}}\frac{f(x)}{g(x)}=\lim_{\substack{x\to x_0\\(\text{或}x\to\infty)}}\frac{f'(x)}{g'(x)}.$$

证明从略.

例 3.1 求下列未定式的极限:

(1) $\lim\limits_{x\to 0}\frac{e^x-1}{3x+x^2}$; (2) $\lim\limits_{x\to\frac{\pi}{2}}\frac{1+\tan x}{2+\sec x}$.

解 (1) 这是“$\frac{0}{0}$”型的极限,运用洛必达法则,可得

$$\lim_{x\to 0}\frac{e^x-1}{3x+x^2}=\lim_{x\to 0}\frac{e^x}{3+2x}=\frac{e^0}{3+2\times 0}=\frac{1}{3}.$$

(2) 这是“$\frac{\infty}{\infty}$”型的极限，运用洛必达法则，可得

$$\lim_{x\to \frac{\pi}{2}}\frac{1+\tan x}{2+\sec x}=\lim_{x\to \frac{\pi}{2}}\frac{\sec^2 x}{\sec x\tan x}=\lim_{x\to \frac{\pi}{2}}\frac{1}{\sin x}=1.$$

通过上面的例题大家可以看到，运用洛必达法则求未定式极限很方便，不过要注意的是：

(1) 极限必须是“$\frac{0}{0}$”型或“$\frac{\infty}{\infty}$”型未定式才能运用此法则；

(2)极限 $\lim\limits_{\substack{x\to x_0\\(或 x\to\infty)}}\frac{f'(x)}{g'(x)}$ 必须存在或为无穷大，否则洛必达法则失效；

(3) 洛必达法则可以连续使用. 也就是说，如果使用一次后，极限仍满足(1)，(2)，则可以继续运用洛必达法则.

例 3.2　求极限 $\lim\limits_{x\to 0}\frac{e^x+e^{-x}-2}{1-\cos x}$.

解　这是“$\frac{0}{0}$”型的极限，运用洛必达法则，可得

$$\lim_{x\to 0}\frac{e^x+e^{-x}-2}{1-\cos x}=\lim_{x\to 0}\frac{e^x-e^{-x}}{\sin x}=\lim_{x\to 0}\frac{e^x+e^{-x}}{\cos x}=\frac{1+1}{1}=2.$$

注意　这里连续两次使用了洛必达法则.

例 3.3　求极限 $\lim\limits_{x\to 0}\frac{x^2\sin\frac{1}{x}}{\sin x}$.

解　当 $x\to 0$ 时，$x^2\to 0$，$\sin\frac{1}{x}$ 为有界函数，所以，$\lim\limits_{x\to 0}x^2\sin\frac{1}{x}=0$，故本例所求极限是“$\frac{0}{0}$”型未定式，运用洛必达法则，可得

$$\lim_{x\to 0}\frac{x^2\sin\frac{1}{x}}{\sin x}=\lim_{x\to 0}\frac{2x\sin\frac{1}{x}-\cos\frac{1}{x}}{\cos x}.$$

因为 $\lim\limits_{x\to 0}\cos\frac{1}{x}$ 不存在，所以等式右边的极限不存在也不为无穷大. 因此本例中运用洛必达法则失效，即不能运用洛必达法则求该极限.

事实上，

$$\begin{aligned}\lim_{x\to 0}\frac{x^2\sin\frac{1}{x}}{\sin x}&=\lim_{x\to 0}\frac{x}{\sin x}x\sin\frac{1}{x}\\&=\lim_{x\to 0}\frac{x}{\sin x}\lim_{x\to 0}x\sin\frac{1}{x}\\&=1\times 0=0.\end{aligned}$$

从上面的例题可以看出，洛必达法则虽然好，但也不是万能的，有时它也会失效. 所以，前

面介绍过的求解未定式极限的其他方法同样也很重要.

洛必达法则是运用导数的比值来求未定式的极限,而导数的计算有时是比较繁琐的,所以,在运用洛必达法则之前如能简化函数,则无疑会对后续的导数运算带来方便.例如在碰到“$\frac{0}{0}$”型的极限时,可适当地运用等价无穷小的替换原理简化计算.

例 3.4 求极限$\lim\limits_{x\to 0}\frac{\tan x-x}{x^2\sin 2x}$.

解 $\lim\limits_{x\to 0}\frac{\tan x-x}{x^2\sin 2x}=\lim\limits_{x\to 0}\frac{\tan x-x}{2x^3}$　　运用等价无穷小替换原理($x^2\sin 2x\sim 2x^3$)

$=\lim\limits_{x\to 0}\frac{\sec^2 x-1}{6x^2}$　　运用洛必达法则对分子、分母各自求导数

$=\lim\limits_{x\to 0}\frac{\tan^2 x}{6x^2}$　　运用三角函数的初等变化($\sec^2 x-1=\tan^2 x$)

$=\frac{1}{6}\lim\limits_{x\to 0}\left(\frac{\tan x}{x}\right)^2=\frac{1}{6}$　　运用第一个重要极限的推广($\lim\limits_{x\to 0}\frac{\tan x}{x}=1$)

从本例可以看出,如果能把各种方法综合在一起运用,发挥各自的长处,便能更简便地计算函数的未定式极限.

3.1.2 其他类型的未定式极限

视频 45

除了上述的“$\frac{0}{0}$”型和“$\frac{\infty}{\infty}$”型未定式外,还有其他类型的未定式极限,如“$0\cdot\infty$”“$\infty-\infty$”“1^∞”“0^0”“∞^0”型等.在求这些类型的未定式极限时,通常先将其转化成“$\frac{0}{0}$”型或“$\frac{\infty}{\infty}$”型未定式,然后再借助洛必达法则或其他方法来计算.下面举例说明.

例 3.5 求极限$\lim\limits_{x\to 0}\left(\frac{1}{x}-\frac{1}{e^x-1}\right)$.

解 当 $x\to 0$ 时,这是“$\infty-\infty$”型未定式,经过通分后得

$$\lim_{x\to 0}\left(\frac{1}{x}-\frac{1}{e^x-1}\right)=\lim_{x\to 0}\frac{e^x-1-x}{x(e^x-1)},$$

等式右端在 $x\to 0$ 时为“$\frac{0}{0}$”型未定式,运用洛必达法则,可得

$$\lim_{x\to 0}\frac{e^x-1-x}{x(e^x-1)}=\lim_{x\to 0}\frac{e^x-1}{e^x-1+xe^x}=\lim_{x\to 0}\frac{e^x}{2e^x+xe^x}=\frac{1}{2},$$

所以

$$\lim_{x\to 0}\left(\frac{1}{x}-\frac{1}{e^x-1}\right)=\frac{1}{2}.$$

例 3.6 求极限 $\lim\limits_{x\to 0^+}x\ln x$.

解 当 $x\to 0^+$ 时,这是“$0\cdot\infty$”型未定式,经过简单变换后得

$$\lim_{x\to 0^+}x\ln x=\lim_{x\to 0^+}\frac{\ln x}{\frac{1}{x}},$$

等式右端在 $x\to0^+$ 时为"$\frac{\infty}{\infty}$"型未定式，运用洛必达法则可得

$$\lim_{x\to0^+}\frac{\ln x}{\frac{1}{x}}=\lim_{x\to0^+}\frac{\frac{1}{x}}{-\frac{1}{x^2}}=-\lim_{x\to0^+}x=0,$$

所以

$$\lim_{x\to0^+}x\ln x=0.$$

注意　在转化"$0\cdot\infty$"型未定式时，要考虑到后续的求导问题，否则转化毫无意义.如本例转化成 $\lim\limits_{x\to0^+}\frac{x}{\frac{1}{\ln x}}$ $\left(\text{"}\frac{0}{0}\text{"型}\right)$，则求导后仍解决不了问题.

例 3.7　求极限 $\lim\limits_{x\to0^+}(\cot x)^{\sin x}$.

解　当 $x\to0^+$ 时，这是"∞^0"型未定式.

因为

$$(\cot x)^{\sin x}=e^{\ln(\cot x)^{\sin x}}=e^{\sin x\cdot\ln\cot x},$$

而

$$\lim_{x\to0^+}\sin x\ln\cot x=\lim_{x\to0^+}\frac{\ln\cot x}{\csc x}=\lim_{x\to0^+}\frac{\tan x\cdot(-\csc^2x)}{-\csc x\cdot\cot x}$$

$$=\lim_{x\to0^+}\frac{\sin x}{\cos^2x}=\frac{0}{1}=0,$$

所以

$$\lim_{x\to0^+}(\cot x)^{\sin x}=\lim_{x\to0^+}e^{\sin x\ln\cot x}=e^{\lim\limits_{x\to0^+}\sin x\ln\cot x}=e^0=1.$$

注意　"∞^0""1^∞""0^0"型未定式所对应的函数都是幂指函数，所以在求极限前，都要通过 $u(x)^{v(x)}=e^{v(x)\cdot\ln u(x)}$ 化幂指函数为指数函数形式的复合函数.然后把所讨论的极限 $\lim u(x)^{v(x)}$ 转化成讨论极限 $\lim v(x)\ln u(x)$，而后者往往是一个"$0\cdot\infty$"型的未定式极限.

习题 3-1

习题 3-1 答案

1. 计算下列各极限：

(1) $\lim\limits_{x\to0}\frac{e^x-e^{-x}}{x}$；　　(2) $\lim\limits_{x\to+\infty}\frac{\ln(1+e^x)}{e^x}$；

(3) $\lim\limits_{x\to1}\frac{\ln x}{x^2-1}$；　　(4) $\lim\limits_{x\to a}\frac{\sin x-\sin a}{x-a}$；

(5) $\lim\limits_{x\to\frac{\pi}{2}}\frac{\tan x}{\tan3x}$；　　(6) $\lim\limits_{x\to+\infty}\frac{x^n}{e^{2x}}$（$n$ 为正整数）.

2. 计算下列各极限：

(1) $\lim\limits_{x\to1}\left(\frac{2}{x^2-1}-\frac{1}{x-1}\right)$；　　(2) $\lim\limits_{x\to1}\left(\frac{x}{x-1}-\frac{1}{\ln x}\right)$；

(3) $\lim\limits_{x\to\infty} x(e^{\frac{1}{x}}-1)$；　　　　(4) $\lim\limits_{x\to 0^+} x^2\ln x$；

(5) $\lim\limits_{x\to 1} x^{\frac{1}{1-x}}$；　　　　(6) $\lim\limits_{x\to 0^+} x^{\sin x}$.

3. 能否用洛必达法则计算极限$\lim\limits_{x\to\infty}\dfrac{x}{x+\sin x}$，为什么？若不能，请用其他方法计算此极限.

3.2　函数的单调性与极值

单调性是函数的四大特性之一，是研究函数图形时首先要考虑的问题.在中学，只是用初等数学的方法讨论一个函数在某个指定区间上的单调性，这与我们研究一般函数的单调性相差甚远.事实上，我们现在要研究的是：任意给定一个初等函数，不论它在定义域内是否单调，我们都要在定义域内找出它的部分单调区间.也就是说，通过我们的研究，可以知道该函数在定义域内的哪个部分区间上增、哪个部分区间上减.只有这样的研究才有实际价值，才能更全面地了解一个函数的单调性.本节我们将利用函数的导数来研究函数的单调性，同时给出函数极值的概念.

3.2.1　如何判断函数的单调性并划分函数的单调区间

1. 判别函数的单调性

我们先来观察右边的图形.从图 3-1 和图 3-2 中大家不难看出：当函数图形单调上升时(图 3-1)，曲线上每一点的切线的倾斜角都是锐角，也就是说曲线上每一点切线的斜率都是正数，这就意味着函数在每一点的导数 $f'(x)>0$；同理，当函数图形单调下降时(图 3-2)，曲线上每一点的切线的倾斜角都是钝角，这样，函数在每一点的导数 $f'(x)<0$.因此，可以用函数导数的符号来判别函数的单调性.下面不加证明，直接给出如下定理.

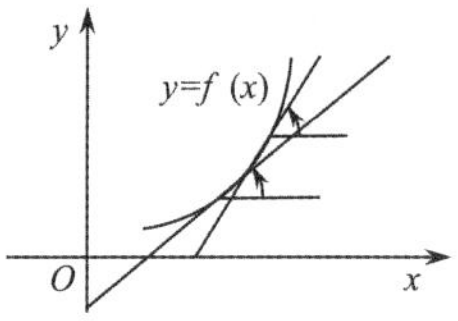

图 3-1

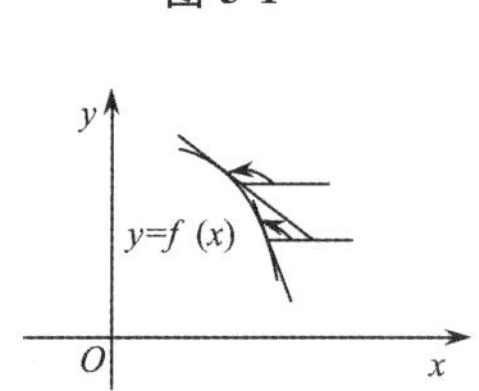

图 3-2

定理 3.2　(单调性的判别法)设函数 $y=f(x)$在区间(a,b)内可导，则有

(1) 如果在(a,b)内 $f'(x)>0$，那么，函数 $y=f(x)$在(a,b)内单调增加；

(2) 如果在(a,b)内 $f'(x)<0$，那么，函数 $y=f(x)$在(a,b)内单调减少.

证明从略.

例 3.8　讨论下列函数在$(0,+\infty)$内的单调性.

(1) $y=\dfrac{1}{x}$；　　　　(2) $y=\sqrt{x}$.

解　(1) 因为当 $x\in(0,+\infty)$时，$y'=-\dfrac{1}{x^2}<0$，所以函数 $y=\dfrac{1}{x}$在$(0,+\infty)$内单调减少[图 3-3(a)].

(2) 因为当 $x\in(0,+\infty)$ 时，$y'=\dfrac{1}{2\sqrt{x}}>0$，所以函数 $y=\sqrt{x}$ 在 $(0,+\infty)$ 内单调增加[图 3-3(b)].

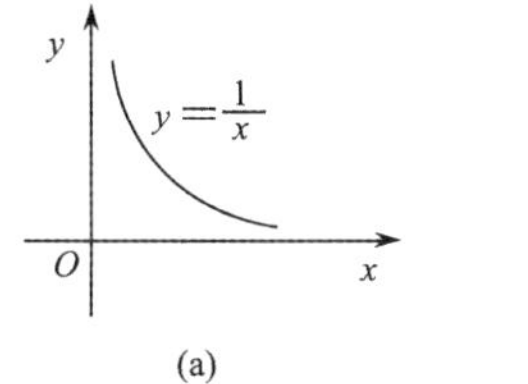

(a)

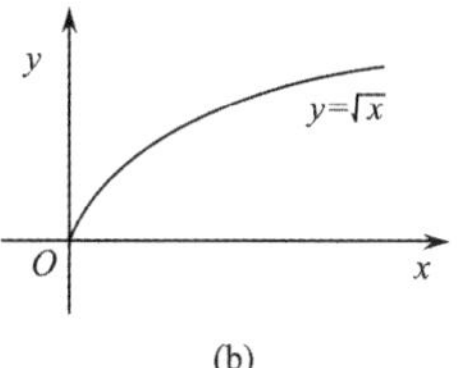

(b)

图 3-3

2. 单调区间的分界点

有很多的函数在其定义域内往往并不是单调的，也就是说它们的图形在定义域内往往是既有增也有减. 因此，要想在定义域中划分出它们的部分单调区间，就需要寻找单调区间的分界点. 为此，我们来看下面的图形.

从图 3-4 中可以看出，单调区间的分界点可以是以下两种情况的点：第一种是具有水平切线的点(图 3-4(a))，即切线的斜率为零的点，这种点的一阶导数等于零；第二种点就是尖点(图 3-4(b))，这种点由于不存在切线或有铅直切线，所以一阶导数也就不存在. 对于第一种点，我们给出如下定义.

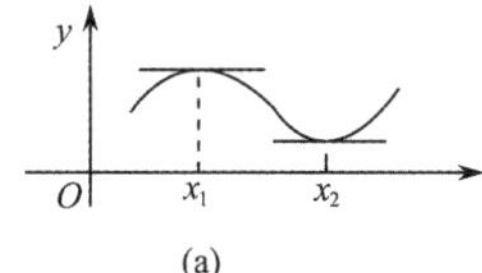

(a)

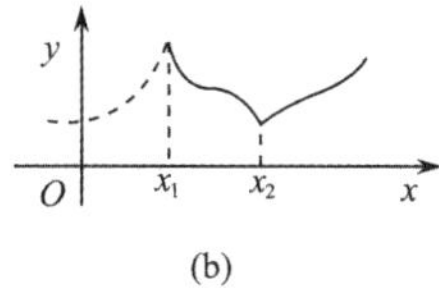

(b)

图 3-4

定义 3.1　使 $f'(x)=0$ 的点称为函数 $y=f(x)$ 的驻点.

所以，函数单调区间的分界点可能是驻点或一阶导数不存在的连续点. 注意，只是可能而并不是绝对，即反之并不成立，也就是说，驻点和一阶导数不存在的连续点也可能不是单调区间的分界点.

那么如何去求出这两种点呢？一般情况下，驻点可以通过解方程 $f'(x)=0$ 得到；而一阶导数不存在的连续点则可以通过讨论一阶导函数 $f'(x)$ 的定义域得出.

3. 划分函数的单调区间

讨论一般函数的单调性，就是要划分出函数的各个单调区间，划分的一般步骤如下：

第一步，确定函数 $f(x)$ 的定义域，并求出一阶导数 $f'(x)$；

第二步，通过解方程 $f'(x)=0$ 和讨论一阶导函数 $f'(x)$ 的定义域，得出函数 $f(x)$ 的全部驻点及一阶导数不存在的连续点，并以这些点为分界点，从小到大，自左向右把整个定义域分成若干个子区间；

第三步，列表讨论 $f'(x)$ 在各个子区间内的符号，从而确定 $f(x)$ 的单调性.

注意　由于第二步已找出函数 $f(x)$ 的全部驻点及一阶导数不存在的连续点，所以用反证法很容易证明在每个子区间内 $f'(x)$ 的符号都是一致的. 因此，在第三步中只要在每个子区间内找一个特殊值代入 $f'(x)$ 中就能确定 $f'(x)$ 在该子区间内的符号，从而确定函数的单调性.

例 3.9 讨论函数 $f(x)=x^3-3x+1$ 的单调性.

解 函数 $f(x)$ 的定义域为 $(-\infty,+\infty)$，且

$$f'(x)=3x^2-3=3(x-1)(x+1).$$

令 $f'(x)=0$，得驻点 $x_1=1, x_2=-1$. 由导函数的定义域可知，函数没有不可导的点.

列表讨论如下(表 3-1)：

表 3-1

x	$(-\infty,-1)$	$(-1,1)$	$(1,+\infty)$
$f'(x)$	+	−	+
$f(x)$	↗	↘	↗

其中，符号"↗"和"↘"分别表示函数 $f(x)$ 在相应的区间上单调增加和单调减少.

由表 3-1 可知，函数 $f(x)$ 的单调增加区间为 $(-\infty,-1)$ 和 $(1,+\infty)$，而单调减少区间为 $(-1,1)$.

例 3.10 讨论函数 $f(x)=x^{\frac{2}{3}}$ 的单调性.

解 函数 $f(x)$ 的定义域为 $(-\infty,+\infty)$，且

$$f'(x)=\frac{2}{3}x^{-\frac{1}{2}}=\frac{2}{3\sqrt[3]{x}}.$$

从导数中可以看到，该函数没有驻点，但在点 $x=0$ 处导数不存在.

列表讨论如下(表 3-2)：

表 3-2

x	$(-\infty,0)$	$(0,+\infty)$
$f'(x)$	−	+
$f(x)$	↘	↗

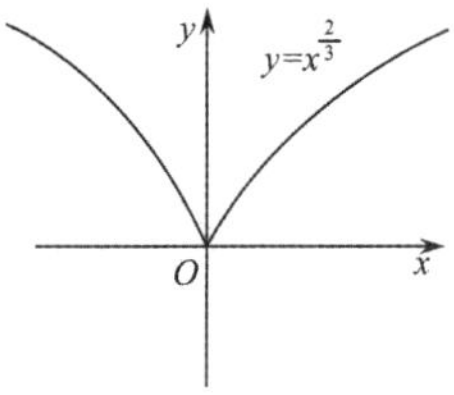

图 3-5

由表 3-2 可知，

函数 $f(x)$ 的单调增加区间为 $(0,+\infty)$，单调减少区间为 $(-\infty,0)$，如图3-5所示.

3.2.2 函数的极值及其求法

定义 3.2 设函数 $f(x)$ 在点 $x=x_0$ 的某邻域内有定义，如果对该邻域内任何点 $x(x\neq x_0)$ 恒有 $f(x)<f(x_0)$(或 $f(x)>f(x_0)$)，则称 $f(x_0)$ 为函数 $f(x)$ 的极大值(或极小值)，而点 $x=x_0$ 称为函数 $f(x)$ 的极大值点(或极小值点).

函数的极大值与极小值统称为函数的极值，而极大值点和极小值点统称为函数的极值点.

视频 46

由极值的定义可以看出，函数极值的概念只是一个局部性的概念，它只是就极值点的函数值，与其某个邻域内的所有点的函数值相比较而言最大(或最小)，因此，函数 $f(x)$ 的极大(小)值就整个定义域来讲，未必是函数 $f(x)$ 的最大(小)值.

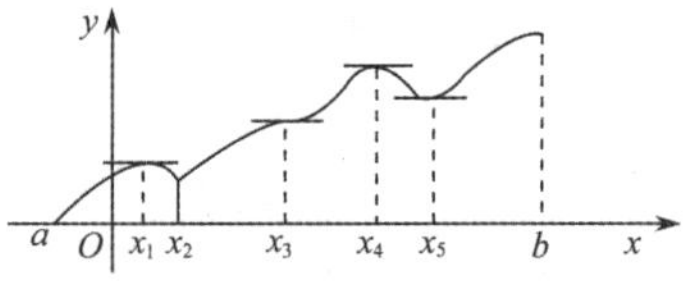

如图 3-6 中，函数 $f(x)$ 有两个极大值：$f(x_1)$，$f(x_4)$，两个极小值：$f(x_2)$，$f(x_5)$，其中极大值 $f(x_1)$ 比极小值 $f(x_5)$ 还小，就整个区间 $[a,b]$ 而言，这些极大(小)值都不是函数 $f(x)$ 的最大(小)值.

图 3-6

下面讨论函数取得极值的必要条件和充分条件.

定理 3.3　(必要条件)若函数 $f(x)$ 在点 $x=x_0$ 处可导,且 $f(x)$ 在点 $x=x_0$ 处取得极值,则必有 $f'(x_0)=0$.

注意　这个定理只是说明在可导的情况下,极值点必定是驻点,而驻点却未必是极值点.

另外,从图 3-6 中还可以看出,极值点其实就是单调区间的分界点.所以,一旦划分出函数的单调区间,也就等于求出了所有的极值点.为此,可以得出如下函数取极值的充分条件.

定理 3.4　(第一充分条件)若点 $x=x_0$ 是驻点(或一阶导数不存在的连续点),且函数 $f(x)$ 在点 $x=x_0$ 处的去心邻域内处处可导.

(1) 如果当 $x<x_0$ 时,$f'(x)>0$;当 $x>x_0$ 时,$f'(x)<0$,那么,函数 $f(x)$ 在点 $x=x_0$ 处取得极大值 $f(x_0)$;

(2) 如果当 $x<x_0$ 时,$f'(x)<0$;当 $x>x_0$ 时,$f'(x)>0$,那么,函数 $f(x)$ 在点 $x=x_0$ 处取得极小值 $f(x_0)$;

(3) 如果当 x 取 x_0 左、右两侧近旁的值时,$f'(x)$ 不变号,那么,$f(x_0)$ 就不是函数 $f(x)$ 的极值.

函数极值的第一充分条件(定理 3.4)就是根据函数的单调性来判断函数的极值.当 x 经过 x_0 点时,若函数由增到减,则 $x=x_0$ 是极大值点且 $f(x_0)$ 是极大值;若函数由减到增,则 $x=x_0$ 是极小值点且 $f(x_0)$ 是极小值;若单调性不变,则 $x=x_0$ 就不是极值点.所以,求函数 $f(x)$ 的极值的一般步骤如下:

第一步,确定函数 $f(x)$ 的定义域,求出导数 $f'(x)$;

第二步,找出函数 $f(x)$ 的全部驻点及一阶导数不存在的连续点;

第三步,考察每个驻点及不可导点的左、右邻域内 $f'(x)$ 的符号,以确定是否为极值点;

第四步,判定各极值点的函数值是极大值还是极小值,并求出极大值或极小值.

为方便起见,第三步与第四步可列表讨论.

例 3.11　求函数 $f(x)=x^4-4x^3-8x^2+1$ 的单调区间和极值.

解　函数 $f(x)$ 的定义域为 $(-\infty,+\infty)$,且

$$f'(x)=4x^3-12x^2-16x=4x(x+1)(x-4).$$

令 $f'(x)=0$,得驻点 $x_1=-1,x_2=0,x_3=4$,注意函数没有不可导的点.

列表讨论如下(表 3-3):

表 3-3

x	$(-\infty,-1)$	-1	$(-1,0)$	0	$(0,4)$	4	$(4,+\infty)$
$f'(x)$	$-$	0	$+$	0	$-$	0	$+$
$f(x)$	↘	-2 极小值	↗	1 极大值	↘	-127 极小值	↗

由表 3-3 可知,函数 $f(x)$ 在 $(-1,0),(4,+\infty)$ 内单调增加;在 $(-\infty,-1),(0,4)$ 内单调减少.在点 $x_1=-1,x_3=4$ 处有极小值 $f(-1)=-2,f(4)=-127$;在点 $x_2=0$ 处有极大值 $f(0)=1$.

例 3.12　求函数 $f(x)=x-\frac{3}{2}x^{\frac{2}{3}}$ 的单调区间和极值.

解　函数 $f(x)$ 的定义域为 $(-\infty,+\infty)$,且

$$f'(x)=1-x^{-\frac{1}{3}}=\frac{\sqrt[3]{x}-1}{\sqrt[3]{x}}.$$

令 $f'(x)=0$,得驻点 $x_1=1$,当 $x_2=0$ 时,$f'(x)$不存在.

列表讨论如下(表 3-4):

表 3-4

x	$(-\infty,0)$	0	$(0,1)$	1	$(1,+\infty)$
$f'(x)$	$+$	不存在	$-$	0	$+$
$f(x)$	↗	0 极大值	↘	$-\frac{1}{2}$ 极小值	↗

由表 3-4 可知,函数 $f(x)$在$(-\infty,0)$,$(1,+\infty)$内单调增加;在$(0,1)$内单调减少.在点 $x_2=0$ 处有极大值 $f(0)=0$;在 $x_1=1$ 处有极小值 $f(1)=-\frac{1}{2}$.

函数极值的第一充分条件既适用于在点 $x=x_0$ 处可导,也适用于在点 $x=x_0$ 处不可导的函数.若函数 $f(x)$的驻点 $x=x_0$ 的二阶导数存在且不为零,则可以利用下面给出的第二充分条件来判定函数的极值.

定理 3.5 (第二充分条件)设函数 $f(x)$在点 $x=x_0$ 处具有二阶导数且 $f'(x_0)=0$,$f''(x_0)\neq 0$,则有

视频 47

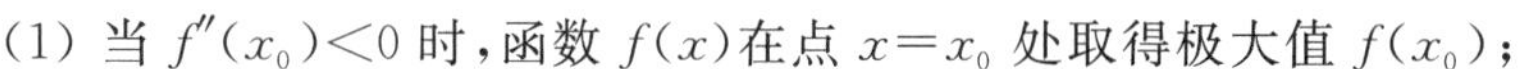

(1) 当 $f''(x_0)<0$ 时,函数 $f(x)$在点 $x=x_0$ 处取得极大值 $f(x_0)$;

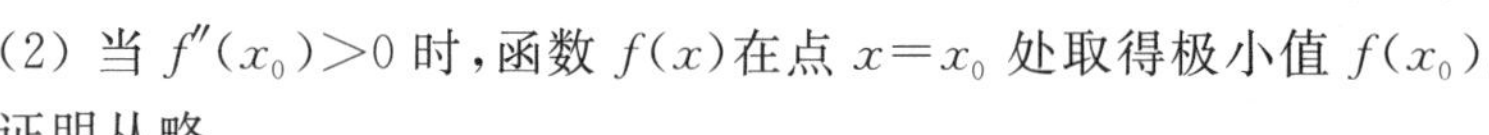

(2) 当 $f''(x_0)>0$ 时,函数 $f(x)$在点 $x=x_0$ 处取得极小值 $f(x_0)$.

证明从略.

例 3.13 求函数 $f(x)=x^3-3x+2$ 的极值.

解 函数 $f(x)$的定义域为$(-\infty,+\infty)$,且

$$f'(x)=3x^2-3=3(x-1)(x+1).$$

令 $f'(x)=0$,得驻点 $x_1=-1$,$x_2=1$.

因为 $f''(x)=6x$,且 $f''(-1)=-6<0$,$f''(1)=6>0$,

所以,当 $x_1=-1$ 时有极大值 $f(-1)=4$,当 $x_2=1$ 时,有极小值 $f(1)=0$.

注意　在判定驻点 $x=x_0$ 是否为极值点时,若 $f''(x_0)=0$,则第二充分条件失效,此时仍需用第一充分条件.

习题 3-2

习题 3-2 答案

1. 判断下列函数的单调性:

(1) $f(x)=x^3+2x$;　　(2) $f(x)=x+\cos x$;

(3) $f(x)=\arctan x-x$;　　(4) $f(x)=x-\ln(1+x^2)$.

2. 求下列函数的单调区间和极值:

(1) $f(x)=x-\ln(1+x)$;　　(2) $f(x)=x^4-2x^2+2$;

(3) $f(x)=3-2(x+1)^{\frac{1}{3}}$;　　(4) $f(x)=2x^3-6x^2-18x-7$;

(5) $f(x)=2x^2-\ln x$;　　(6) $f(x)=\frac{4}{x^2-4x+3}$.

3. 求下列函数的极值:

(1) $f(x)=e^x-x-1$;　　(2) $f(x)=x^2\ln x$;

(3) $f(x)=\frac{e^x+e^{-x}}{2}$；　　　　(4) $f(x)=\sqrt{2x-x^2}$.

3.3　函数的最大值与最小值

在实际生活中，我们常需要解决在一定条件下，怎样使“产量最高”“用料最省”“成本最低”及“耗时最少”等问题，这类问题反映在数学上就是求函数(通常也称为目标函数)的最大值和最小值问题，它也是数学上一类常见的优化问题.

函数的最大值与最小值统称为最值.要注意的是：最值与极值是两个不同概念，极值是局部的概念，在一个闭区间上可能会有多个数值不同的极大值或极小值；而最值就不同，最值是整体概念，是指在整个讨论区间上所有函数值中的最大值或最小值.可以说，在所讨论的区间范围内，极大值可能不止一个，但最大值却只有一个；同样，极小值也可能不止一个，但最小值只有一个.下面将利用导数来解函数的最大值与最小值.

3.3.1　闭区间上连续函数的最值求法

由闭区间上连续函数的性质可知：在闭区间 $[a,b]$ 上连续的函数 $f(x)$ 在区间 $[a,b]$ 上一定存在最大值和最小值.显然，$f(x)$ 在 $[a,b]$ 上的最值可能在 (a,b) 内取得，也可能在区间的端点处取得.如果最值点在 (a,b) 内，则必然也是极值点，即最值点可能是驻点或一阶导数不存在的点.因此，我们求闭区间 $[a,b]$ 上的连续函数最值常采用以下步骤：

视频 48

(1) 求出 $f(x)$ 在 (a,b) 内所有的驻点和一阶导数不存在的点；

(2) 求出驻点，一阶导数不存在的点以及区间端点处的函数值；

(3) 对上述函数值进行比较，其最大者即为最大值，最小者即为最小值.

例 3.14　求函数 $f(x)=2x^3+3x^2-12x+10$ 在 $[-3,4]$ 上的最大值与最小值.

解　求导数得 $f'(x)=6x^2+6x-12=6(x+2)(x-1)$.

令 $f'(x)=0$，得驻点 $x_1=-2, x_2=1$.其中没有一阶导数不存在的点.

由于 $f(-3)=19, f(-2)=30, f(1)=3, f(4)=138$，

所以通过比较可得，函数 $f(x)$ 在 $x=4$ 处有最大值 $f(4)=138$，在 $x=1$ 处有最小值 $f(1)=3$.

3.3.2　简单应用问题中的最值求法

在一些简单的实际问题中求解最大(小)值时，往往需要先建立一些简单的数学模型(即实际问题中各种变量之间的函数关系式以及相应自变量的取值范围)，然后再利用导数求解最大(小)值.不过在求解过程中，若在函数的定义区间内只求得一个驻点或不可导的连续点，且根据问题的实际意义可以断定所讨论的函数必定在定义区间内取得最大(小)值，则可以断言在该点处函数必取得最大(小)值.

视频 49

例 3.15　(容积最大化问题)用一块边长为 24cm 的正方形铁皮，在其四角各截去一块面

积相等的小正方形，做成一个无盖的铁盒(图 3-7)．问截去的小正方形边长为多少时，做出的铁盒容积最大？

解 设截去的小正方形的边长为 $x$cm，铁盒的容积为 $V\text{cm}^3$，则有

$$V=x\cdot(24-2x)^2 \quad (0<x<12).$$

于是，现在的问题可归结为：求 x 为何值时，函数 $y(x)$ 在区间 $(0,12)$ 内取得最大值．

$$\begin{aligned}V'&=(24-2x)^2+x\cdot 2(24-2x)\cdot(-2)\\&=(24-2x)(24-6x)=12(12-x)(4-x).\end{aligned}$$

令 $y'=0$，解得驻点 $x_1=4$，$x_2=12$(舍去)．

因此，在区间 $(0,12)$ 内函数只有一个驻点 $x=4$，根据问题的实际意义可知函数 $V(x)$ 在 $(0,12)$ 内一定存在最大值．所以，当 $x=4$ 时，函数 V 必取得最大值，即当所截去的正方形边长为 4cm 时，铁盒的容积为最大．

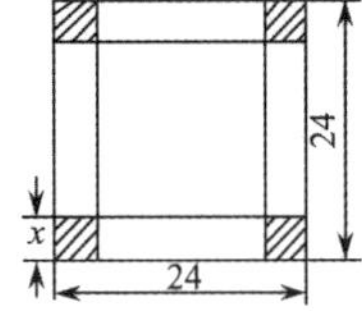

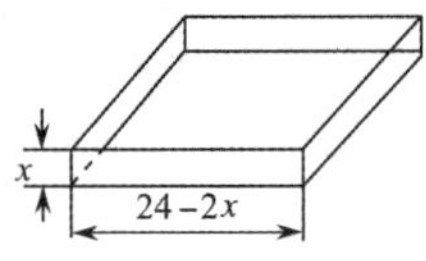

图 3-7

例 3.16 (造价问题)某企业要建造一个容积为 300m^3 的无盖圆柱形蓄水池．已知池底面的单位造价为池侧面单位造价的两倍，问蓄水池的尺寸应该怎样设计才能使总造价最低？

解 设水池的底面半径为 r，高为 h，且水池侧面的单位造价为 a，总造价为 y，则水池底面的单位造价为 $2a$，且总造价为

$$y=2\pi rha+2\pi r^2a=2a(\pi rh+\pi r^2).$$

因为 $\pi r^2h=300$，所以 $h=\dfrac{300}{\pi r^2}$，故造价 y 为 r 的函数，即

$$y=2a\left(\pi r\cdot\frac{300}{\pi r^2}+\pi r^2\right)=2a\left(\frac{300}{r}+\pi r^2\right) \quad (0<r<+\infty).$$

于是，现在的问题可归结为：求 r 为何值时，函数 $y(r)$ 在区间 $(0,+\infty)$ 内取得最小值．

$$y'=2a\left(-\frac{300}{r^2}+2\pi r\right)=2a\cdot\frac{2\pi r^2-300}{r^2}.$$

令 $y'=0$，解得唯一驻点 $r=\sqrt[3]{\dfrac{150}{\pi}}$．

所以，当 $r=\sqrt[3]{\dfrac{150}{\pi}}$ 时，$h=\dfrac{300}{\pi r^2}=2\sqrt[3]{\dfrac{150}{\pi}}=2r$．

因此，当蓄水池的高与底面的直径相等时，即 $h=2r=2\sqrt[3]{\dfrac{150}{\pi}}$ 时，总造价最低．

例 3.17 (取水问题)在一条河的同旁有甲、乙两城，甲城位于河岸边，乙城离河岸 40km，乙城到河岸的垂足与甲城相距 50km(图 3-8)．两城在此河边合建一水厂取水，因地貌差异，从水厂到甲城和乙城的水管建设费用分别为每千米 3 万元和 5 万元，问此水厂应建在河边的何处才能使水管建设总费用最省？

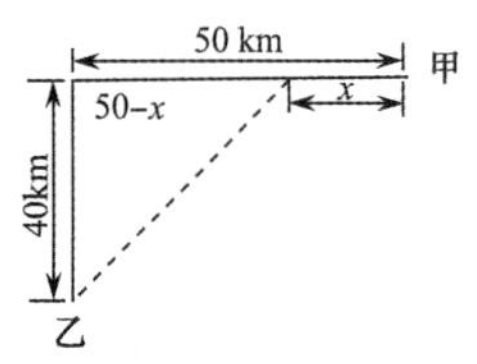

图 3-8

解　设水厂建在离甲城 $x$km 处，水管建设总费用为 y(万元)，则有

$$y=3x+5\sqrt{40^2+(50-x)^2}\quad(0\leqslant x\leqslant 50).$$

于是问题归结为：求 x 为何值时，函数 y 取得最小值，其中 $x\in[0,50]$.

$$y'=3-\frac{5(50-x)}{\sqrt{40^2+(50-x)^2}}=\frac{3\sqrt{40^2+(50-x)^2}-5(50-x)}{\sqrt{40^2+(50-x)^2}}.$$

令 $y'=0$，解得唯一驻点 $x=20$.

根据问题的实际意义可知，函数 y 在区间$[0,50]$内必定存在最小值，所以当$x=20$时，函数 y 取得最小值. 即此水厂应建在河边离甲城 20km 处，才能使水管建设总费用最省.

习题 3-3

习题 3-3 答案

1. 求下列函数在指定区间上的最大值和最小值：

(1) $y=x^3-3x^2+7,\quad x\in[-1,3]$；

(2) $y=x+\sqrt{1-x},\quad x\in[-5,1]$；

(3) $y=\dfrac{x^3}{1+x},\quad x\in\left[-\dfrac{1}{2},1\right]$；

(4) $y=x^3-3x^2-9x+2,\quad x\in[-2,6]$.

2. 设两正数之和为定值 C，求这两正数之积的最大值.

3. (面积最大化问题)有一块宽为 $2a$ 的正方形铁片，将它的两个边缘折起，做成一个开口水槽，使其横截面为一矩形，矩形的高为 x(图 3-9)，问 x 取何值时，水槽的截面积最大？

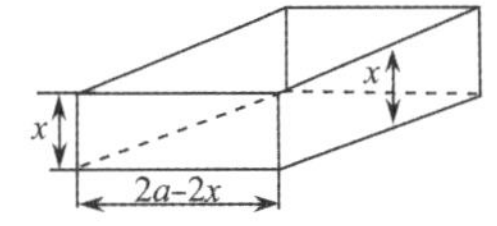

图 3-9

4. (运费问题)某厂 C 距铁路 20km，且 C 厂到铁路的垂足 A 与 B 城相距 100km，为长期运输的需要，欲在 AB 线上建一小站 D 转运 C 厂的货物，并在 D 站向工厂 C 修一条公路(图 3-10). 已知铁路每公里货运的运费与公路每公里货运的运费之比为 3∶5，为使从 B 城到 C 厂之间来往的货运费用最省，问 D 站应建在何处？

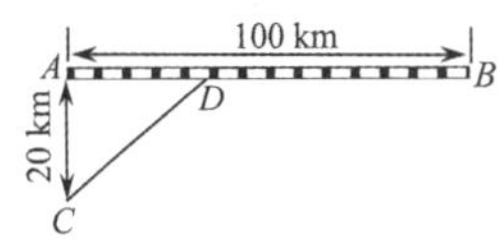

图 3-10

5. (航海问题)甲船位于乙船东面 72 海里处，并以每小时 12 海里的速度向西行驶，而乙船则是以每小时 6 海里的速度向北行驶. 问经过多少时间后，两船相距最近？

3.4　函数曲线的凹凸性与拐点

前面利用导数研究了函数的单调性与极值，这对于描绘函数的图形是很有帮助的. 但仅限于此，显然是不够的，我们还必须了解曲线的弯曲方向. 例如，考虑函数$y=x^2$和 $y=\sqrt{x}$，当 $x\geqslant 0$ 时，这两个函数都是单调增加的，而它们图形的弯曲方向却不相同：曲线 $y=x^2$ 在区间$[0,+\infty)$上是凹的上升(图 3-11(a))，而曲线 $y=\sqrt{x}$在区间$[0,+\infty)$上则是凸的上升(图3-11(b)). 因此，若要准确描绘函数的图形，还需要进一步了解函数的凹凸性等弯曲方向的特性.

视频 50

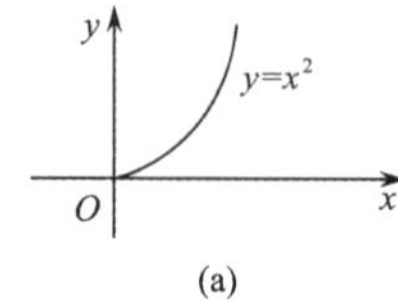

(a)

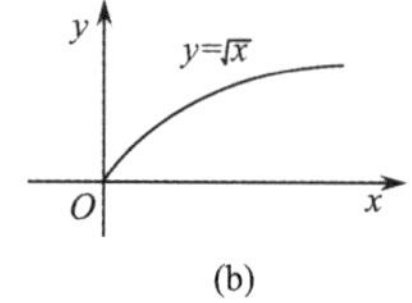

(b)

图 3-11

定义 3.3 设曲线 $y=f(x)$ 在区间 (a,b) 内处处可切，如果在每个切点附近的曲线弧总是位于切线的上方（或下方），如图 3-12 所示，则称曲线 $y=f(x)$ 在 (a,b) 上是凹（或凸）弧，同时也称区间 (a,b) 为曲线 $y=f(x)$ 的凹（或凸）区间.

动画 5

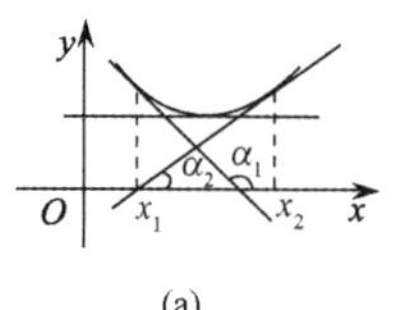

(a)

(b)

图 3-12

从图 3-12(a)可以看出，随着 x 的增加，凹弧上各点的斜率由负到正逐渐增大，即导函数 $f'(x)$ 是单调增加的；同理，从图 3-12(b)可以看出，随着 x 的增加，凸弧上各点的斜率由正到负逐渐减小，即导函数 $f'(x)$ 是单调减少的. 而对于导函数的增减性，则可由导函数 $f'(x)$ 的导数，即 $f''(x)$ 的符号来判定. 因此，我们可以得出如下曲线凹凸性的判别法.

定理 3.6 设函数 $f(x)$ 在区间 (a,b) 上具有二阶导数.

(1) 如果在 (a,b) 上 $f''(x)>0$，则曲线 $y=f(x)$ 在 (a,b) 上为凹弧；

(2) 如果在 (a,b) 上. $f''(x)<0$，则曲线 $y=f(x)$ 在 (a,b) 上为凸弧.

例 3.18 判断曲线 $y=x^2+2x-1$ 的凹凸性.

解 $y'=2x+2$，$y''=2$.

显然，在 $(-\infty,+\infty)$ 上恒有 $y''>0$，故曲线 $y=x^2+2x-1$ 在 $(-\infty,+\infty)$ 上是凹的.

例 3.19 判断曲线 $y=x^3$ 的凹凸性.

解 $y'=3x^2$，$y''=6x$.

显然，当 $x<0$ 时，$y''<0$；当 $x>0$ 时，$y''>0$. 所以在 $(-\infty,0)$ 上，曲线 $y=x^3$ 为凸弧，在 $(0,+\infty)$ 上，曲线为凹弧，而原点 $(0,0)$ 则为曲线 $y=x^3$ 由凸弧变为凹弧的分界点.

一般地，连续曲线 $y=f(x)$ 的凹弧与凸弧的分界点，我们称之为拐点.

由例 3.19 大家可以看到，求曲线 $y=f(x)$ 的拐点，实际上就是求二阶导数 $y''=f''(x)$ 取正值与取负值的分界点. 由此可知，若在 $x=x_0$ 处 $f''(x_0)=0$，且在 $x=x_0$ 的左、右两侧 $f''(x)$ 的符号异同，则点 $(x_0,f(x_0))$ 一定是曲线 $y=f(x)$ 的拐点.

判断曲线 $y=f(x)$ 的凹凸性与求拐点的一般步骤如下：

第一步，求出二阶导数 $f''(x)$，并确定函数的定义域；

第二步，求出方程 $f''(x)=0$ 的全部实根以及二阶导数不存在的点；

第三步，用以上各点把定义域分成若干个子区间，在每个区间上确定 $f''(x)$ 的符号，从而确定曲线 $y=f(x)$ 的凹凸区间，并找出拐点.

例 3.20 求函数 $y=x^4-4x^3+2x-5$ 的凹凸区间与拐点.

解 定义域为 $D=(-\infty,+\infty)$，求导数得

$$y'=4x^3-12x^2+2,\quad y''=12x^2-24x=12x(x-2).$$

令 $y''=0$ 得 $x_1=0$，$x_2=2$，没有二阶导数不存在的点.

列表讨论(表 3-5)：

表 3-5

x	$(-\infty,0)$	0	$(0,2)$	2	$(2,+\infty)$
y''	+	0	−	0	+
y	凹的	拐点 $(0,-5)$	凸的	拐点 $(2,-17)$	凹的

由表 3-5 可知，函数曲线在$(-\infty,0)$与$(2,+\infty)$上都是凹弧，在$(0,2)$上是凸弧，且曲线的拐点为$(0,-5)$，$(2,-17)$.

例 3.21　求曲线 $y=2+\sqrt[3]{x-1}$ 的凹凸区间与拐点.

解　定义域为 $D=(-\infty,+\infty)$，求导数得

$$y'=\frac{1}{3}(x-1)^{-\frac{2}{3}},\ y''=-\frac{2}{9}(x-1)^{-\frac{5}{3}}=-\frac{2}{9\sqrt[3]{(x-1)^5}}.$$

显然，在点 $x=1$ 处，函数 $y=2+\sqrt[3]{x-1}$ 是连续的，但 y' 与 y'' 均不存在，且没有使 y'' 等于零的点.

列表讨论(表 3-6)：

表 3-6

x	$(-\infty,1)$	1	$(1,+\infty)$
y''	+	不存在	−
y	凹的	拐点$(1,2)$	凸的

由表 3-6 可知，函数曲线在$(-\infty,1)$上是凹弧，在$(1,+\infty)$上是凸弧，且曲线的拐点为$(1,2)$.
由例 3.21 可以看到，在二阶导数 $f''(x)$ 不存在的点处，曲线 $y=f(x)$ 仍可能出现拐点.

习题 3-4

习题 3-4 答案

1. 判断下列曲线的凹凸性：

(1) $y=e^x$；　(2) $y=\frac{1}{x}+x\quad(x<0)$；

(3) $y=x\ln x$；　(4) $y=\sqrt{1+x}$.

2. 求下列函数的凹凸区间与拐点：

(1) $y=x^3-5x^2+3x+5$；　(2) $y=xe^{-x}$；

(3) $y=\frac{1}{1+x^2}$；　(4) $y=\ln(1+x^2)$.

3.5　描绘函数图形

描绘出函数的图形，对函数就会有一个直观的认识，而这种认识对于函数的研究是很有帮

助的.采用描点法作图,由于选取的特殊点有限,因而使得一些关键点(如极值点、拐点等)往往有可能得不到反映,另外,函数曲线的单调性、凹凸性等一些重要性态也难以准确地显示出来.现在我们可以利用导数求出极值点与拐点,并可以确定曲线的单调区间与凹凸区间.这样,就可以较准确地将函数的图形描绘出来.

为了更精确地描绘函数的图形.我们先来讨论曲线的渐近线问题.

3.5.1 曲线的水平渐近线与铅直渐近线

渐近线是在直角坐标系中描绘函数图形的基本框架之一,在这里我们只讨论水平渐近线与铅直渐近线.

视频 51

1. 水平渐近线

水平渐近线是一条平行(或重合)于 x 轴的渐近线.只有当函数的定义域为无穷区间时函数的图形才有可能存在水平渐近线.

一般地,若极限 $\lim\limits_{x\to\infty}f(x)=A$(或 $\lim\limits_{x\to-\infty}f(x)=A$ 或 $\lim\limits_{x\to+\infty}f(x)=A$)成立,都说明函数曲线 $y=f(x)$ 存在水平渐近线 $y=A$.

例如,$y=\dfrac{1}{x}$,因为 $\lim\limits_{x\to\infty}\dfrac{1}{x}=0$,所以,$y=0$(即 x 轴)就是曲线 $y=\dfrac{1}{x}$ 的水平渐近线;又如,$y=\arctan x$,虽然 $\lim\limits_{x\to\infty}\arctan x$ 不存在,但是因为

$$\lim_{x\to-\infty}\arctan x=-\frac{\pi}{2},\ \lim_{x\to+\infty}\arctan x=\frac{\pi}{2},$$

所以,曲线 $y=\arctan x$ 有两条不同的水平渐近线:$y=-\dfrac{\pi}{2}$ 与 $y=\dfrac{\pi}{2}$.

2. 铅直渐近线

铅直渐近线又叫铅垂渐近线(或垂直渐近线),是一条垂直于 x 轴的渐近线.它只可能产生在函数没有定义的间断点或开区间的端点处($\pm\infty$除外).

一般地,若极限 $\lim\limits_{x\to x_0}f(x)=\infty$(或 $\lim\limits_{x\to x_0^-}f(x)=\infty$ 或 $\lim\limits_{x\to x_0^+}f(x)=\infty$)成立,都说明函数曲线 $y=f(x)$ 在点 $x=x_0$ 处存在铅直渐近线 $x=x_0$.

例如,$y=\dfrac{1}{x}$ 在点 $x=0$ 处间断无定义,因为 $\lim\limits_{x\to0}\dfrac{1}{x}=\infty$,所以,曲线 $y=\dfrac{1}{x}$ 在点 $x=0$ 处存在铅直渐近线 $x=0$(即 y 轴);又如,$y=\ln x$ 定义域为 $(0,+\infty)$,因为 $\lim\limits_{x\to0^+}\ln x=-\infty$,所以,直线 $x=0$ 是曲线 $y=\ln x$ 的铅直渐近线.

例 3.22 讨论曲线 $y=\dfrac{3x^2}{(x+1)(x-1)}$ 的渐近线.

解 函数 $y=\dfrac{3x^2}{(x+1)(x-1)}$ 的定义域为 $(-\infty,-1)\cup(-1,1)\cup(1,+\infty)$.

通过观察函数的定义域,我们可以得到一个初步的判断,那就是该曲线有可能存在水平渐近线(因为定义域中有无穷区间),且在点 $x=-1$ 和点 $x=1$ 处可能存在铅直渐近线.因为

$$\lim_{x\to\infty}\frac{3x^2}{(x+1)(x-1)}=\lim_{x\to\infty}\frac{3}{\left(1+\frac{1}{x}\right)\left(1-\frac{1}{x}\right)}=3,$$

所以，直线 $y=3$ 是曲线的水平渐近线.

又因为

$$\lim_{x\to -1}\frac{3x^2}{(x+1)(x-1)}=\infty,\lim_{x\to 1}\frac{3x^2}{(x+1)(x-1)}=\infty,$$

所以，直线 $x=-1$，$x=1$ 是曲线的铅直渐近线.

通过例 3.22 可以看出，函数曲线 $y=f(x)$ 是否存在水平或铅直渐近线，可以通过观察函数的定义域得到一个初步的判断，一般函数的定义域是无穷区间时才可能存在水平渐近线，而铅直渐近线则产生在没有定义的间断点或开区间的端点处（$\pm\infty$ 除外）.

3.5.2　描绘函数的图形

描绘函数 $y=f(x)$ 图形的一般步骤如下：

视频 52

第一步：确定函数的定义域，并讨论函数的奇偶性；

第二步：求出 $f'(x)$ 与 $f''(x)$，解出 $f'(x)=0$ 以及 $f''(x)=0$ 在函数定义域内的全部实根，并求出所有使一阶导数 $f'(x)$ 与二阶导数 $f''(x)$ 不存在的点；

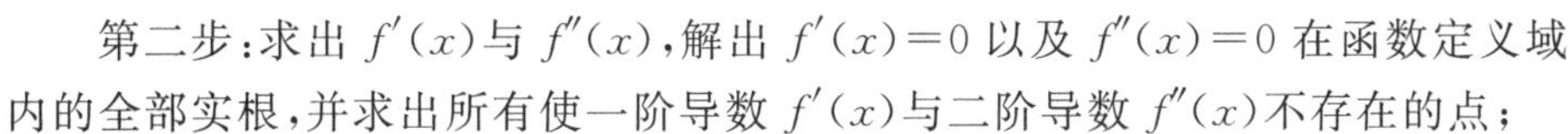

第三步：用以上各点把整个定义域分成若干个子区间，列表讨论在每个子区间上一阶导数 $f'(x)$ 与二阶导数 $f''(x)$ 的符号，从而确定函数 $f(x)$ 的单调性与极值、凹凸性与拐点；

第四步：确定曲线的水平渐近线与铅直渐近线；

第五步：结合极值点、拐点以及必要的辅助点（如曲线与坐标轴的交点等），然后把它们连成光滑的曲线，从而得到函数 $y=f(x)$ 的图形.

例 3.23　描绘函数 $y=x-\frac{3}{2}x^{\frac{2}{3}}$ 的图形.

解　函数的定义域为 $(-\infty,+\infty)$，且函数非奇非偶.

求导数得 $y'=1-x^{-\frac{1}{3}}$，$y''=\frac{1}{3}x^{-\frac{4}{3}}$.

令 $y'=0$ 得 $x=1$，没有 $y''=0$ 的点，且 $x=0$ 时，y' 与 y'' 均不存在.

列表讨论如下（表 3-7）：

表 3-7

x	$(-\infty,0)$	0	$(0,1)$	1	$(1,+\infty)$
y'	+	不存在	−	0	+
y''	+	不存在	+	+	+
y	↗凹的	极大值 0	↘凹的	极小值 $-\frac{1}{2}$	↗凹的

因为 $\lim\limits_{x\to\infty}\left(x-\frac{3}{2}x^{\frac{2}{3}}\right)=\lim\limits_{x\to\infty}x\left(1-\frac{3}{2}x^{-\frac{1}{3}}\right)=\infty$，所以曲线没有水平渐近线；由于定义域内无间断点，故曲线也不存在铅直渐近线. 依表 3-7 作图 3-13.

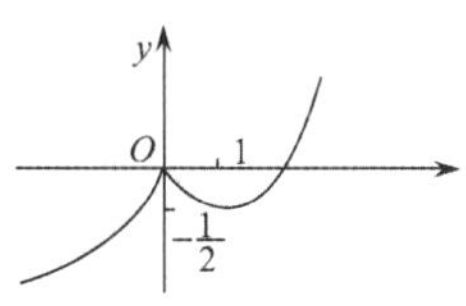

图 3-13

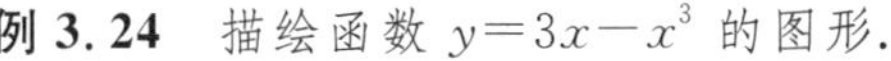

例 3.24　描绘函数 $y=3x-x^3$ 的图形.

解　函数的定义域为 $(-\infty,+\infty)$，

由于 $f(-x)=-f(x)$，所以函数是奇函数，图形关于原点对称，

求导数得 $y'=3-3x^2, y''=6x$.

令 $y'=0$ 得 $x_1=1, x_2=-1$，令 $y''=0$，得 $x_3=0$，没有 y' 与 y'' 不存在的点.

列表讨论如下(表 3-8)：

表 3-8

x	$(-\infty,-1)$	-1	$(-1,0)$	0	$(0,1)$	1	$(1,+\infty)$
y'	$-$	0	$+$	$+$	$+$	0	$-$
y''	$+$	$+$	$+$	0	$-$	$-$	$-$
y	↘ 凹的	极小值 -2	↗凹的	拐点 $(0,0)$	↗凸的	极大值 2	↙凸的

因为 $\lim\limits_{x\to\infty}\dfrac{1}{3x-x^3}=\lim\limits_{x\to\infty}\dfrac{\dfrac{1}{x^3}}{\dfrac{3}{x^2}-1}=0$，

所以 $\lim\limits_{x\to\infty}(3x-x^3)=\infty$，因此曲线没有水平渐近线；由于定义域内无间断点，故曲线也不存在铅直渐近线.

取辅助点 $(-2,2)$，$(2,-2)$ $(-\sqrt{3},0)$，$(\sqrt{3},0)$，并依表 3-8 作图 3-14.

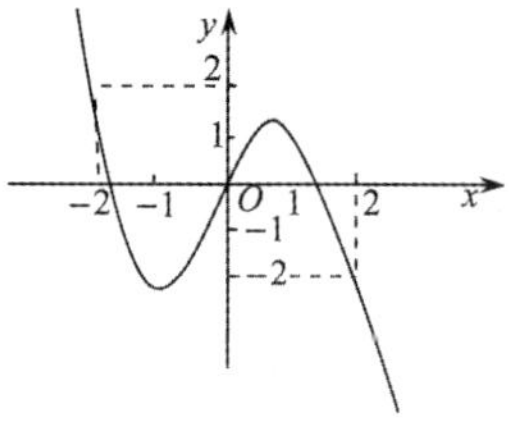

图 3-14

例 3.25 描绘函数 $y=\dfrac{x}{x^2-1}$ 的图形.

解 函数的定义域为 $(-\infty,-1)\cup(-1,1)\cup(1,+\infty)$，

由于函数为奇函数，故图形对称于原点，

求导数得

$$y'=-\frac{x^2+1}{(x^2-1)^2},\ y''=\frac{2x(x^2+3)}{(x^2-1)^3}.$$

令 $y'=0$，无解，令 $y''=0$ 得 $x=0$，且在定义域内没有 y' 与 y'' 不存在的点.

列表讨论如下(表 3-9)：

表 3-9

x	$(-\infty,-1)$	$(-1,0)$	0	$(0,1)$	$(1,+\infty)$
y'	$-$	$-$	$-$	$-$	$-$
y''	$-$	$+$	0	$-$	$+$
y	↘凸的	↘凹的	拐点 $(0,0)$	↘凸的	↘凹的

因为 $\lim\limits_{x\to\infty}\dfrac{x}{x^2-1}=\lim\limits_{x\to\infty}\dfrac{\dfrac{1}{x}}{1-\dfrac{1}{x^2}}=0$，所以直线 $y=0$ 是曲线的水平渐近线.

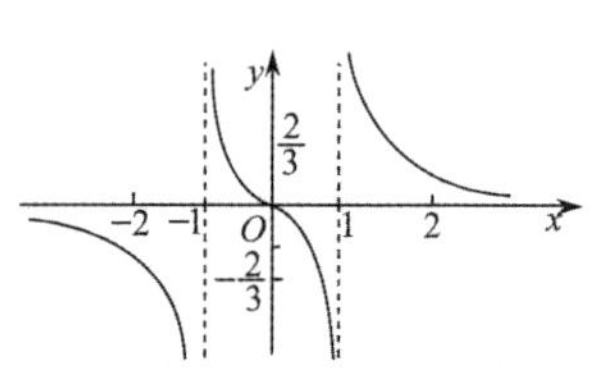

图 3-15

又因为 $\lim\limits_{x\to-1}\dfrac{x}{x^2-1}=\infty$，$\lim\limits_{x\to1}\dfrac{x}{x^2-1}=\infty$，

所以曲线有两条铅直渐近线：$x=-1$ 与 $x=1$.

取辅助点 $\left(-2,-\frac{2}{3}\right)$，$\left(2,\frac{2}{3}\right)$，$\left(-\frac{1}{2},\frac{2}{3}\right)$，$\left(\frac{1}{2},-\frac{2}{3}\right)$，并依表 3-9 作图 3-15.

习题 3-5

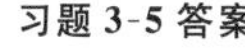

习题 3-5 答案

1. 讨论下列曲线的渐近线：

(1) $y=x\sin\frac{1}{x}$；　　(2) $y=\frac{3x^2-4x+5}{(x+3)^2}$.

2. 描绘下列函数的图形：

(1) $y=x^3-6x^2+9x-5$；　　(2) $y=\frac{x}{1+x^2}$；

(3) $y=\ln(1+x^2)$；　　(4) $y=1+\frac{36x}{(x+3)^2}$.

3.6 曲　率

在工程技术与生产实践中，常常要考虑曲线的弯曲程度. 例如公路、铁路的弯道，机床与土木建筑中的轴承或梁在荷载作用下产生的弯曲变形，在设计时对它们的弯曲程度都要有一定的限制. 因此，需要去讨论如何定量地来描述曲线的弯曲程度，这就引出了曲率的概念.

动画 6

曲率是用定量的方法来描述曲线弧的弯曲程度的一个概念. 直线是不弯曲的，而圆上各点处的弯曲程度处处相同，并且半径越小弯曲的程度反而越大，对这些几何现象都可以用曲率来刻画.

动画 7

3.6.1 曲率的计算公式

对于曲线 $y=f(x)$ 来说，曲线各点处的弯曲程度都是随着 x 的变化而变化，所以曲率也是 x 的函数. 曲率函数 $k(x)$ 的计算公式为

视频 53

$$k(x)=\frac{|y''|}{(1+y'^2)^{3/2}}.$$

例 3.26　求直线 $y=ax+b$ 在任意点 x 处的曲率.

解　因为 $y'=a$，$y''=0$，所以 $k=0$.

这就说明，直线上每一点的曲率均为零，也就是说直线是不弯曲的.

例 3.27　求抛物线 $y=x^2$ 在任意点 x 处的曲率.

解　因为 $y'=2x$，$y''=2$，所以 $k(x)=\frac{2}{(1+4x^2)^{3/2}}$.

由此可见，抛物线 $y=x^2$ 在原点处的曲率最大，且 $k(0)=2$.

例 3.28　求圆 $x^2+y^2=R^2$ 在任意点 x 处的曲率.

解　由隐函数求导，可得

$$y'=-\frac{x}{y},$$

$$y''=-\frac{y-x\cdot y'}{y^2}=-\frac{y+\frac{x^2}{y}}{y^2}=-\frac{y^2+x^2}{y^3}=-\frac{R^2}{y^3},$$

所以

$$k(x)=\frac{\left|-\frac{R^2}{y^3}\right|}{\left(1+\frac{x^2}{y^2}\right)^{3/2}}=\frac{R^2}{(R^2)^{3/2}}=\frac{1}{R}.$$

由此可见，圆上任意点处的曲率都相同，且等于半径的倒数，半径越小曲率越大，半径越大曲率越小. 这与我们对圆的直观感受是一致的.

3.6.2 曲率圆和曲率半径

视频 54

如图 3-16 所示，圆 A 与曲线 $y=f(x)$ 有以下关系：

(1) 在点 M 处有公共的切线；

(2) 在点 M 处有相同的凹向；

(3) 在点 M 处有相同的曲率.

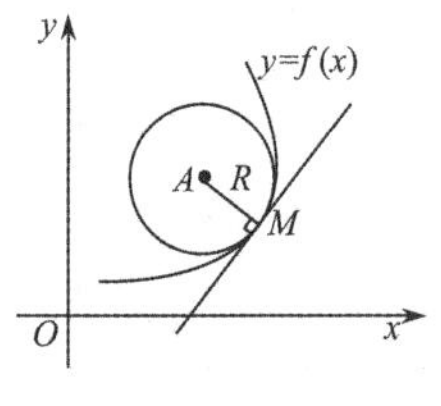

图 3-16

我们把同时满足以上三个条件的圆叫做曲线 $y=f(x)$ 在点 M 处的曲率圆. 其中，曲率的圆心 A 叫做曲线 $y=f(x)$ 在点 M 处的曲率中心，而曲率圆的半径 R 叫做曲线 $y=f(x)$ 在点 M 处的曲率半径.

显然，曲率中心必位于曲线在点 M 处的法线上，并且在曲线的凹向一侧.

如果曲线在点 M 处的曲率为 k，则在该点处曲率圆的曲率也是 k，由例 3-28 可知

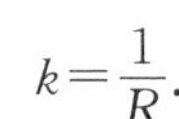

$$k=\frac{1}{R}.$$

因此，曲率半径为

$$R=\frac{1}{k}.$$

将曲率的计算公式代入上式，便可得

$$R=\frac{(1+y'^2)^{3/2}}{|y''|},$$

这就是曲率半径的计算公式

例 3.29 求等边双曲线 $xy=1$ 在点 $(1,1)$ 处的曲率半径.

解 因为 $y'=-\frac{1}{x^2}$，$y''=\frac{2}{x^3}$，所以 $y'|_{x=1}=-1$，$y''|_{x=1}=2$.

因为曲线在点 $(1,1)$ 处的曲率

$$k=\frac{|y''|}{(1+y'^2)^{3/2}}=\frac{2}{2^{3/2}}=\frac{1}{\sqrt{2}},$$

故所求的曲率半径

$$R=\frac{1}{k}=\sqrt{2}.$$

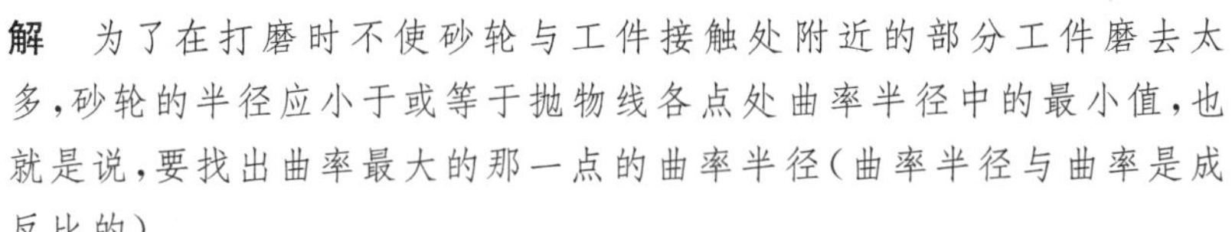

例 3.30　设某工件内表面的截线为抛物线 $y=0.4x^2$（图 3-17）. 现在要用砂轮打磨其内表面，问用直径多大的砂轮比较合适？

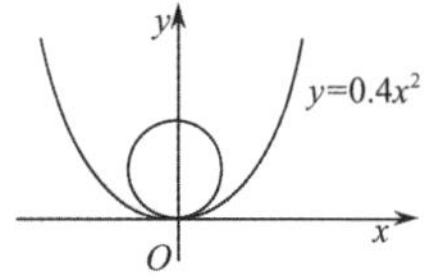

图 3-17

解　为了在打磨时不使砂轮与工件接触处附近的部分工件磨去太多，砂轮的半径应小于或等于抛物线各点处曲率半径中的最小值，也就是说，要找出曲率最大的那一点的曲率半径（曲率半径与曲率是成反比的）.

由例 3.27 可知，抛物线在其顶点处的曲率最大，因此抛物线在顶点的曲率半径最小. 这样，问题就成为求抛物线 $y=0.4x^2$ 在顶点处的曲率半径.

因为 $y'=0.8x$，$y''=0.8$，$y'|_{x=0}=0$，$y''|_{x=0}=0.8$，所以

$$R|_{(0,0)}=\frac{(1+0^2)^{3/2}}{0.8}=1.25.$$

故所选用砂轮的半径不得超过 1.25 单位长，也就是说：选用直径不超过2.50单位长的砂轮比较合适.

习题 3-6

习题 3-6 答案

1. 求下列曲线在给定点的曲率：

(1) $y=x^3$ 在点(1,1)处；　　(2) $y=\sin x$ 在点$\left(\frac{\pi}{2},1\right)$处.

2. 求下列曲线在给定点的曲率和曲率半径：

(1) $y=\ln(1-x^2)$在点(0,0)处；　　(2) $y=4x-x^3$ 在点(2,0)处；

(3) $y=x\cos x$ 在点(0,0)处；　　(4) $y=\frac{4}{x}$在点(2,2)处.

3. 讨论曲线 $y=\mathrm{e}^x$ 在哪一点曲率最大，最大曲率是多少？

学习指导

一、学习重点与要求

1. 会用洛必达法则求“$\frac{0}{0}$”型及“$\frac{\infty}{\infty}$”型未定式的极限，了解一般未定式极限的求解.
2. 掌握用导数判断函数单调性的方法，会划分函数的单调区间.
3. 理解函数极值的概念，掌握求极值的方法.
4. 掌握求函数最值的方法，会求简单应用题的最值问题.
5. 会用二阶导数判别函数曲线的凹凸性，会求函数曲线的拐点.
6. 会求水平渐近线与铅直渐近线，能描绘一些简单初等函数的图形.
7. 了解曲率圆和曲率半径的概念，会求一些简单曲线的曲率.

二、学习疑难解答

1. 洛必达法则是不是万能的？

答:不是.再好的计算方法都存在不足之处,洛必达法则也不例外,洛必达法则只有在导函数之比的极限 $\lim\limits_{\substack{x\to x_0\\(\text{或}x\to\infty)}}\dfrac{f'(x)}{g'(x)}$存在(或者等于$\infty$)时才有效,否则,当极限 $\lim\limits_{\substack{x\to x_0\\(\text{或}x\to\infty)}}\dfrac{f'(x)}{g'(x)}$不存在(也不等于$\infty$)时,洛必达法则失效.

2. 如何求划分函数单调区间的分界点?

答:划分函数单调区间的分界点一般有两种类型,一种是驻点,另一种是函数一阶导数不存在的连续点.

驻点可以通过解方程 $f'(x)=0$ 求得,而函数一阶导数不存在的连续点,则可以通过观察一阶导函数 $f'(1)$的定义域得到.

注:以上两种类型的点都是可遇而不可求的.

3. 极值点是否就是单调区间的分界点?

答:是的.从求极值的第一充分条件可以看出,在极值点左右近旁函数的单调性不一样.所以,极值点往往就是单调区间的分界点.

4. 在求函数的最大值和最小值时,要注意哪些问题?

答:求最大值、最小值问题是生产实践中常要涉及的问题,一般都是要先将实际问题转化成数学问题(即建立数学模型),也就是先建立函数关系(定义域用实际定义域),然后再求函数的最大值与最小值.

闭区间上连续函数的最值求法,就是把区间内的驻点、导数不存在的点和闭区间的端点的函数值拿来比较大小,即可求出最大(小)值.

在求连续函数的最大值与最小值时,要注意以下几点:

(1) 若函数 $f(x)$在区间 I 上有唯一驻点或不可导点 $x=x_0$,则当 $f(x_0)$是极大(小)值时,$f(x_0)$也是$f(x)$在区间 I 上的最大(小)值.

(2) 由实际问题本身的性质可以断定函数确有最大(小)时,且一定会在实际定义区间内部达到,而函数在区间内仅有一个驻点或不可导点 $x=x_0$,则在点 $x=x_0$ 处函数一定取得最大(小)值.

(3) 单调函数的最大值与最小值必在区间的端点处达到.

5. 如何观察函数 $f(x)$可能存在水平渐近线和铅直渐近线?

答:如果函数 $f(x)$可能存在水平渐近线的话,那定义域一定是无穷区间,而铅直渐近线只可能产生在没有定义的间断点或开区间的端点处(∞除外).所以可以通过观察函数的定义域,来初步判断函数是否存在水平渐近线和铅直渐近线.

复习题三

复习题三答案

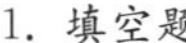

1. 填空题

(1) 函数 $f(x)=x+\dfrac{1}{x}$的单调增区间为__________.

(2) 函数 $f(x)=x^2-2x$ 的极小值为__________.

(3) 函数 $y=x\mathrm{e}^{-x}$在$[-1,2]$上的最大值为__________.

(4) 曲线 $y=\dfrac{2}{3}x^3-1$ 的拐点是__________.

(5) 曲线 $y=\dfrac{x^2+3}{2x^2-3x+1}$的水平渐近线为__________,铅直渐近线为__________.

2. 单项选择题

(1) 若已知点 $x=x_0$ 是 $y=f(x)$的极值点,则点 $x=x_0$ 必为(   ).

A. 驻点　　B. 不可导的点

C. 最大值点或最小值点　　D. 驻点或不可导的点

(2) 下列命题中,正确的是(   ).

A. 驻点一定是极值点　　B. 驻点不是极值点

C. 驻点是导函数的零点　　D. 驻点是函数的零点

(3) 若 $f(x)$ 在区间 (a,b) 内恒有 $f'(x)<0, f''(x)>0$，则曲线 $f(x)$ 在此区间内是(　　).

A. 递减，凸的　　B. 递减，凹的

C. 递增，凸的　　D. 递增，凹的

(4) 如果 $f'(x_0)=0, f''(x_0)<0$，则 $f(x)$ 在点 $x=x_0$ 处(　　).

A. 一定有极大值　　B. 一定有极小值

C. 不一定有极值　　D. 一定没有极值

(5) 若函数 $f(x)$ 的定义域为 $(-\infty,+\infty)$，则函数曲线(　　).

A. 一定存在水平渐近线　　B. 一定存在铅直渐近线

C. 可能存在水平渐近线　　D. 可能存在铅直渐近线

3. 利用洛必达法则求下列极限：

(1) $\lim\limits_{x\to+\infty}\dfrac{\ln(1+x)}{e^x}$；　　(2) $\lim\limits_{x\to0}\left(\dfrac{1}{x}-\dfrac{1}{\ln(1+x)}\right)$；

(3) $\lim\limits_{x\to+\infty}(x+e^x)^{\frac{1}{x}}$；　　(4) $\lim\limits_{x\to0^+}(\cos\sqrt{x})^{\frac{\pi}{x}}$.

4. 讨论函数 $y=x-e^x$ 的单调区间与极值，凹凸区间与拐点.

5. 已知函数 $f(x)=x^3+ax^2+bx$ 在 $x=-1$ 处有极值 -8，试确定系数 a,b 的值.

6. 当 a,b 为何值时，点 $(1,2)$ 是曲线 $y=ax^3-bx^2$ 的拐点？

7. 设圆柱形易拉罐的容积 V 为定值，求易拉罐的表面积最小时，其底圆半径 r 与高 h 之比.

【人文数学】

数学家洛必达简介

洛必达(Marquis de l'Hópital，1661—1704)，法国数学家. 1661 年出生于法国的贵族家庭，1704 年 2 月 2 日卒于巴黎. 他曾受袭侯爵衔，并在军队中担任骑兵军官，后来因为视力不佳而退出军队，转向学术方面加以研究. 他早年就显露出数学才能，在他 15 岁时就解出帕斯卡的摆线难题，以后又解出约翰 · 伯努利向欧洲挑战“最速降曲线”问题. 稍后他放弃了炮兵的职务，投入更多的时间在数学上，在瑞士数学家伯努利的门下学习微积分，并成为法国新解析的主要成员.

洛必达的《无限小分析》(1696)一书是微积分学方面最早的教科书，在 18 世纪时为一模范著作. 书中创造一种算法(洛必达法则)，用以寻找满足一定条件的两函数之商的极限，洛必达于前言中向莱布尼茨和伯努利致谢，特别是约翰 · 伯努利. 洛必达逝世之后，约翰 · 伯努利发表声明，称该法则及许多的其他发现该归功于他. 洛必达的著作尚盛行于 18 世纪的圆锥曲线的研究. 他最重要的著作是《阐明曲线的无穷小于分析》(1696)，这是世界上第一本系统的微积分学教科书，他由一组定义和公理出发，全面地阐述变量、无穷小量、切线及微分等概念，这对传播新创建的微积分理论起了很大的作用. 在书中第九章记载著约翰 · 伯努利在 1694 年 7 月 22 日告诉他的一个著名定理：“洛必达法则”，即求一个分式当分子和分母都趋于零时的极限的法则. 后人误以为是他的发明，故“洛必达法则”之名沿用至今. 洛必达还写作过几何、代数及力学方面的文章. 他亦计划写作一本关于积分学的教科书，但由于他过早去世，因此这本积分学教科书未能完成. 而遗留的手稿于 1720 年在巴黎出版，名为《圆锥曲线分析论》.

第 4 章

不定积分

章序 前面学习了一元函数微分学，从本章开始到下一章将学习一元函数积分学．在一元函数积分学中，有两个基本概念，即不定积分和定积分．本章讨论的是不定积分的概念、性质与求不定积分的基本方法．

4.1 不定积分的概念与性质

4.1.1 原函数与不定积分

在微分学中，我们讨论了求已知函数的导数与微分的问题．在实际问题中，我们常常会遇到与此相反的问题，例如：

视频 55

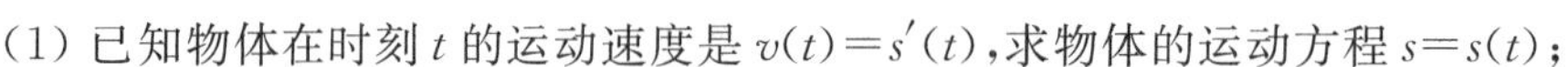

(1) 已知物体在时刻 t 的运动速度是 $v(t)=s'(t)$，求物体的运动方程 $s=s(t)$；

(2) 已知曲线上任一点处的切线的斜率为为 $k(x)=F'(x)$，求该曲线的方程 $y=F(x)$．

总结这类问题的共同点可以看出，它们都是已知一个函数的导函数 $F'(x)=f(x)$，要求未求导数之前的原函数 $F(x)$的问题，为此，先来引入原函数这一概念．

定义 4.1 如果在区间 I 上，可导函数 $F(x)$的导数为 $f(x)$，即

$$F'(x)=f(x)\text{或 }\mathrm{d}F(x)=f(x)\mathrm{d}x \quad (x\in I),$$

那么，函数 $F(x)$就称为 $f(x)$在区间 I 上的一个原函数．

例如，在区间$(-\infty,+\infty)$内，$(\sin x)'=\cos x$，所以，$\sin x$ 就是 $\cos x$ 在区间$(-\infty,+\infty)$内的一个原函数；又例如，在区间$(-\infty,+\infty)$内，因为$(\arctan x)'=\dfrac{1}{1+x^2}$，所以，$\arctan x$ 就是 $\dfrac{1}{1+x^2}$在区间$(-\infty,+\infty)$内的一个原函数．

关于原函数的概念，我们先要讨论下面两个问题．

问题一 一个函数要具备什么样的条件，才可能保证它的原函数一定存在？

这个问题回答并不难，只要是连续函数，就一定存在原函数，即

定理 4.1 如果函数 $f(x)$在某区间上连续，那么，函数 $f(x)$在该区间上的原函数一定存在．

证明从略．

由于初等函数在定义区间上连续，所以，初等函数在其定义区间上都有原函数．

问题二　如果函数 $f(x)$在区间 I 上有原函数，那么，它的原函数在区间 I 上是不是唯一的？

这个问题也好回答，因为常数的导数等于零（即 $C'=0$），所以，如果 $F(x)$是$f(x)$的一个原函数，那么，$F(x)+C$（C 是任意常数）也是 $f(x)$的原函数，理由就是

$$[F(x)+C]'=F'(x)+C'=f(x).$$

因此，如果函数 $f(x)$在区间 I 上有原函数，那么，它的原函数不是唯一的.

其实，如果 $F(x)$、$G(x)$均是 $f(x)$的原函数，即 $F'(x)=f(x)$，$G'(x)=f(x)$，那么，很容易就能证明 $F(x)$与 $G(x)$之间只相差一个常数 C，即 $G(x)=F(x)+C$.

定理 4.2　函数 $f(x)$的任意两个原函数的差是一个常数.

证明从略.

上述定理表明，如果 $F(x)$是 $f(x)$的一个原函数，那么，我们往往可以用表达式 $F(x)+C$（C 是一个任意常数）来表示 $f(x)$的全体原函数. 为此，我们引入下述定义.

定义 4.2　在区间 I 上，函数 $f(x)$的全体原函数称为 $f(x)$在区间 I 上的不定积分，记为

$$\int f(x)\mathrm{d}x,$$

其中，记号"$\int$"称为积分号，$f(x)$称为被积函数，$f(x)\mathrm{d}x$ 称为被积表达式，x 称为积分变量.

按此定义以及前面原函数问题的讨论可知，如果 $F(x)$是 $f(x)$在区间 I 上的一个原函数，则有

$$\int f(x)\mathrm{d}x=F(x)+C,$$

其中，C 是任意常数，我们也称它为积分常数.

所以，求解不定积分，只要找出被积函数 $f(x)$的一个原函数 $F(x)$，再加上一个任意常数 C 就行了.

例如 $\int \cos x\mathrm{d}x=\sin c+C$，$\int \frac{1}{1+x^2}\mathrm{d}x=\arctan x+C$.

例 4.1　求 $\int 2x\mathrm{d}x$.

解　因为$(x^2)'=2x$，所以 x^2 是 $2x$ 的一个原函数，因此

$$\int 2x\mathrm{d}x=x^2+C.$$

4.1.2　不定积分的性质

因为不定积分 $\int f(x)\mathrm{d}x$ 是被积函数 $f(x)$的全体原函数，所以有如下性质：

视频 56

性质 4.1　$\left[\int f(x)\mathrm{d}x\right]'=f(x)$或 $\mathrm{d}\left[\int f(x)\mathrm{d}x\right]=f(x)\mathrm{d}x$.

又因为 $F(x)$是 $F'(x)$的一个原函数，故有

性质 4.2　$\int F'(x)\mathrm{d}x=F(x)+C$ 或 $\int \mathrm{d}F(x)=F(x)+C$.

由此可见，求导或求微分运算与求不定积分的运算是互逆的，当记号"$\int$"与"$'$"或"d"连在

一起时，或者抵消，或者抵消后差一个常数.

例 4.2 若 $\int f(x)\mathrm{d}x = x\mathrm{e}^x + C$，求 $f(x)$.

解 根据性质 4.1 可知

$$f(x) = \left(\int f(x)\mathrm{d}x\right)' = (x\mathrm{e}^x + C)'$$
$$= \mathrm{e}^x + x\mathrm{e}^x = (1+x)\mathrm{e}^x.$$

例 4.3 已知 $F(x) = x^3 + 1$，求 $\int F'(x)\mathrm{d}x$.

解 根据性质 4.2 可知

$$\int F'(x)\mathrm{d}x = \int \mathrm{d}F(x) = F(x) + C_1 = x^3 + 1 + C_1 = x^3 + C.$$

4.1.3 不定积分的几何意义

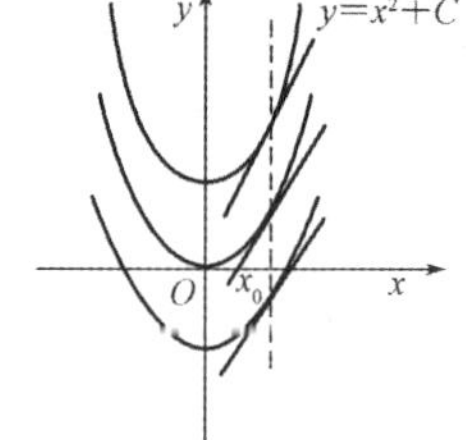

图 4-1

在例 4.1 中，被积函数 $f(x) = 2x$ 的一个原函数为 $F(x) = x^2$，它的图形是一条抛物线.而 $f(x)$ 的不定积分 $\int 2x\mathrm{d}x = x^2 + C$ 的图形是由抛物线 $y = x^2$ 沿 y 轴上下平移 $|C|$ 个单位而得到的一族抛物线，在这个抛物线族中，每一条抛物线在横坐标为 x_0 的点处的切线斜率都是 $2x_0$. 因此，这些抛物线在横坐标相同的点处的切线都互相平行，如图 4-1 所示.

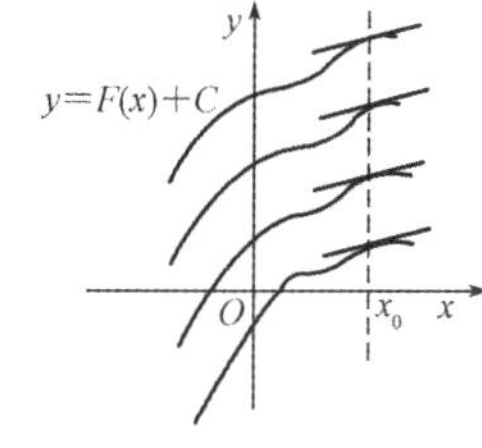

图 4-2

一般地，函数 $f(x)$ 的一个原函数 $F(x)$ 的图形叫做函数 $f(x)$ 的积分曲线. 因此，不定积分 $\int f(x)\mathrm{d}x$ 在几何上表示由积分曲线 $y = F(x)$ 沿 y 轴上下平行移动所得到的一族积分曲线（也称积分曲线族）. 由于

$$[F(x) + C]' = f(x),$$

所以，积分曲线族上横坐标相同的点处的切线斜率都相等，即切线相互平行，如图 4-2 所示.

习题 4-1

习题 4-1 答案

1. 求下列函数的一个原函数：

(1) $f(x) = x^3$；　　(2) $f(x) = \mathrm{e}^{2x}$；

(3) $f(x) = \sin 2x$；　　(4) $f(x) = \mathrm{e}^x - \sin x$.

2. 若 $\int f(x)\mathrm{d}x = x^3 + \cos x + C$，求 $f(x)$.

3. $\int \mathrm{d}(x^3 + 3^x) =$ __________；$\int (\sqrt{x})'\mathrm{d}x =$ __________.

4. 用不定积分的定义求下列不定积分：

(1) $\int x^5\mathrm{d}x$；　　(2) $\int \csc^2 x\mathrm{d}x$.

5. 证明函数 $y = \ln 2x$ 与函数 $y = \ln x$ 是同一函数的原函数.

4.2　不定积分的运算法则与直接积分法

4.2.1　不定积分的基本公式

由于积分运算是微分运算的逆运算，因此，由一个导数计算公式就可以相应写出一个不定积分的计算公式. 例如$(\tan x)'=\sec^2 x$，所以

$$\int \sec^2 x\mathrm{d}x=\tan x+C.$$

视频 57

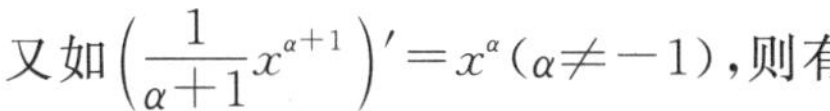

又如$\left(\frac{1}{\alpha+1}x^{\alpha+1}\right)'=x^{\alpha}(\alpha\neq-1)$，则有

$$\int x^{\alpha}\mathrm{d}x=\frac{1}{\alpha+1}x^{\alpha+1}+C\quad(\alpha\text{ 是实数，且 }\alpha\neq-1).$$

与之类似，由我们所熟知的导数公式可以推出如下的基本积分公式(表 4-1)：

表 4-1　　由导数公式推出的基本积分公式

序号	导数公式	基本积分公式
(1)	$(C)'=0$	$\int 0\mathrm{d}x=C$
(2)	$\left(\frac{1}{\alpha+1}x^{\alpha+1}\right)'=x^{\alpha}\quad(\alpha\neq-1)$	$\int x^{\alpha}\mathrm{d}x=\frac{1}{\alpha+1}x^{\alpha+1}+C\quad(\alpha\neq-1)$
(3)	$(\ln\|x\|)'=\frac{1}{x}$	$\int \frac{1}{x}\mathrm{d}x=\ln\|x\|+C$
(4)	$\left(\frac{a^x}{\ln a}\right)'=a^x,(\mathrm{e}^x)'=\mathrm{e}^x$	$\int a^x\mathrm{d}x=\frac{1}{\ln a}a^x+C,\int \mathrm{e}^x\mathrm{d}x=\mathrm{e}^x+C$
(5)	$(-\cos x)'=\sin x$	$\int \sin x\mathrm{d}x=-\cos x+C$
(6)	$(\sin x)'=\cos x$	$\int \cos x\mathrm{d}x=\sin x+C$
(7)	$(\tan x)'=\sec^2 x$	$\int \sec^2 x\mathrm{d}x=\tan x+C$
(8)	$(-\cot x)'=\csc^2 x$	$\int \csc^2 x\mathrm{d}x=-\cot x+C$
(9)	$(\sec x)'=\sec x\tan x$	$\int \sec x\cdot\tan x\mathrm{d}x=\sec x+C$
(10)	$(-\csc x)'=\csc x\cot x$	$\int \csc x\cdot\cot x\mathrm{d}x=-\csc x+C$
(11)	$(\arcsin x)'=\frac{1}{\sqrt{1-x^2}}$	$\int \frac{1}{\sqrt{1-x^2}}\mathrm{d}x=\arcsin x+C$
(12)	$(\arctan x)'=\frac{1}{1+x^2}$	$\int \frac{1}{1+x^2}\mathrm{d}x=\arctan x+C$

注意：

上述积分公式(3)是

$$\int \frac{1}{x}dx=\ln|x|+C,$$

右端对数的真数加了绝对值，这就是说，无论是 $x>0$，还是 $x<0$，等式均成立.

事实上，当 $x>0$ 时，$(\ln|x|)'=(\ln x)'=\frac{1}{x}$；

当 $x<0$ 时，$(\ln|x|)'=[\ln(-x)]'=\frac{(-x)'}{-x}=\frac{-1}{-x}=\frac{1}{x}$.

所以

$$\int \frac{1}{x}dx=\ln|x|+C.$$

以上积分公式只是部分基本积分公式，在公式的表达上由于原函数不唯一，也可有其他结果，例如公式(11)和公式(12)也可表示为

$$\int \frac{1}{\sqrt{1-x^2}}dx=-\arccos x+C,\quad \int \frac{1}{1+x^2}dx=-\operatorname{arccot} x+C.$$

这些基本积分公式是今后积分运算的基础，大家必须反复练习，熟练掌握.

4.2.2 不定积分的基本运算法则

不定积分有以下两条基本运算法则.

法则 1 被积函数中不为零的常数因子可以提到积分符号外面. 即

$$\int kf(x)dx=k\int f(x)dx \quad (k\neq 0).$$

证明从略.

法则 2 两个函数的和、差的不定积分等于各个函数不定积分的和、差，即

$$\int [f(x)\pm g(x)]dx=\int f(x)dx\pm\int g(x)dx.$$

证明从略.

运算法则 2 也可以推广到有限个函数代数和的情形.

例 4.4 求 $\int (2^x-3\cos x+4x)dx$.

解
$$\begin{aligned}\int (2^x-3\cos x+4x)dx &= \int 2^x dx-\int 3\cos x dx+\int 4x dx\\ &=\int 2^x dx-3\int \cos x dx+4\int x dx\\ &=\frac{1}{\ln 2}2^x-3\sin x+2x^2+C.\end{aligned}$$

注意　在运用法则 2 分项积分后，每个不定积分的结果都应有一个积分常数，但任意常数之和仍是常数，因此，最后结果只要写一个任意常数 C 即可.

4.2.3　直接积分法

直接用基本积分公式与运算法则求不定积分，或者对被积函数进行适当的初等变换后，再利用基本积分公式与运算法则求不定积分的方法叫做直接积分法.

视频 58

例 4.4 用的就是直接积分法，下面再举几个用直接积分法的例子.

例 4.5　求 $\int \frac{x^3\sqrt{x}}{x^{\frac{1}{3}}}\mathrm{d}x$.

解　$\int \frac{x^3\sqrt{x}}{x^{\frac{1}{3}}}\mathrm{d}x = \int x^{3+\frac{1}{2}-\frac{1}{3}}\mathrm{d}x = \int x^{\frac{19}{6}}\mathrm{d}x$

$$= \frac{1}{\frac{19}{6}+1}x^{\frac{19}{6}+1}+C = \frac{6}{25}x^{\frac{25}{6}}+C.$$

例 4.6　求 $\int \frac{(x-1)^2}{x}\mathrm{d}x$.

解　$\int \frac{(x-1)^2}{x}\mathrm{d}x = \int \frac{x^2-2x+1}{x}\mathrm{d}x = \int \left(x-2+\frac{1}{x}\right)\mathrm{d}x$

$$= \frac{1}{2}x^2-2x+\ln|x|+C.$$

例 4.7　求 $\int \tan^2 x\mathrm{d}x$.

解　$\int \tan^2 x\mathrm{d}x = \int (\sec^2 x-1)\mathrm{d}x = \int \sec^2 x\mathrm{d}x - \int \mathrm{d}x$

$$= \tan x - x + C.$$

例 4.8　求 $\int \frac{1+2x^2}{x^2(1+x^2)}\mathrm{d}x$.

解　$\int \frac{1+2x^2}{x^2(1+x^2)}\mathrm{d}x = \int \frac{(1+x^2)+x^2}{x^2(1+x^2)}\mathrm{d}x = \int \left(\frac{1}{x^2}+\frac{1}{1+x^2}\right)\mathrm{d}x$

$$= -\frac{1}{x}+\arctan x+C.$$

例 4.9　求 $\int \frac{\cos 2x}{\sin^2 x\cos^2 x}\mathrm{d}x$.

解　$\int \frac{\cos 2x}{\sin^2 x\cos^2 x}\mathrm{d}x = \int \frac{\cos^2 x-\sin^2 x}{\sin^2 x\cos^2 x}\mathrm{d}x = \int \left(\frac{1}{\sin^2 x}-\frac{1}{\cos^2 x}\right)\mathrm{d}x$

$$= \int \csc^2 x\mathrm{d}x - \int \sec^2 x\mathrm{d}x$$

$$= -\cot x - \tan x + C.$$

例 4.10　一物体作直线运动，已知速度为 $v(t)=3t^2+1(\mathrm{m/s})$，当 $t=1\mathrm{s}$ 时，物体所经过的

路程为 3m，求物体的运动方程.

解 设物体的运动方程为 $s=s(t)$. 依题意有

$$s'(t)=v(t)=3t^2+1,$$

所以

$$s(t)=\int s'(t)\mathrm{d}t=\int(3t^2+1)\mathrm{d}t$$

$$=t^3+t+C.$$

把 $t=1,s=3$ 代入上式，得 $C=1$. 因此，所求物体的运动方程为

$$s(t)=t^3+t+1.$$

利用直接积分法只能求解一些简单函数的积分. 由于积分运算缺少乘、除运算法则的支持，所以积分运算的难度要比求导运算难得多，即积分运算更强调公式和技能的运用. 后面向大家介绍积分运算的两大主要技能，这就是换元积分法和分部积分法. 另外，对于求导运算来说，不论多么复杂的初等函数的导数，都能计算出来；而积分则不然，有些简单的初等函数，由于其原函数往往不能用初等函数表示出来，便使其积分无法用目前的手段来运算，需要用其他数学方法去解决，这样的积分通常称之为积不出来. 如

$$\int e^{x^2}\mathrm{d}x,\quad \int\frac{\sin x}{x}\mathrm{d}x,\quad \int\frac{1}{\ln x}\mathrm{d}x,\quad \int\sin(x^2)\mathrm{d}x,$$

等等. 所以，积分的运算更强调公式的运用和技能的掌握.

习题 4-2 答案

习题 4-2

1. 求下列不定积分：

(1) $\int(x^2+3\sqrt{x}+\ln 2)\mathrm{d}x$；

(2) $\int\frac{\sqrt{x}}{x^4}\mathrm{d}x$；

(3) $\int(3x^2+5x^3)\sqrt{x}\,\mathrm{d}x$；

(4) $\int 3^x e^x\mathrm{d}x$；

(5) $\int\frac{\cos 2x}{\sin x-\cos x}\mathrm{d}x$；

(6) $\int\cot^2 x\mathrm{d}x$；

(7) $\int\sin^2\frac{x}{2}\mathrm{d}x$；

(8) $\int\frac{x^4}{1+x^2}\mathrm{d}x$；

(9) $\int\frac{x-9}{\sqrt{x}+3}\mathrm{d}x$；

(10) $\int\frac{1}{1+\cos 2x}\mathrm{d}x$.

2. 已知函数 $f(x)$ 的导数为 $f'(x)=3-2x$，且 $f(1)=4$，求 $f(x)$.

3. 一曲线经过点(1,2)，且曲线上任意一点处的切线的斜率等于该点横坐标的立方，求该曲线的方程.

4.3 换元积分法

换元积分法的指导思想就是通过改变积分变量来研究不定积分的求法，在这里我们要用到复合函数的求导法则和微分形式不变性，把复合函数的微分法反过来用于求不定积分，利用中间变量的代换改变积分变量，从而得到复合函数的积分方法. 换元积分法通常分为两种形式，即第一类换元法和第二类换元法，然而不论是哪一类换元法，其换元的根本就是变换积分变量.

4.3.1 第一类换元积分法(凑微分法)

首先，我们对积分公式要有一个更新的认识，即

视频 59

如果公式 $\int f(x)\mathrm{d}x=F(x)+C$ 成立，则利用微分形式不变性可以推出一个积分计算模型

$$\int f(u)\mathrm{d}u=F(u)+C$$

也成立，其中，$u=u(x)$是 x 的可微函数.

例如 $\int \sin x\mathrm{d}x=-\cos x+C$，则可以推出

$$\int \sin 2x\mathrm{d}(2x)=-\cos 2x+C,\quad \int \sin(\ln x)\mathrm{d}(\ln x)=-\cos(\ln x)+C,$$

亦即

$$\int \sin u\mathrm{d}u=-\cos u+C\quad [u=u(x)\text{是 } x \text{ 的可微函数}].$$

也就是说，利用 u 函数来替代积分公式中的积分变量 x 后，其等式仍然成立并能获得一个积分计算模型. 意识到这一点，是学好积分计算的关键. 也就是说，我们所给出的每一个积分公式，都能推出一个相应的积分计算模型. 接下来就是如何来选定新的积分变量 u，并且用凑微分的技巧凑出 $\mathrm{d}u$.

定理 4.3 （第一类换元积分法）设 $f(u)$具有原函数，$u=u(x)$可导，则有换元积分公式

$$\int f[u(x)]u'(x)\mathrm{d}x=\int f(u)\mathrm{d}u.$$

例 4.11 求 $\int \sin 2x\mathrm{d}x$.

解 方法一：原式$=\frac{1}{2}\int 2\sin 2x\mathrm{d}x=\frac{1}{2}\int \sin 2x\mathrm{d}(2x)=-\frac{1}{2}\cos 2x+C.$

方法二：原式$=\int 2\sin x\cos x\mathrm{d}x=2\int \sin x\mathrm{d}(\sin x)=\sin^2 x+C.$

方法三：原式$=\int 2\sin x\cos x\mathrm{d}x=-2\int \cos x\mathrm{d}(\cos x)=-\cos^2 x+C.$

从本例中我们注意到，同一个不定积分，由于计算中选用了不同的积分变量(分别为 $2x$，$\sin x$，$\cos x$)，所以运用到的积分计算模型也不同(分别为以下形式：$\int \sin u\mathrm{d}u=-\cos u+C$，$\int u\mathrm{d}u=\frac{1}{2}u^2+C$)，自然得出的结果从表面形式上看也不一样.

事实上，在不定积分的计算过程中，由于大家所选取的原函数各不相同，自然也就造成了看上去不一样的结果，这是完全正常的. 所以，检验积分计算是否正确的方法也很简单，就是对其计算结果求导数，若导数能还原成被积函数，则其计算就是正确的，否则就是错误的. 例如，在本例中，因为

$$\left(-\frac{1}{2}\cos 2x+C\right)'=(\sin^2 x+C)'=(-\cos^2 x+C)'=\sin 2x,$$

所以三种解法都是正确的.

其实，$-\frac{1}{2}\cos 2x=\sin^2 x-\frac{1}{2}=-\cos^2 x+\frac{1}{2}$，即三种不同的解法中所得到的原函数彼此只相差一个常数，而这个常数又都可以包含到任意常数中去，由此可见，在不定积分的计算中，积分常数 C 是不可缺少的

例 4.12 求 $\int (1-2x)^{1234}\mathrm{d}x$.

解 令 $u=1-2x$，被积函数 $(1-2x)^{1234}=u^{1234}$ 现在只是缺少 $\mathrm{d}u$.

因为 $\mathrm{d}u=\mathrm{d}(1-2x)=(-2)\mathrm{d}x$，所以我们注意到在积分中只是缺少一个常数因子 (-2). 于是便有

$$\begin{aligned}\int (1-2x)^{1234}\mathrm{d}x &=\left(\frac{-2}{-2}\right)\int (1-2x)^{1234}\mathrm{d}x\\ &=\left(-\frac{1}{2}\right)\int (1-2x)^{1234}(-2)\mathrm{d}x\\ &=-\frac{1}{2}\int (1-2x)^{1234}\mathrm{d}(1-2x)\\ &=\left(-\frac{1}{2}\right)\frac{1}{1\,235}(1-2x)^{1235}+C\\ &=-\frac{1}{2\,470}(1-2x)^{1235}+C.\end{aligned}$$

这里用到的积分计算模型是 $\int u^{\alpha}\mathrm{d}u=\frac{1}{\alpha+1}u^{\alpha+1}+C \quad (\alpha\neq -1)$. 如果本例直接展开多项式 $(1-2x)^{1234}$ 后，用直接积分法做显然是相当繁琐的.

例 4.13 求 $\int \tan x\mathrm{d}x$.

视频 60

解
$$\begin{aligned}\int \tan x\mathrm{d}x &=\int \frac{\sin x}{\cos x}\mathrm{d}x=-\int \frac{1}{\cos x}\mathrm{d}(\cos x)\\ &=-\ln|\cos x|+C.\end{aligned}$$

这里用到的积分计算模型是 $\int \frac{1}{u}\mathrm{d}u=\ln|u|+C$，类似地我们还可求得

$$\int \cot x \mathrm{d}x=\ln|\sin x|+C.$$

在对换元法比较熟悉后，可不必写出中间变量 u，如本例中的 $\cos x$(或 $\sin x$).

例 4.14　求 $\int \frac{1}{\sqrt{4-x^2}}\mathrm{d}x$.

解　$\int \frac{1}{\sqrt{4-x^2}}\mathrm{d}x=\int \frac{1}{2\sqrt{1-\left(\frac{x}{2}\right)^2}}\mathrm{d}x=\int \frac{1}{\sqrt{1-\left(\frac{x}{2}\right)^2}}\mathrm{d}\left(\frac{x}{2}\right)$

$=\arcsin \frac{x}{2}+C$,

其中，$\frac{1}{2}\mathrm{d}x=\mathrm{d}\left(\frac{x}{2}\right)$用的是凑微分的技巧. 用到的积分计算模型是

$$\int \frac{1}{\sqrt{1-u^2}}\mathrm{d}u=\arcsin u+C.$$

例 4.15　求 $\int \frac{1}{a^2+x^2}\mathrm{d}x \quad (a\neq 0)$.

解　$\int \frac{1}{a^2+x^2}\mathrm{d}x=\frac{1}{a}\cdot\int \frac{1}{1+\left(\frac{x}{a}\right)^2}\cdot\frac{1}{a}\mathrm{d}x=\frac{1}{a}\int \frac{1}{1+\left(\frac{x}{a}\right)^2}\mathrm{d}\left(\frac{x}{a}\right)$

$=\frac{1}{a}\arctan \frac{x}{a}+C.$

本例用到的积分计算模型是

$$\int \frac{1}{1+u^2}\mathrm{d}u=\arctan u+C.$$

例 4.16　求 $\int x\mathrm{e}^{x^2}\mathrm{d}x$.

解　因为 $\mathrm{d}(x^2)=2x\mathrm{d}x$，所以，$x\mathrm{d}x=\frac{1}{2}\mathrm{d}(x^2)$，参照基本积分公式(4)，有

$$\int x\mathrm{e}^{x^2}\mathrm{d}x=\frac{1}{2}.\int \mathrm{e}^{x^2}\mathrm{d}(x^2)=\frac{1}{2}\mathrm{e}^{x^2}+C$$

例 4.17　求 $\int \mathrm{e}^x\sin\mathrm{e}^x\mathrm{d}x$.

解　因为 $\mathrm{d}(\mathrm{e}^x)=\mathrm{e}^x\mathrm{d}x$，故有

$$\int \mathrm{e}^x\sin\mathrm{e}^x\mathrm{d}x=\int \sin\mathrm{e}^x\mathrm{d}(\mathrm{e}^x)=-\cos\mathrm{e}^x+C.$$

从以上几例可见，第一类换元积分法是一种非常有效的方法，其换元的主要手法就是凑微分，所以，第一类换元积分法又被称为凑微分法. 这样，把微分公式反过来用就显得尤为重要，下面介绍一些常用的凑微分的技巧.

动画 8

① $du=d(u+C)$ （$u=u(x)$是任意可微函数，C 是任意常数）.

② $dx=\frac{1}{a}d(ax)$ （a 是任意实数，$a\neq 0$）.

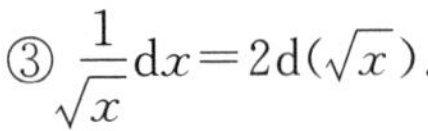

③ $\frac{1}{\sqrt{x}}dx=2d(\sqrt{x})$.

④ $\frac{1}{x}dx=d(\ln x)$.

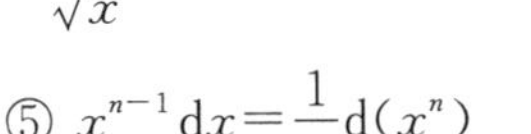

⑤ $x^{n-1}dx=\frac{1}{n}d(x^n)$ （$n\neq 0$）.

⑥ $\sin x dx=-d(\cos x)$.

⑦ $\cos x dx=d(\sin x)$.

⑧ $\sec^2 x dx=d(\tan x)$.

⑨ $\csc^2 x dx=-d(\cot x)$.

⑩ $\sec x\tan x dx=d(\sec x)$.

⑪ $\csc x\cot x dx=-d(\csc x)$.

⑫ $e^x dx=d(e^x)$.

⑬ $e^{-x}dx=-d(e^{-x})$.

⑭ $e^{kx}dx=\frac{1}{k}d(e^{kx})$.

⑮ $\frac{1}{\sqrt{1-x^2}}dx=d(\arcsin x)=-d(\arccos x)$.

⑯ $\frac{1}{1+x^2}dx=d(\arctan x)=-d(\text{arccot}\, x)$.

其实，只要积分计算需要，每一个微分公式都可以用来凑微分.

例 4.18 求 $\int \csc x dx$.

解 $\int \csc x dx=\int \frac{1}{\sin x}dx=\int \frac{1}{2\sin\frac{x}{2}\cos\frac{x}{2}}dx$

$$=\int \frac{1}{\tan\frac{x}{2}\cdot\cos^2\frac{x}{2}}d\left(\frac{x}{2}\right)=\int \frac{1}{\tan\frac{x}{2}}\cdot\sec^2\frac{x}{2}d\left(\frac{x}{2}\right)$$

$$=\int \frac{1}{\tan\frac{x}{2}}d\left(\tan\frac{x}{2}\right)=\ln\left|\tan\frac{x}{2}\right|+C.$$

由于

$$\tan\frac{x}{2}=\frac{\sin\frac{x}{2}}{\cos\frac{x}{2}}=\frac{2\sin^2\frac{x}{2}}{2\sin\frac{x}{2}\cdot\cos\frac{x}{2}}=\frac{1-\cos x}{\sin x}=\csc x-\cot x,$$

所以

$$\int \csc x dx=\ln|\csc x-\cot x|+C.$$

类似地可以求得

$$\int \sec x dx=\ln|\sec x+\tan x|+C.$$

例 4.19　求 $\int \frac{1+\ln x}{x}\mathrm{d}x$.

解　$\int \frac{1+\ln x}{x}\mathrm{d}x = \int (1+\ln x)\mathrm{d}(\ln x) = \int (1+\ln x)\mathrm{d}(1+\ln x)$

$$=\frac{1}{2}(1+\ln x)^2+C.$$

例 4.20　求 $\int \frac{1}{x^2-a^2}\mathrm{d}x \quad (a\neq 0)$.

解　因为 $\frac{1}{x^2-a^2}=\frac{1}{(x-a)(x+a)}=\frac{1}{2a}\left(\frac{1}{x-a}-\frac{1}{x+a}\right)$,

所以

$$\begin{aligned}\int \frac{1}{x^2-a^2}\mathrm{d}x &= \frac{1}{2a}\int \left(\frac{1}{x-a}-\frac{1}{x+a}\right)\mathrm{d}x\\ &= \frac{1}{2a}\left[\int \frac{1}{x-a}\mathrm{d}(x-a)-\int \frac{1}{x+a}\mathrm{d}(x+a)\right]\\ &= \frac{1}{2a}(\ln|x-a|-\ln|x+a|)+C\\ &= \frac{1}{2a}\ln\left|\frac{x-a}{x+a}\right|+C.\end{aligned}$$

例 4.21　求 $\int \frac{\sin(\sqrt{x}+3)}{\sqrt{x}}\mathrm{d}x$.

解

$$\begin{aligned}\int \frac{\sin(\sqrt{x}+3)}{\sqrt{x}}\mathrm{d}x &= 2\int \sin(\sqrt{x}+3)\mathrm{d}(\sqrt{x})\\ &= 2\int \sin(\sqrt{x}+3)\mathrm{d}(\sqrt{x}+3)\\ &= -2\cos(\sqrt{x}+3)+C.\end{aligned}$$

例 4.22　求 $\int \frac{2x+1}{x^2+4x+5}\mathrm{d}x$.

解　因为 $(x^2+4x+5)'=2x+4$，$(x^2+4x+5)=1+(x+2)^2$，所以

$$\begin{aligned}\int \frac{2x+1}{x^2+4x+5}\mathrm{d}x &= \int \frac{2x+4-3}{x^2+4x+5}\mathrm{d}x = \int \frac{2x+4}{x^2+4x+5}\mathrm{d}x-3\int \frac{1}{x^2+4x+5}\mathrm{d}x\\ &= \int \frac{1}{x^2+4x+5}\mathrm{d}(x^2+4x+5)-3\int \frac{1}{1+(x+2)^2}\mathrm{d}(x+2)\\ &= \ln|x^2+4x+5|-3\arctan(x+2)+C.\end{aligned}$$

大家可以分析一下，上述例题都用到了哪些积分计算模型？

4.3.2　第二类换元积分法

第一类换元积分法能解决一大批复合函数的不定积分的计算，其关键是根据具体的被积

函数，进行适当地凑微分后，能依托于某一个基本积分公式所得到的积分计算模型进行积分计算. 但是，有一些被积函数是不容易凑微分的，这样就要尝试作另外一种替换来改变被积表达式的结构，使之变成基本积分公式表中的某一个积分形式，这就产生了第二类换元积分法.

定理 4.4 （第二类换元积分法）设函数 $x=\varphi(t)$ 单调、可导，且 $\varphi'(t)\neq 0$，$f[\varphi(t)]\varphi'(t)$ 的原函数存在，则有换元积分公式

$$\int f(x)\mathrm{d}x \xlongequal{\text{令 } x=\varphi(t)} \int f[\varphi(t)]\cdot\varphi'(t)\mathrm{d}t,$$

在积分结束后要回代 $t=\varphi^{-1}(x)$，其中 $t=\varphi^{-1}(x)$ 是 $x=\varphi(t)$ 的反函数.

第二类换元积分法在运用的过程中是非常灵活的，下面介绍其中的几种代换技巧.

1. 根式代换法

视频 61

在被积函数中含有一次函数的根式时，为暂时让根式消失，可直接设根式等于 t 进行变换，求出对新变量 t 的原函数后，再代回原积分变量 x 得到所求的不定积分.

例 4.23 求 $\int \frac{1}{1-\sqrt{2x+1}}\mathrm{d}x$.

解 设 $\sqrt{2x+1}=t$，则 $x=\frac{1}{2}(t^2-1)$，$\mathrm{d}x=t\mathrm{d}t$，于是

$$\begin{aligned}\int \frac{1}{1-\sqrt{2x+1}}\mathrm{d}x &= \int \frac{t}{1-t}\mathrm{d}t=\int \frac{t-1+1}{1-t}\mathrm{d}t\\ &=-\int \mathrm{d}t+\int \frac{1}{1-t}\mathrm{d}t=-\int \mathrm{d}t-\int \frac{1}{1-t}\mathrm{d}(1-t)\\ &=-t-\ln|1-t|+C\\ &=-\sqrt{2x+1}-\ln|1-\sqrt{2x+1}|+C.\end{aligned}$$

例 4.24 求 $\int \frac{1}{x+\sqrt[3]{x}}\mathrm{d}x$.

解 设 $\sqrt[3]{x}=t$，则 $x=t^3$，$\mathrm{d}x=3t^2\mathrm{d}t$. 于是

$$\begin{aligned}\int \frac{1}{x+\sqrt[3]{x}}\mathrm{d}x &= \int \frac{1}{t^3+t}\cdot 3t^2\mathrm{d}t=3\int \frac{t}{t^2+1}\mathrm{d}t\\ &=\frac{3}{2}\int \frac{1}{1+t^2}\mathrm{d}(1+t^2)=\frac{3}{2}\ln|1+t^2|+C\\ &=\frac{3}{2}\ln|1+\sqrt[3]{x^2}|+C.\end{aligned}$$

2. 三角代换法

视频 62

一般为消除根式 $\sqrt{a^2-x^2}$，$\sqrt{a^2+x^2}$，$\sqrt{x^2-a^2}$ $(a>0)$ 时，可运用三角代换的方式进行，即分别令：$x=a\sin t$，$x=a\tan t$，$x=a\sec t$，然后利用三角函数的平方关系消除根号，在求出原函数后，再利用直角三角形中边与锐角的三角函数关系以及反三角函数代回原来的积分量 x. 下面分别举例说明.

例 4.25　求 $\int \sqrt{a^2-x^2}\,\mathrm{d}x \quad (a>0)$.

解　令 $x=a\sin t\left(-\frac{\pi}{2}<t<\frac{\pi}{2}\right)$，则 $\mathrm{d}x=a\cos t\mathrm{d}t$，于是

$$\begin{aligned}\int \sqrt{a^2-x^2}\,\mathrm{d}x &= \int a\cos t\cdot a\cos t\mathrm{d}t=a^2\int \cos^2 t\mathrm{d}t\\&=a^2\int \frac{1+\cos 2t}{2}\mathrm{d}t=\frac{a^2}{2}\left(t+\frac{1}{2}\sin 2t\right)+C\\&=\frac{a^2}{2}(t+\sin t\cdot\cos t)+C\end{aligned}$$

根据 $\sin t=\frac{x}{a}$ 作辅助直角三角形(图 4-3).

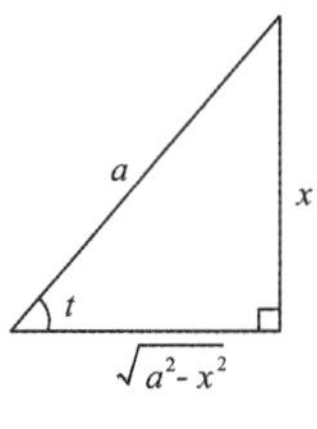

图 4-3

由图易知，$\cos t=\frac{\sqrt{a^2-x^2}}{a}$，且 $t=\arcsin\frac{x}{a}$，所以

$$\begin{aligned}\int \sqrt{a^2-x^2}\,\mathrm{d}x &=\frac{a^2}{2}\left(\arcsin\frac{x}{a}+\frac{x\sqrt{a^2-x^2}}{a^2}\right)+C\\&=\frac{a^2}{2}\arcsin\frac{x}{a}+\frac{1}{2}x\sqrt{a^2-x^2}+C.\end{aligned}$$

例 4.26　求 $\int \frac{1}{\sqrt{x^2+a^2}}\mathrm{d}x \quad (a>0)$.

解　令 $x=a\tan t\left(-\frac{\pi}{2}<t<\frac{\pi}{2}\right)$，则 $\mathrm{d}x=a\sec^2 t\mathrm{d}t$，于是

$$\begin{aligned}\int \frac{1}{\sqrt{x^2+a^2}}\mathrm{d}x &= \int \frac{1}{a\sec t}\cdot a\sec^2 t\mathrm{d}t=\int \sec t\mathrm{d}t\\&=\ln|\sec t+\tan t|+C_1.\end{aligned}$$

根据 $\tan t=\frac{x}{a}$ 作辅助直角三角形(图 4-4)，由图易知

$$\sec t=\frac{\sqrt{x^2+a^2}}{a},$$

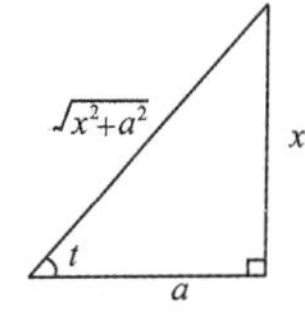

图 4-4

所以

$$\begin{aligned}\int \frac{1}{\sqrt{x^2+a^2}}\mathrm{d}x &=\ln\left|\frac{\sqrt{x^2+a^2}}{a}+\frac{x}{a}\right|+C_1\\&=\ln\left|\sqrt{x^2+a^2}+x\right|-\ln a+C_1.\\&=\ln\left|\sqrt{x^2+a^2}\right|+C,\end{aligned}$$

其中，$C=-\ln a+C_1$.

例 4.27　求 $\int \frac{1}{\sqrt{x^2-a^2}}\mathrm{d}x \quad (a>0)$.

解 令 $x=a\sec t\left(0<t<\frac{\pi}{2}\right)$,则 $dx=a\sec t\tan t dt$,于是

$$\int\frac{1}{\sqrt{x^2-a^2}}dx=\int\frac{1}{a\cdot\tan t}\cdot a\sec t\cdot\tan t dt=\int\sec t dt$$

$$=\ln|\sec t+\tan t|+C_1.$$

根据 $\sec t=\frac{x}{a}$,即 $\cos t=\frac{a}{x}$ 作辅助直角三角形(图 4-5),由图易知

$$\tan t=\frac{\sqrt{x^2-a^2}}{a},$$

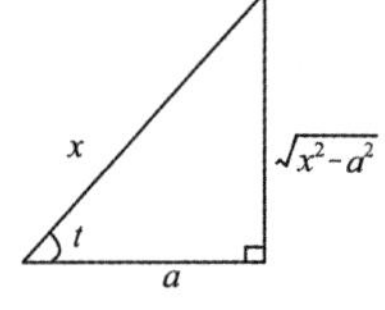

图 4-5

所以

$$\int\frac{1}{\sqrt{x^2-a^2}}dx=\ln\left|\frac{x}{a}+\frac{\sqrt{x^2-a^2}}{a}\right|+C_1$$

$$=\ln|x+\sqrt{x^2-a^2}|-\ln a+C_1$$

$$=\ln|x+\sqrt{x^2-a^2}|+C,$$

其中,$C=-\ln a+C_1$.

3. 转移法

例 4.28 求 $\int x^2(x+3)^{50}dx$.

解 本例显然没有基本积分公式可直接套用,凑微分也不能解决问题,而 50 次方展开又比较麻烦,因此可用第二类换元积分法中的转移法来解决.

令 $x+3=t$,则 $x=t-3$,$dx=dt$,于是

$$\int x^2(x+3)^{50}dx=\int(t-3)^2t^{50}dt$$

$$=\int(t^2-6t+9)t^{50}dt=\int(t^{52}-6t^{51}+9t^{50})dt$$

$$=\frac{1}{53}t^{53}-\frac{6}{52}t^{52}+\frac{9}{51}t^{51}+C$$

$$=\frac{1}{53}(x+3)^{53}-\frac{3}{26}(x+3)^{52}+\frac{3}{17}(x+3)^{51}+C.$$

例 4.29 求 $\int\frac{x^2}{(x+1)^5}dx$.

解 令 $x+1=t$,则 $x=t-1$,$dx=dt$. 于是

$$\int\frac{x^2}{(x+1)^5}dx=\int\frac{(t-1)^2}{t^5}dt=\int\frac{t^2-2t+1}{t^5}dt$$

$$=\int(t^{-3}-2t^{-4}+t^{-5})dt$$

$$=-\frac{1}{2}t^{-2}+\frac{2}{3}t^{-3}-\frac{1}{4}t^{-4}+C$$

$$=-\frac{1}{2}(x+1)^{-2}+\frac{2}{3}(x+1)^{-3}-\frac{1}{4}(x+1)^{-4}+C.$$

4. 倒代法

例 4.30　求 $\int\frac{1}{x\sqrt{x^2-1}}\mathrm{d}x$.

解　令 $x=\frac{1}{t}$，则 $\mathrm{d}x=-\frac{1}{t^2}\mathrm{d}t$，于是

$$\int\frac{1}{x\sqrt{x^2-1}}\mathrm{d}x=\int\frac{t}{\sqrt{\left(\frac{1}{t}\right)^2-1}}\left(-\frac{1}{t^2}\right)\mathrm{d}t$$

$$=-\int\frac{1}{\sqrt{1-t^2}}\mathrm{d}t=\arccos t+C$$

$$=\arccos\frac{1}{x}+C.$$

在本节的例题中，有几个积分的类型是今后大家会经常遇到的，可以当作公式来使用. 现列出如下：

(13) $\int\tan x\mathrm{d}x=-\ln|\cos x|+C.$

(14) $\int\cot x\mathrm{d}x=\ln|\sin x|+C.$

(15) $\int\sec x\mathrm{d}x=\ln|\sec x+\tan x|+C.$

(16) $\int\csc x\mathrm{d}x=\ln|\csc x-\cot x|+C.$

(17) $\int\frac{1}{x^2+a^2}\mathrm{d}x=\frac{1}{a}\arctan\frac{x}{a}+C\quad(a\neq0).$

(18) $\int\frac{1}{x^2-a^2}\mathrm{d}x=\frac{1}{2a}\ln\left|\frac{x-a}{x+a}\right|+C\quad(a\neq0).$

(19) $\int\frac{1}{\sqrt{a^2-x^2}}\mathrm{d}x=\arcsin\frac{x}{a}+C\quad(a>0).$

(20) $\int\sqrt{a^2-x^2}\mathrm{d}x=\frac{a^2}{2}\arcsin\frac{x}{a}+\frac{1}{2}x\sqrt{a^2-x^2}+C\quad(a>0).$

(21) $\int\frac{1}{\sqrt{x^2\pm a^2}}\mathrm{d}x=\ln\left|x+\sqrt{x^2\pm a^2}\right|+C\quad(a>0).$

习题 4-3

习题 4-3 答案

1. 请在下列括号中填写正确的内容：

(1) $x\mathrm{d}x=(\quad)\mathrm{d}(3x^2-1)$;

(2) $\mathrm{d}x=(\quad)\mathrm{d}(2-3x)$;

(3) $\mathrm{e}^{-2x}\mathrm{d}x=(\quad)\mathrm{d}(\mathrm{e}^{-2x})$;

(4) $\frac{1}{x^2}\mathrm{d}x=\mathrm{d}(\quad)$;

(5) $\sin 3x\mathrm{d}x=(\quad)\mathrm{d}(\cos 3x)$;

(6) $\sec^2\frac{x}{2}\mathrm{d}x=(\quad)\mathrm{d}\left(\tan\frac{x}{2}\right)$;

(7) $\frac{1}{x}\mathrm{d}x=(\quad)\mathrm{d}(3\ln x+1)$;

(8) $\frac{1}{2-3x}\mathrm{d}x=(\quad)\mathrm{d}[\ln(2-3x)]$;

(9) $\frac{1}{\sqrt{2-3x}}\mathrm{d}x=(\quad)\mathrm{d}(\sqrt{2-3x})$;

(10) $\frac{\ln x}{x}\mathrm{d}x=\ln x\mathrm{d}(\quad)=\mathrm{d}(\quad)$.

2. 用第一类换元积分法求下列不定积分：

(1) $\int\cos 5x\mathrm{d}x$;

(2) $\int\sqrt[3]{(2+3x)^2}\mathrm{d}x$;

(3) $\int x\sqrt{1+2x^2}\mathrm{d}x$;

(4) $\int(1+2\sin x)\cos x\mathrm{d}x$;

(5) $\int 10^{2x}\mathrm{d}x$;

(6) $\int\frac{1}{1+4x^2}\mathrm{d}x$;

(7) $\int x\mathrm{e}^{-x^2}\mathrm{d}x$;

(8) $\int\frac{(\ln x)^3}{x}\mathrm{d}x$;

(9) $\int\sec^2 x\cdot\tan x\mathrm{d}x$;

(10) $\int\frac{1}{x\ln x}\mathrm{d}x$;

(11) $\int\frac{\mathrm{e}^x}{1+\mathrm{e}^x}\mathrm{d}x$;

(12) $\int\frac{1}{1+\mathrm{e}^x}\mathrm{d}x$;

(13) $\int\frac{1}{\sqrt{x}(1+\sqrt{x})}\mathrm{d}x$;

(14) $\int\frac{1}{\sqrt{x}(1+x)}\mathrm{d}x$;

(15) $\int\sin^2 x\mathrm{d}x$;

(16) $\int\frac{\sin 2x}{\sqrt{3-\cos^2 x}}\mathrm{d}x$;

(17) $\int\frac{1}{1+\cos x}\mathrm{d}x$;

(18) $\int\frac{\arcsin x}{\sqrt{1-x^2}}\mathrm{d}x$;

(19) $\int\frac{(\arctan x)^2}{1+x^2}\mathrm{d}x$;

(20) $\int\frac{x+2}{x^2+3x+4}\mathrm{d}x$.

3. 用第二类换元积分法求下列不定积分：

(1) $\int \frac{\sqrt{x}}{1+x}\mathrm{d}x$;　　(2) $\int \frac{x^2}{\sqrt[3]{2-x}}\mathrm{d}x$;

(3) $\int \frac{\sqrt{1-x^2}}{x^2}\mathrm{d}x$;　　(4) $\int \frac{1}{x^2\sqrt{1+x^2}}\mathrm{d}x$;

(5) $\int \frac{\sqrt{x^2-1}}{x}\mathrm{d}x$;　　(6) $\int \frac{1}{\sqrt{x^2-1}}\mathrm{d}x$;

(7) $\int x(3x+1)^{20}\mathrm{d}x$;　　(8) $\int \frac{x^2}{(1-x)^3}\mathrm{d}x$;

(9) $\int \frac{1}{\sqrt{x}+\sqrt[3]{x}}\mathrm{d}x$;　　(10) $\int \sqrt{1+\mathrm{e}^x}\,\mathrm{d}x$.

4.4　分部积分法

虽然说积分运算缺少乘法运算法则的支持，但可以借助两个函数乘积的微分运算法则来推导积分运算的另一种基本方法——分部积分法.

设 $u=u(x)$，$v=v(x)$ 均是 x 的连续可微函数，则有

$$\mathrm{d}(uv)=v\mathrm{d}u+u\mathrm{d}v,$$

移项得

$$u\mathrm{d}v=\mathrm{d}(uv)-v\mathrm{d}u.$$

对这个等式两边求不定积分可得

$$\int u\mathrm{d}v=uv-\int v\mathrm{d}u,$$

这就是分部积分公式.

分部积分法是不定积分的一种基本方法，它就是通过分部积分公式，巧妙地把积分 $\int u\mathrm{d}v$ 的运算转换成积分 $\int v\mathrm{d}u$ 的运算，而这种转换有时可以起到“柳暗花明又一村”的效果.

例 4.31　求 $\int \ln x\mathrm{d}x$.

视频 63

解　在本例中无法用换元积分法来运算，但是如果设 $u(x)=\ln x$，$v(x)=x$，则利用分部积分公式得到

$$\int \ln x\mathrm{d}x=x\ln x-\int x\mathrm{d}(\ln x)=x\ln x-\int x\cdot\frac{1}{x}\mathrm{d}x$$

$$=x\ln x-\int \mathrm{d}x=x\ln x-x+C.$$

从本例可以看出，分部积分的指导思想就是通过 u 函数与 v 函数的换位，然后对 u 函数求导数来达到改变被积表达式结构的目的，因此，它的焦点应该是分部积分公式右边的 $\mathrm{d}u=$

$u'(x)\mathrm{d}x$. 为此，有时为了达到这个目的，我们要用凑微分的技巧去凑 v 函数.

例 4.32 求 $\int x^2\ln x\mathrm{d}x$.

视频 64

解 被积函数是幂函数 x^2 和对数函数 $\ln x$ 的乘积，通过例 4.31 可以看到，对数函数通过求导数后会改变其函数的结构，即 $(\ln x)'=\frac{1}{x}$. 为此，可设 $u=\ln x, \mathrm{d}v=x^2\mathrm{d}x=\frac{1}{3}\mathrm{d}(x^3)$，这样就凑出一个 v 函数 x^3，于是

$$\begin{aligned}\int x^2\ln x\mathrm{d}x &= \frac{1}{3}\int \ln x\mathrm{d}(x^3) = \frac{1}{3}\left[x^3\ln x-\int x^3\mathrm{d}(\ln x)\right]\\&= \frac{1}{3}\left(x^3\ln x-\int x^3\cdot\frac{1}{x}\mathrm{d}x\right)=\frac{1}{3}\left(x^3\ln x-\int x^2\mathrm{d}x\right)\\&= \frac{1}{3}x^3\ln x-\frac{1}{9}x^3+C.\end{aligned}$$

通过本例可以注意到，凑 v 只是手段，而改 u 才是目的，因此，分部积分公式的基本思想就是凑 v 改 u.

例 4.33 求 $\int x\mathrm{e}^x\mathrm{d}x$.

解 $$\begin{aligned}\int x\mathrm{e}^x\mathrm{d}x &= \int x\mathrm{d}\mathrm{e}^x = x\mathrm{e}^x-\int \mathrm{e}^x\mathrm{d}x = x\mathrm{e}^x-\mathrm{e}^x+C\\&= (x-1)\mathrm{e}^x+C.\end{aligned}$$

在本例中，如果

$$\begin{aligned}\int x\mathrm{e}^x\mathrm{d}x &= \frac{1}{2}\int \mathrm{e}^x\mathrm{d}(x^2) = \frac{1}{2}\left[x^2\mathrm{e}^x-\int x^2\mathrm{d}(\mathrm{e}^x)\right]\\&= \frac{1}{2}x^2\mathrm{e}^x-\frac{1}{2}\int x^2\mathrm{e}^x\mathrm{d}x,\end{aligned}$$

那么，这样分部后的积分 $\frac{1}{2}\int x^2\mathrm{e}^x\mathrm{d}x$ 比原积分 $\int x\mathrm{e}^x\mathrm{d}x$ 更复杂，因而这样的分部是失败的.

由此可见，使用分部积分法的关键是正确选择 u 和选择 $\mathrm{d}v$. 由于在分部积分法中改造 u 函数的方法是对 u 函数求导数，所以我们必须对基本初等函数的导数公式有一个更深层次的认识，即哪些函数可以通过求导数改变其函数的结构或使其更简化，而哪些函数在求导数后改变不大或根本不会改变其函数的结构. 显然，前者更适合作为 u 函数的首选，为此我们总结如下：

通过求导数能改变结构(或简化)的函数一般有：反三角函数、对数函数和幂函数 $y=x^\alpha(\alpha>0)$；而通过求导数不能改变结构(或简化不了)的函数一般有：指数函数、三角函数和幂函数 $y=x^\alpha(\alpha<0)$.

例 4.34 求 $\int x^2\sin x\mathrm{d}x$.

解 $$\int x^2\sin x\mathrm{d}x = -\int x^2\mathrm{d}(\cos x) = -\left[x^2\cos x-\int \cos x\mathrm{d}(x^2)\right]$$

$$=-x^2\cos x+2\int x\cos x\mathrm{d}x$$

$$=-x^2\cos x+2\int x\mathrm{d}(\sin x)$$

$$=-x^2\cos x+2\left(x\sin x-\int\sin x\mathrm{d}x\right)$$

$$=-x^2\cos x+2x\sin x+2\cos x+C.$$

本例表明,如果积分需要,分部积分法可以多次使用.

例 4.35　求 $\int\arcsin x\mathrm{d}x$.

解　与例 4.31 一样,可直接把积分变量 x 看成 v 函数,即 $v(x)=x$. 于是

$$\int\arcsin x\mathrm{d}x=x\arcsin x-\int x\mathrm{d}(\arcsin x)$$

$$=x\arcsin x-\int\frac{x}{\sqrt{1-x^2}}\mathrm{d}x$$

$$=x\arcsin x+\frac{1}{2}\int\frac{1}{\sqrt{1-x^2}}\mathrm{d}(1-x^2)$$

$$=x\arcsin x+\sqrt{1-x^2}+C.$$

类似地可以求得

$$\int\arccos x\mathrm{d}x=x\arccos x-\sqrt{1-x^2}+C;$$

$$\int\arctan x\mathrm{d}x=x\arctan x-\frac{1}{2}\ln(1+x^2)+C;$$

$$\int\operatorname{arccot}x\mathrm{d}x=x\operatorname{arccot}x+\frac{1}{2}\ln(1+x^2)+C.$$

从例 4.35 中可以看到,在积分过程中,往往需要兼用换元积分法和分部积分法.

例 4.36　求 $\int\mathrm{e}^{\sqrt{x}}\mathrm{d}x$.

解　令 $\sqrt{x}=t$,则 $x=t^2$, $\mathrm{d}x=2t\mathrm{d}t$,于是

$$\int\mathrm{e}^{\sqrt{x}}\mathrm{d}x=2\int t\mathrm{e}^t\mathrm{d}t=2\int t\mathrm{d}(\mathrm{e}^t)$$

$$=2\left(t\mathrm{e}^t-\int\mathrm{e}^t\mathrm{d}t\right)=2(t-1)\mathrm{e}^t+C$$

$$=2(\sqrt{x}-1)\mathrm{e}^{\sqrt{x}}+C.$$

最后给大家介绍分部积分法中的一种常用技巧——还原法.

有些不定积分在求解过程中经过若干次分部后会还原成所求的不定积分,这样,我们就获得所求不定积分满足的一个简单方程,然后再把不定积分解出来,这就是还原法.

例 4.37 求 $\int e^x \sin x dx$.

解 $\int e^x \sin x dx = \int \sin x d(e^x) = e^x \sin x - \int e^x d(\sin x)$

$$= e^x \sin x - \int e^x \cos x dx$$

$$= e^x \sin x - \int \cos x d(e^x)$$

$$= e^x \sin - \left[e^x \cos x - \int e^x (-\sin x) dx \right]$$

$$= e^x \sin x - e^x \cos x - \int e^x \sin x dx,$$

移项后合并同类项,可得

$$\int e^x \sin x dx = \frac{1}{2} e^x (\sin x - \cos x) + C.$$

例 4.38 求 $\int \sec^3 x dx$.

解 $\int \sec^3 x dx = \int \sec x \sec^2 x dx = \int \sec x d(\tan x)$

$$= \sec x \tan x - \int \tan x \sec x \tan x dx$$

$$= \sec x \tan x - \int \tan^2 x \sec x dx$$

$$= \sec x \tan x - \int (\sec^2 x - 1) \sec x dx$$

$$= \sec x \tan x - \int \sec^3 x dx + \int \sec x dx,$$

移项后合并同类项可得

$$\int \sec^3 x dx = \frac{1}{2} \left(\sec x \tan x + \int \sec x dx \right)$$

$$= \frac{1}{2} (\sec x \tan x + \ln |\sec x + \tan x|) + C.$$

在本节的例题中,有几个积分的类型也可以当作公式来使用,现列出如下:

(22) $\int \ln x dx = x \ln x - x + C.$

(23) $\int \arcsin x dx = x \arcsin x + \sqrt{1 - x^2} + C.$

(24) $\int \arccos x dx = x \arccos x - \sqrt{1 - x^2} + C.$

(25) $\int \arctan x \mathrm{d}x = x\arctan x - \frac{1}{2}\ln(1+x^2) + C$.

(26) $\int \mathrm{arccot} x \mathrm{d}x = x\mathrm{arccot} x + \frac{1}{2}\ln(1+x^2) + C$.

不定积分的计算是微积分三大运算技能(求极限、求导数与微分、求积分)中最难的. 熟练掌握基本积分公式以及相应的积分计算模型是学好不定积分的基础,学习时,大家要善于根据被积函数的特点选用适当的积分方式,用类比、归纳的思维方法,总结所解习题的规律,达到解题的目的.

习题 4-4

习题 4-4 答案

用分部积分法求下列不定积分:

(1) $\int x\cos 3x \mathrm{d}x$;　　(2) $\int \frac{x}{\sin^2 x}\mathrm{d}x$;

(3) $\int x\mathrm{e}^{-2x}\mathrm{d}x$;　　(4) $\int \arctan 2x \mathrm{d}x$;

(5) $\int x^2 \sin x \mathrm{d}x$;　　(6) $\int (x-1)3^x \mathrm{d}x$;

(7) $\int \frac{\ln x}{\sqrt{x}}\mathrm{d}x$;　　(8) $\int (x^2-3x)\ln x \mathrm{d}x$;

(9) $\int \ln(x+\sqrt{1+x^2})\mathrm{d}x$;　　(10) $\int \frac{\arctan \mathrm{e}^x}{\mathrm{e}^x}\mathrm{d}x$;

(11) $\int \mathrm{e}^x \cos x \mathrm{d}x$;　　(12) $\int \sin(\ln x)\mathrm{d}x$;

(13) $\int \sqrt{\mathrm{e}^x-1}\,\mathrm{d}x$;　　(14) $\int (\ln x)^2 \mathrm{d}x$;

(15) $\int \sin x \ln(\tan x)\mathrm{d}x$;　　(16) $\int \frac{x\mathrm{e}^x}{(1+x)^2}\mathrm{d}x$.

学习指导

一、学习重点与要求

1. 正确理解原函数与不定积分的基本概念,知道连续函数一定有原函数,且每一个连续函数的原函数都不是唯一的,掌握不定积分的性质与运算法则.

2. 熟记基本积分公式. 知道任何一种积分结果都可推出一个积分计算模型,即:由积分结果 $\int f(x)\mathrm{d}x = F(x)+C \Rightarrow$ 积分计算模型 $\int f(u)\mathrm{d}u = F(u)+C$　[$u=u(x)$ 是 x 的可微函数].

3. 熟练掌握第一类换元积分法(凑微分法),熟悉常用的凑微分技巧.

4. 熟悉第二类换元积分法,掌握根式代换法、转移法,了解用于消去二次根式的三角代换法与倒代法.

5. 熟练掌握分部积分法,理解凑 v 改 u 的指导思想,了解还原法.

二、学习疑难解答

1. 导数运算与积分运算是互逆的吗?

答:是的,这是因为$\left[\int f(x)\mathrm{d}x\right]'=f(x)$. 所以,检验积分结果是否正确的方法是:对积分结果求导数,看是否能还原成被积函数. 若能,说明结果是对的;若不能,说明结果是错的.

2. 为什么不定积分的运算要比导数运算难?

答:主要是运算体系造成的. 求导数的运算体系比较完整,而不定积分的计算则不然,它缺乏最基本的乘、除运算法则,所以在积分运算中,更强调积分公式和积分技能的运用. 因此,不定积分的运算难度要比导数运算难得多. 其中换元积分法和分部积分法就是积分运算的两大主要运算技能,必须熟练掌握.

3. 不定积分的主要运算方法有哪些?

答:在不定积分的计算中,我们主要有以下几种运算方法:

(1) 直接积分法(利用已知积分公式与法则直接积分);

(2) 第一类换元积分法(凑微分法);

(3) 第二类换元积分法(根式代换法、三角变换法、转移法和倒代法);

(4) 分部积分法.

4. 如何正确理解分部积分法中的凑 v 改 u 的指导思想?

答:在分部积分法中,凑 v 只是手段,而改 u 才是目的. 一般,凑 v 函数的方法是用凑微分的技术,而改造 u 函数的方法是对 u 函数求导数. 即

$$\begin{aligned}\int u(x)\mathrm{d}v(x)&=u(x)\cdot v(x)-\int v(x)\mathrm{d}u(x)\\&=u(x)\cdot v(x)-\int v(x)\cdot u'(x)\mathrm{d}x.\end{aligned}$$

所以,在运用分部积分法时,分部后的效果关键还是要看 u 函数的导数 $u'(x)$ 能否起到改变原被积函数的结构的作用.

5. 如何正确看待积分公式与积分计算模型在积分计算中的作用?

答:在积分计算中,任何一个积分结果都可以看成是一个积分公式,而每一个积分公式都可以建立一个相应的积分计算模型,我们又可以利用这些模型去解决其他积分.

例如:设 $u=u(x)$ 是 x 的可微函数,且 $a\neq 0$,则有

$$\int\frac{1}{1+x^2}\mathrm{d}x=\arctan x+C\Rightarrow\int\frac{1}{1+u^2}\mathrm{d}u=\arctan u+C,$$

(积分公式)　　　　(积分计算模型)

$\Downarrow$

$$\int\frac{1}{a^2+u^2}\mathrm{d}u=\frac{1}{a}\arctan\frac{u}{a}+C\Leftarrow\int\frac{1}{a^2+x^2}\mathrm{d}x=\frac{1}{a}\arctan\frac{x}{a}+C,$$

(积分计算模型)　　　　(积分公式)

$\Downarrow$

$$\int\frac{1}{x^2+6x+11}\mathrm{d}x=\int\frac{1}{(x+3)^2+2}\mathrm{d}x=\int\frac{1}{(\sqrt{2})^2+(x+3)^2}\mathrm{d}(x+3)$$

$$=\frac{1}{\sqrt{2}}\arctan\frac{x+3}{\sqrt{2}}+C$$ （根据积分计算模型进行的积分计算）.

6. 换元积分法与分部积分法是否对立，能否在一个积分计算中同时使用？

答：不对立，如果需要，可以在同一个积分计算中同时使用，

如 $\int \mathrm{e}^{\sqrt{x}}\mathrm{d}x$. 令 $\sqrt{x}=t$，则 $x=t^2$，$\mathrm{d}x=2t\mathrm{d}t$.

$$\int \mathrm{e}^{\sqrt{x}}\mathrm{d}x=2\int t\mathrm{e}^t\mathrm{d}t=2\int t\mathrm{d}\mathrm{e}^t=2\left(t\mathrm{e}^t-\int \mathrm{e}^t\mathrm{d}t\right)$$

$$=2(t\mathrm{e}^t-\mathrm{e}^t)+C=2\mathrm{e}^{\sqrt{x}}(\sqrt{x}-1)+C.$$

又如 $\int \frac{\mathrm{e}^{2x}}{\sqrt{\mathrm{e}^x+1}}\mathrm{d}x$ 可用凑微分法（第一类换元积分法）、第二类换元积分法、分部积分法求解.

方法一　（凑微分法）

$$\int \frac{\mathrm{e}^{2x}}{\sqrt{\mathrm{e}^x+1}}\mathrm{d}x=\int \frac{\mathrm{e}^x}{\sqrt{\mathrm{e}^x+1}}\mathrm{d}(\mathrm{e}^x)=\int \frac{\mathrm{e}^x+1-1}{\sqrt{\mathrm{e}^x+1}}\mathrm{d}(\mathrm{e}^x+1)$$

$$=\int\left(\sqrt{\mathrm{e}^x+1}-\frac{1}{\sqrt{\mathrm{e}^x+1}}\right)\mathrm{d}(\mathrm{e}^x+1)$$

$$=\frac{2}{3}(\mathrm{e}^x+1)^{\frac{3}{2}}-2\sqrt{\mathrm{e}^x+1}+C.$$

方法二　（第二类换元积分法）

设 $\sqrt{\mathrm{e}^x+1}=t$，则 $x=\ln(t^2-1)$，$\mathrm{d}x=\frac{2t}{t^2-1}\mathrm{d}t$.

$$\int \frac{\mathrm{e}^{2x}}{\sqrt{\mathrm{e}^x+1}}\mathrm{d}x=\int \frac{(t^2-1)^2}{t}\cdot\frac{2t}{t^2-1}\mathrm{d}t=2\int(t^2-1)\mathrm{d}t$$

$$=2\left(\frac{1}{3}t^2-t\right)+C=\frac{2}{3}(t^2-3)t+C$$

$$=\frac{2}{3}(\mathrm{e}^x-2)\sqrt{\mathrm{e}^x+1}+C.$$

方法三　（分部积分法）

$$\int \frac{\mathrm{e}^{2x}}{\sqrt{\mathrm{e}^x+1}}\mathrm{d}x=\int \frac{\mathrm{e}^x}{\sqrt{\mathrm{e}^x+1}}\mathrm{d}\mathrm{e}^x=2\int \mathrm{e}^x\mathrm{d}\sqrt{\mathrm{e}^x+1}$$

$$=2\mathrm{e}^x\sqrt{\mathrm{e}^x+1}-2\int\sqrt{\mathrm{e}^x+1}\,\mathrm{d}\mathrm{e}^x$$

$$=2\mathrm{e}^x\sqrt{\mathrm{e}^x+1}-2\int\sqrt{\mathrm{e}^x+1}\,\mathrm{d}(\mathrm{e}^x+1)$$

$$=2\mathrm{e}^x\sqrt{\mathrm{e}^x+1}-\frac{4}{3}(\mathrm{e}^x+1)^{\frac{3}{2}}+C.$$

7. 不定积分的计算很重要吗？对后续数学知识的学习有啥帮助？

答：不定积分的计算非常重要. 积分学的运算技能主要体现在不定积分的计算中，它是今后学习各类定积分的基础. 可以说，能否学好不定积分的计算，将直接影响到定积分、二重积分（或更多的积分，如曲线积分、曲面积分等）的学习. 另外，不定积分的计算还是求解常微分方程的主要方法之一. 所以，学好不定积分对后续数学知识的学习有很大的帮助.

附　简明积分计算模型

设 $u=u(x)$ 是 x 的可微函数

1. $\int \mathrm{d}u=u+C$;

2. $\int u^{\alpha}\mathrm{d}u=\frac{1}{\alpha+1}u^{\alpha+1}+C \quad (\alpha\neq -1)$;

3. $\int \mathrm{e}^{u}\mathrm{d}u=\mathrm{e}^{u}+C$, $\int a^{u}\mathrm{d}u=\frac{a^{u}}{\ln a}+C \quad (a>0, a\neq 1)$;

4. $\int \frac{1}{u}\mathrm{d}u=\ln|u|+C$;

5. $\int \sin u\mathrm{d}u=-\cos u+C$;

6. $\int \cos u\mathrm{d}u=\sin u+C$;

7. $\int \tan u\mathrm{d}u=-\ln|\cos u|+C$;

8. $\int \cot u\mathrm{d}u=\ln|\sin u|+C$;

9. $\int \sec u\mathrm{d}u=\ln|\sec u+\tan u|+C$;

10. $\int \csc u\mathrm{d}u=\ln|\csc u-\cot u|+C$;

11. $\int \sec^{2}u\mathrm{d}u=\tan u+C$;

12. $\int \csc^{2}u\mathrm{d}u=-\cot u+C$;

13. $\int \ln u\mathrm{d}u=u\ln u-u+C$;

14. $\int \arcsin u\mathrm{d}u=u\arcsin u+\sqrt{1-u^{2}}+C$;

15. $\int \arccos u\mathrm{d}u=u\arccos u-\sqrt{1-u^{2}}+C$;

16. $\int \arctan u\mathrm{d}u=u\arctan u-\frac{1}{2}\ln(1+u^{2})+C$;

17. $\int \mathrm{arccot}\, u\mathrm{d}u=u\,\mathrm{arccot}\, u+\frac{1}{2}\ln(1+u^{2})+C$;

18. $\int \frac{1}{1+u^{2}}\mathrm{d}u=\arctan u+C=-\mathrm{arccot}\, u+C$;

19. $\int \frac{1}{\sqrt{1-u^{2}}}\mathrm{d}u=\arcsin u+C=-\arccos u+C$;

20. $\int \frac{1}{u^2+a^2}du=\frac{1}{a}\arctan\frac{u}{a}+C\quad(u\neq0)$;

21. $\int \frac{1}{u^2-a^2}du=\frac{1}{2a}\ln\left|\frac{u-a}{u+a}\right|+C\quad(a\neq0)$;

22. $\int \frac{1}{\sqrt{a^2-u^2}}du=\arcsin\frac{u}{a}+C\quad(a>b)$;

23. $\int \sqrt{a^2-u^2}\,du=\frac{u}{2}\sqrt{a^2-u^2}+\frac{a^2}{2}\arcsin\frac{u}{a}+C\quad(a>0)$;

24. $\int \sqrt{u^2\pm a^2}\,du=\frac{u}{2}\sqrt{u^2\pm a^2}\pm\frac{a^2}{2}\ln|u+\sqrt{u^2\pm a^2}|+C\quad(a>0)$;

25. $\int \frac{1}{\sqrt{u^2\pm a^2}}du=\ln|u+\sqrt{u^2\pm a^2}|+C\quad(a>0)$.

复习题四答案

复习题四

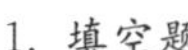
1. 填空题

(1) 若 $\int f(x)dx=e^{3x}+C$,则 $f(x)=$__________.

(2) 若 $\int f(x)dx=\sqrt{1+x^2}+C$,则 $\int \cos x f(\sin x)dx=$__________.

(3) 若 $f(x)$ 为连续函数,则 $\int f^3(x)d[f(x)]=$__________.

(4) 已知 $\int f(x)dx=F(x)+C$,则 $\int \frac{f(\ln x)}{x}dx=$__________.

(5) 若 $F(x)$ 是 $f(x)$ 的一个原函数,则 $\int x\,df(x)=$__________.

(6) $\int xf(x^2)f'(x^2)dx=$__________.

2. 单项选择题

(1) 设 $f(x)$ 是可微函数,则 $\left[\int f(x)dx\right]'=$(　　).

A. $f(x)+C$　　B. $f(x)$　　C. $f'(x)$　　D. $f'(x)+C$

(2) $\int\left(\frac{1}{\sin^2 x}+1\right)d(\sin x)=$(　　).

A. $-\cos x+x+C$　　B. $-\cos x+\sin x+C$

C. $-\frac{1}{\sin x}+\sin x+C$　　D. $-\frac{1}{\sin x}+x+C$

(3) 若 $\int f(x)dx=F(x)+C$,则 $\int \sin x f(\cos x)dx=$(　　).

A. $F(\sin x)+C$　　B. $-F(\sin x)+C$

C. $F(\cos x)+C$　　D. $-F(\cos x)+C$

(4) 若 $\int f(x)e^{-\frac{1}{x}}dx=-e^{-\frac{1}{x}}+C$,则 $f(x)$ 为(　　).

A. $\frac{1}{x^2}$　　B. $-\frac{1}{x^2}$　　C. $\frac{1}{x}$　　D. $-\frac{1}{x}$

(5) 设 $F(x)$ 是 $f(x)$ 的一个原函数，则 $\int e^{-x}f(e^{-x})dx=$ (　　).

A. $-F(e^{-x})+C$　　B. $F(e^{-x})+C$

C. $F(e^{x})+C$　　D. $-F(e^{x})+C$

3. 试比较下列各组不定积分的积分方法：

(1) $\int (1-2x)^{10}dx$　　$\int x(1-2x)^{10}dx$;

(2) $\int x\ln x dx$　　$\int \frac{\ln x}{x}dx$;

(3) $\int xe^{x}dx$　　$\int xe^{x^2}dx$;

(4) $\int \sec^2 x dx$　　$\int \sec^3 x dx$.

4. 求下列不定积分

(1) $\int \frac{1+x}{(1-x)^2}dx$;　　(2) $\int x\tan^2 x dx$;

(3) $\int \frac{1}{x\sqrt{1+\ln x}}dx$;　　(4) $\int \cos\sqrt{x+1}dx$;

(5) $\int 5^x e^x dx$;　　(6) $\int x(3+x)^{2010}dx$;

(7) $\int \frac{x\cos x}{\sin^2 x}dx$;　　(8) $\int \cos 4x\cos 3x dx$;

(9) $\int \frac{x+\ln^3 x}{(x\ln x)^2}dx$;　　(10) $\int \frac{x}{x^4-1}dx$.

【人文数学】

数学家莱布尼茨简介

戈特弗里德·威廉·莱布尼茨(Gottfried Wilhelm Leibniz，1646—1716)，德国哲学家、数学家. 出生于书香门第的莱布尼兹是德国一位博学多才的学者. 他的学识涉及哲学、历史、语言、数学、生物、地质、物理、机械、神学、法学和外交等领域. 并在每个领域中都有杰出的成就. 然而，由于他独立创建了微积分，并精心设计了非常巧妙而简洁的微积分符号，从而使他以伟大数学家的称号闻名于世. 莱布尼茨对微积分的研究始于 31 岁，那时他在巴黎任外交官，有幸结识数学家、物理学家惠更斯等人. 在名师指导下，系统研究了数学著作. 1673 年，他在伦敦结识了巴罗和牛顿等名流. 从此，他以非凡的理解力和创造力进入了数学前沿阵地 .

牛顿从运动学角度出发，以"瞬"(无穷小的"0")的观点创建了微积分. 他说 dx 和 x 相比，如同点和地球，或地球半径与宇宙半径相比. 在其积分法论文中，他从求曲线所围面积积分概念，把积分看作是无穷小的和，并引入积分符号∫，它是把拉丁文 Summa 的字头 S 拉长. 他的这个符号，以及微积分的要领和法则一直保留到当今的教材中. 莱布尼茨也发现了微分和积分是一对互逆的运算，并建立了沟通微分与积分内在联系的微积分基本定理，从而使原本各处独立的微分学和

积分学成为统一的微积分学的整体.

莱布尼茨是数学史上最伟大的符号学者之一，堪称符号大师.他曾说:“要发明，就要挑选恰当的符号，要做到这一点，就要用含义简明的少量符号来表达和比较忠实地描绘事物的内在本质，从而最大限度地减少人的思维劳动……”正像印度—阿拉伯数字促进算术和代数发展一样，莱布尼茨所创造的这些数学符号对微积分的发展起了很大的促进作用.欧洲大陆的数学得以迅速发展，莱布尼茨的巧妙符号功不可没.除积分、微分符号外，他创设的符号还有商“a/b”，比“$a:b$”，相似“$\backsim$”，全等“$\cong$”，并“$\cup$”，交“$\cap$”以及函数和行列式等符号.

牛顿和莱布尼茨对微积分的创建都作出了巨大的贡献，但两人的方法和途径是不同的.牛顿是在力学研究的基础上，运用几何方法研究微积分的；莱布尼茨主要是在研究曲线的切线和面积的问题上，运用分析学方法引进微积分要领的.牛顿在微积分的应用上更多地结合了运动学，造诣精深；但莱布尼茨的表达形式简洁准确，胜过牛顿.在对微积分具体内容的研究上，牛顿先有导数概念，后有积分概念；莱布尼茨则先有求积概念，后有导数概念.除此而外，牛顿与莱布尼茨的学风也迥然不同.作为科学家的牛顿，治学严谨.他迟迟不发表微积分著作《流数术》的原因，很可能是因为他没有找到合理的逻辑基础，也可能是“害怕别人反对的心理”所致.但作为哲学家的莱布尼茨大胆，富于想象，勇于推广，结果造成创作年代上牛顿先于莱布尼茨 10 年，而在发表的时间上，莱布尼茨却早于牛顿三年.

虽然牛顿和莱布尼茨研究微积分的方法各异，但殊途同归.各自独立地完成了创建微积分的盛业，光荣应由他们两人共享.然而在历史上曾出现过一场围绕发明微积分优先权的激烈争论.牛顿的支持者，包括数学家泰勒和麦克劳林，认为莱布尼茨剽窃了牛顿的成果.争论把欧洲科学家分成誓不两立的两派:英国和欧洲大陆.争论双方停止学术交流，不仅影响了数学的正常发展，也波及自然科学领域，以致发展到英德两国之间的政治摩擦.自尊心很强的英国民族抱住牛顿的概念和记号不放，拒绝使用更为合理的莱布尼茨的微积分符号和技巧，致使英国在数学发展上大大落后于欧洲大陆.一场旷日持久的争论变成了科学史上的前车之鉴.

莱布尼茨的科研成果大部分出自青年时代，随着这些成果的广泛传播，荣誉纷纷而来，他也越来越变得保守.到了晚年，他在科学方面已无所作为.他开始为宫廷唱赞歌，为上帝唱赞歌，沉醉于研究神学和公爵家族.莱布尼茨生命中的最后 7 年，是在别人带给他和牛顿关于微积分发明权的争论中痛苦地度过的.他和牛顿一样，都终生未娶.1761 年 11 月 14 日，莱布尼茨默默地离开人世，葬在宫廷教堂的墓地.

第5章

定积分及其应用

章序 定积分是一元函数积分学的另一个重要概念，在积分学中，真正能在实践中解决具体问题的是定积分，所以它在几何、物理、经济学等各学科中都有广泛的应用. 定积分和不定积分的概念从表面上看似乎并不相同，但它们之间却有着密切的内在联系，并且，定积分的计算主要是通过不定积分来完成的，这也正是牛顿和莱布尼茨的功劳. 本章先通过两个典型实例引入定积分的概念，然后讨论定积分的性质与计算方法，并举例说明定积分在实际问题中的若干应用.

5.1 定积分的概念与性质

5.1.1 定积分问题实例分析

1. 曲边梯形的面积问题

在初等数学中，我们学习了一些简单的平面封闭图形（如三角形、四边形、圆等）的面积的计算. 但实际问题中所出现的平面图形常具有不规则的曲边，那么，如何来计算它们的面积呢？下面以曲边梯形为例来讨论这个问题.

视频 65

设函数 $y=f(x)$ 在闭区间 $[a,b]$ 上连续，且 $f(x)\geqslant 0$，那么，由曲线 $y=f(x)$ 及直线 $x=a$，$x=b$ 和 x 轴所围成的平面图形就称为曲边梯形，如图 5-1 所示.

下面就来讨论曲边梯形的面积.

我们都知道，矩形的高是不变的，它的面积很容易计算，就是

$$矩形面积=底\times高.$$

而曲边梯形在底边上各点处的高 $f(x)$ 在区间 $[a,b]$ 上是变动的，故它的面积就不能直接用矩形的面积公式来计算. 然而，由于曲边梯形的高 $f(x)$ 在区间 $[a,b]$ 内是连续变化的，即在自变量 x 变化不大时，相应的高 $f(x)$ 的变化也不大. 因此，如果能把区间 $[a,b]$ 分割成许多小区间的话，那么，在每个小区间内就可用其中某一点处的高来近似替代同一个小区间上的窄曲边梯形的变动的高，这样，每个窄曲边梯形的面积就可以近似地看成一个窄矩形的面积，最后把它们都加起来，便得到了曲边梯形面积的一个近似值，然后再通过极限的思想，让每一个小区间的长度趋近于无穷小，用求极限的方式最终得到曲边梯形的面积. 为此，有如下步骤：

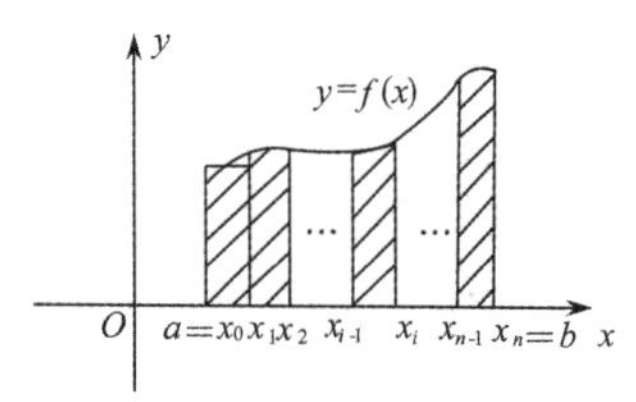

图 5-1

(1) 分割：在区间$[a,b]$内任意插入 $n-1$ 个分点(图 5-1)，

$$a=x_0<x_1<x_2<\cdots<x_{i-1}<x_i<\cdots<x_n=b,$$

把区间$[a,b]$分割成 n 个小区间$[x_{i-1},x_i]$，并分别记小区间的长度为 $\Delta x_i=x_i-x_{i-1}(i=1,2,\cdots,n)$.

过各个分点作垂直于 x 轴的直线，这样就把曲边梯形分割成 n 个窄曲边梯形，并记第 i 个窄曲边梯形的面积为 $\Delta A_i(i=1,2,\cdots,n)$，则有

$$A=\Delta A_1+\Delta A_2+\cdots+\Delta A_n=\sum_{i=1}^{n}\Delta A_i.$$

(2)近似替代：在每个小区间$[x_{i-1},x_i]$上任取一点 ξ_i，以 $f(\xi_i)$为高作一平顶矩形来替代曲顶的窄曲边梯形，即"以直代曲"，从而得到

$$\Delta A_i\approx f(\xi_i)\Delta x_i,\quad (i=1,2,\cdots,n).$$

(3) 求和：$A=\sum_{i=1}^{n}\Delta A_i\approx\sum_{i=1}^{n}f(\xi_i)\Delta x_i,\quad \xi_i\in[x_{x-1},x_i]$.

(4) 取极限：在连续概念的基础上，如果分割得越细，则所做的近似替代就越精确. 因此，要让分割做到无限细，这样上面的和式就会无限逼近曲边梯形面积的精确值. 为此，令 $\lambda=\max\limits_{1\leqslant i\leqslant n}\{\Delta x_i\}$，并且让 $\lambda\to 0$，对上述和式求极限，这样就得到了曲边梯形的面积，即

$$A=\lim_{\lambda\to 0}\sum_{i=1}^{n}f(\xi_i)\Delta x_i.$$

上式表明，曲边梯形的面积就是一个和式的极限.

2. 变力沿直线作功问题

设某一质点 m 在一个与 Ox 轴平行，大小为 F 的力的作用下，沿 Ox 轴从点$x=a$移动到点 $x=b$，如图 5-2 所示，求该力所作的功.

如果 F 是恒力，则由物理学可知，力 F 所作的功为

$$W=力\times距离=F(b-a)$$

如果 F 不是恒力，而是与质点所处的位置有关的函数 $F=F(x)$，则是变力作功问题，因此，上述公式就不能直接使用.

问题的难点在于质点在不同位置上，所受到的力大小不同，类似于求曲边梯形面积的分析，可采取以下步骤：

(1) 分割：在区间$[a,b]$内插入 $n-1$ 个分点(图 5-2)，

$$a=x_0<x_1<x_2<\cdots<x_{i-1}<x_i<\cdots<x_n=b,$$

把$[a,b]$区间分割成 n 个小区间$[x_{i-1},x_i]$，并分别记小区间的长度为

$$\Delta x_i=x_i-x_{i-1}(i=1,2,\cdots,n).$$

(2) 近似替代：在每个小区间$[x_{i-1},x_i]$上任取一点 ξ_i，以该点处的力 $F(\xi_i)$代替小区间$[x_{i-1},x_i]$上的变力，即以"不变替代变"，从而得到在小区间$[x_{i-1},x_i]$上变力所作的功 ΔW_i 的近似值

$$\Delta W_i\approx F(\xi_i)\Delta x_i\quad (i=1,2,\cdots,n).$$

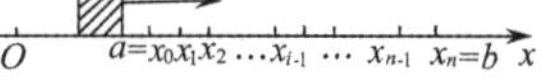

图 5-2

(3) 求和：$W \approx \sum_{i=1}^{n} F(\xi_i)\Delta x_i$，$\xi_i \in [x_{i-1}, x_i]$.

(4) 取极限：同样是在连续概念的基础上，让分割做到无限细，这样上面的和式就会无限逼近变力 $F=F(x)$ 所作的功的精确值. 为此，令最大小区间的长度 $\lambda = \max\limits_{1 \leqslant i \leqslant n}\{\Delta x_i\} \to 0$，对上述和式求极限，这样就得到变力 $F=F(x)$ 使质点 m 从点 $x=a$ 移动到点 $x=b$ 所作的功. 即

$$W = \lim_{\lambda \to 0} \sum_{i=1}^{n} F(\xi_i)\Delta x_i.$$

上式表明，变力沿直线所作的功也是一个和式的极限.

5.1.2 定积分的概念与几何意义

上面的两个问题，一个是面积问题，一个是作功问题，所计算的量虽然具有不同的实际意义，但是描述这两个量的数学模型以及解决问题的思想方法与步骤却是相同的，并且最终都归结为求同一结构的和式的极限. 可以用这种和式极限去描述的量在各个科学技术邻域中广泛存在，如旋转体的体积，曲线弧的长度，变速直线运动的路程，等等. 如果我们抛开这些问题的具体意义，而抓住它们在数量关系上所具有的共同特性与本质加以概括，便可以抽象出如下定积分的定义：

视频 66

定义 5.1 设 $f(x)$ 是定义在区间 $[a,b]$ 上的有界函数，且用分点

$$a = x_0 < x_1 < x_2 < \cdots < x_{i-1} < x_i < \cdots < x_n = b,$$

将区间 $[a,b]$ 分为 n 个小区间 $[x_{i-1}, x_i]$ $(i=1,2,\cdots,n)$，并记每个小区间的长度分别为 $\Delta x_i = x_i - x_{i-1}$ $(i=1,2,\cdots,n)$，在小区间 $[x_{i-1}, x_i]$ 上任取一点 ξ_i 作和式：

$$\sum_{i=1}^{n} f(\xi_i)\Delta x_i.$$

若当 $\lambda = \max\limits_{1 \leqslant x \leqslant n}\{\Delta x_i\} \to 0$ 时，上述和式的极限存在，且与区间 $[a,b]$ 的分法无关，与 ξ_i 的取法无关，则称此和式的极限为函数 $f(x)$ 在区间 $[a,b]$ 上的定积分，记为 $\int_a^b f(x)\mathrm{d}x$，则

$$\int_a^b f(x)\mathrm{d}x = \lim_{\lambda \to 0} \sum_{i=1}^{n} f(\xi_i)\Delta x_i.$$

其中，记号"$\int$"称为积分号，x 称为积分变量，$f(x)$ 称为被积函数，$f(x)\mathrm{d}x$ 称为被积表达式，区间 $[a,b]$ 称为积分区间，a 称为积分下限，b 称为积分上限.

从以上定义可以看出，定积分仍然是一个极限问题. 因此说，极限问题贯穿了整个微积分，它是微积分的灵魂.

对于定积分，需作如下几点说明：

(1) 定积分是一种特定和式的极限，其值是一个实数，它只与被积函数 $f(x)$ 和积分区间 $[a,b]$ 有关，而与积分变量 x 的记号无关，即

$$\int_a^b \boldsymbol{f(x)\mathrm{d}x} = \int_a^b \boldsymbol{f(u)\mathrm{d}u} = \int_a^b \boldsymbol{f(t)\mathrm{d}t}.$$

其中，$f(x)$，$f(u)$，$f(t)$ 为同一结构形式的函数.

(2) 在定积分的定义中规定 $a<b$，这一限制给定积分的应用带来许多的不便，为便于定积分的应用，我们作出如下两点补充规定：

① 当 $a>b$ 时，$\int_a^b f(x)\mathrm{d}x=-\int_b^a f(x)\mathrm{d}x$；

② 当 $a=b$ 时，$\int_a^b f(x)\mathrm{d}x=0$.

(3) 对于定积分有这样一个问题：函数 $f(x)$ 在区间 $[a,b]$ 上满足怎样的条件才可积呢？对此，我们不作深入的讨论，而只给出以下两个充分条件：

① 若 $f(x)$ 在区间 $[a,b]$ 上连续，则 $f(x)$ 在 $[a,b]$ 上可积；

② 若 $f(x)$ 在区间 $[a,b]$ 上有界，且只有有限个间断点，则 $f(x)$ 在 $[a,b]$ 上可积.

在这里，要注意的是，函数 $f(x)$ 在区间 $[a,b]$ 上有界只是 $f(x)$ 在 $[a,b]$ 上可积的必要条件，也就是说：如果函数 $f(x)$ 在 $[a,b]$ 上无界，则 $f(x)$ 在 $[a,b]$ 上一定不可积.

下面来讨论定积分的几何意义.

若在 $[a,b]$ 上 $f(x)\geqslant 0$，则 $\int_a^b f(x)\mathrm{d}x$ 的值表示由曲线 $y=f(x)$ 与直线 $x=a$，$x=b$ 以及 $y=0$（x 轴）所围曲边梯形的面积（图 5-3(a)）.

若在 $[a,b]$ 上 $f(x)\leqslant 0$，则 $\int_a^b f(x)\mathrm{d}x$ 为负值，这时其绝对值才是由曲线 $y=f(x)$ 与直线 $x=a$，$x=b$ 以及 $y=0$ 所围曲边梯形的面积（图 5-3(b)）.

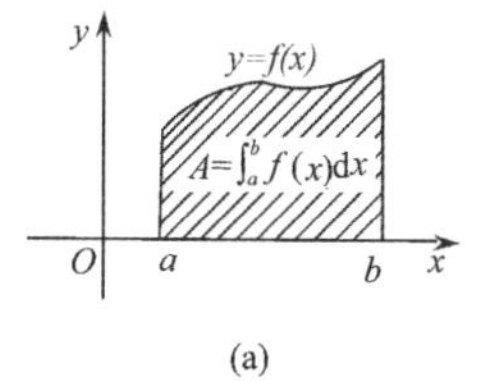

(a)

y a b O x A=-∫_a^b f(x)dx y=f(x)

(b)

图 5-3

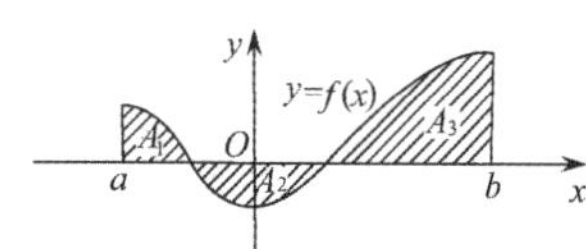

图 5-4

若在 $[a,b]$ 上 $f(x)$ 有正有负，则 $\int_a^b f(x)\mathrm{d}x$ 的值表示由曲线 $y=f(x)$ 与直线 $x=a$，$x=b$ 以及 $y=0$ 所围曲边梯形的面积的代数和（图 5-4），即

$$\int_a^b f(x)\mathrm{d}x=A_1-A_2+A_3.$$

动画 9

例 5.1　利用定积分的定义计算积分 $\int_0^1 x^2\mathrm{d}x$.

解　因为函数 $f(x)=x^2$ 在区间 $[0,1]$ 上连续，所以，$f(x)$ 在 $[0,1]$ 上一定可积，定积分的值与区间 $[0,1]$ 的分法及点 ξ_i 的取法无关，为了便于计算，不妨把区间 $[0,1]$ 分为 n 等份，且分点为

$$x_i=\frac{i}{n}\quad(i=1,2,\cdots,n-1).$$

这样，每个小区间的长度 $\Delta x_i=x_i-x_{i-1}=\frac{i}{n}-\frac{i-1}{n}=\frac{1}{n}$，并取 $\xi_i=x_i$，由此得到积分和式

$$\sum_{i=1}^{n} f(\xi_i)\Delta x_i = \sum_{i=1}^{n} \xi_i^2 \Delta x_i = \sum_{i=1}^{n} \left(\frac{i}{n}\right)^2 \cdot \frac{1}{n}$$
$$= \frac{1}{n^3} \sum_{i=1}^{n} i^2 = \frac{1}{n^3}(1^2+2^2+3^2+\cdots+n^2)$$
$$= \frac{1}{n^3} \cdot \frac{n(n+1)(2n+1)}{6}.$$

注：$1^2+2^2+3^2+\cdots+n^2=\frac{1}{6}n(n+1)(2n+1)$.

因为 $\lambda=\max\left\{\frac{1}{n},\frac{1}{n},\cdots,\frac{1}{n}\right\}=\frac{1}{n}$，所以当 $\lambda\to 0$ 时，$n\to\infty$，于是

$$\int_0^1 x^2\mathrm{d}x = \lim_{\lambda\to 0}\sum_{i=1}^{n} f(\xi_i)\Delta x_i = \lim_{n\to\infty}\frac{1}{n^3}\cdot\frac{n(n+1)(2n+1)}{6}$$
$$= \lim_{n\to\infty}\frac{1}{6}\left(1+\frac{1}{n}\right)\left(2+\frac{1}{n}\right)=\frac{1}{3}.$$

由本例可知，利用定义来计算定积分是十分繁琐的，也是相当复杂的.因此，必须寻求其他有效的方法来计算定积分.

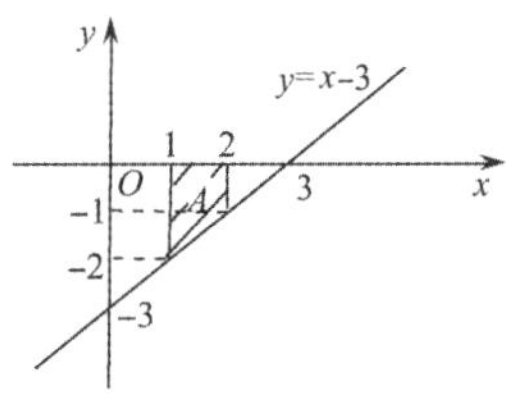

图 5-5

例 5.2 利用定积分的几何意义求 $\int_1^2 (x-3)\mathrm{d}x$.

解 由于在区间[1,2]上，$f(x)=x-3<0$（图 5-5），所以按照定积分的几何意义可知

$$\int_1^2 (x-3)\mathrm{d}x=-A.$$

由于该图形是底为 1 和 2、高为 1 的梯形，其面积 $A=\frac{1}{2}(1+2)\times 1=\frac{3}{2}$，故

$$\int_1^2 (x-3)\mathrm{d}x=-\frac{3}{2}.$$

5.1.3 定积分的性质

视频 67

为了寻求定积分的有效计算方法，下面来研究定积分的性质，这些基本性质不仅有助于定积分的计算，也有助于对定积分的理解，并且有些性质还可以当作运算法则来运用.

在下面的性质中，假定函数 $f(x)$、$g(x)$在区间$[a,b]$上都是可积的.

性质 5.1 被积函数中的常数因子可以提到积分号外面，即

$$\int_a^b kf(x)\mathrm{d}x=k\int_a^b f(x)\mathrm{d}x.$$

性质 5.2 两个函数和、差的定积分等于各个函数定积分的和、差，即

$$\int_a^b [f(x)\pm g(x)]\mathrm{d}x=\int_a^b f(x)\mathrm{d}x\pm\int_a^b g(x)\mathrm{d}x.$$

性质 5.2 可以推广到有限个函数的代数和的情形.

以上两个性质,由定积分的定义不难证明,并且这两个性质也是定积分的运算法则.

性质 5.3　(积分区间的可加性)对于任意实数 c 有

$$\int_a^b f(x)\mathrm{d}x=\int_a^c f(x)\mathrm{d}x+\int_c^b f(x)\mathrm{d}x.$$

下面根据定积分的几何意义对这一条性质加以说明.

在图 5-6 中,有

$$\int_a^b f(x)\mathrm{d}x=A_1+A_2=\int_a^c f(x)\mathrm{d}x+\int_c^b f(x)\mathrm{d}x.$$

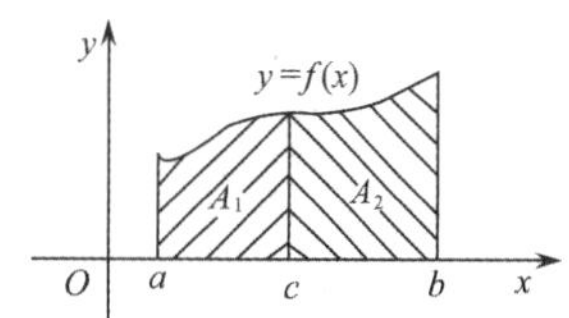

图 5-6

在图 5-7 中,有

$$\int_a^c f(x)\mathrm{d}x=A_1+A_2=\int_a^b f(x)\mathrm{d}x+\int_b^c f(x)\mathrm{d}x.$$

所以

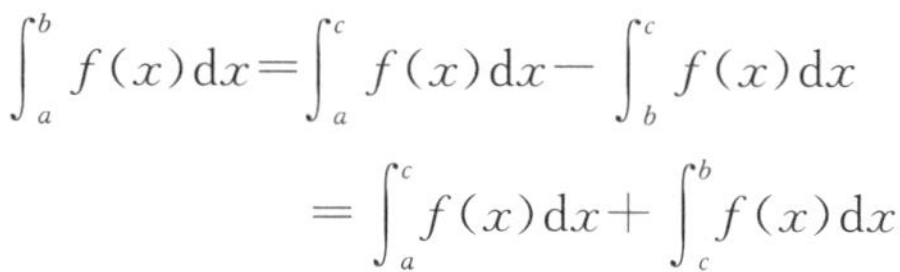

$$\begin{aligned}\int_a^b f(x)\mathrm{d}x&=\int_a^c f(x)\mathrm{d}x-\int_b^c f(x)\mathrm{d}x\\&=\int_a^c f(x)\mathrm{d}x+\int_c^b f(x)\mathrm{d}x.\end{aligned}$$

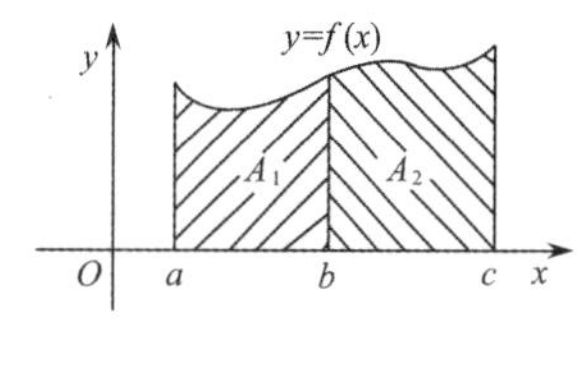

图 5-7

在定积分的计算中,每当被积函数不确定时,常常需要利用性质 5.3 来确定被积函数.

例如,$\int_{-2}^3 |x-1|\mathrm{d}x=\int_{-2}^1 (1-x)\mathrm{d}x+\int_1^3 (x-1)\mathrm{d}x.$

性质 5.4　(保号性)如果在区间$[a,b]$上 $f(x)\geqslant 0$,则有 $\int_a^b f(x)\mathrm{d}x\geqslant 0$.

性质 5.5　如果在区间$[a,b]$上,$f(x)\geqslant g(x)$,则有 $\int_a^b f(x)\mathrm{d}x\geqslant\int_a^b g(x)\mathrm{d}x$.

性质 5.6　(估值性)若 M 与 m 分别是 $f(x)$在闭区间$[a,b]$上的最大值和最小值,则有

$$m(b-a)\leqslant\int_a^b f(x)\mathrm{d}x\leqslant M(b-a).$$

性质 5.7　(积分中值定理)如果函数 $f(x)$在闭区间$[a,b]$上连续,则在区间$[a,b]$上至少存在一点 ξ,使得

$$\int_a^b f(x)\mathrm{d}x=f(\xi)(b-a)\quad(a\leqslant\xi\leqslant b).$$

以上各性质的证明从略.其实,定积分的这些性质,由定积分的几何意义去理解,都是比较直观的.如积分中值定理在几何上表示这样一个简单的事实:由连续曲线 $y=f(x)$,直线 $x=a$,$x=b$ 以及 $y=0$ 所围成的曲边梯形的面积,等于以区间$[a,b]$为底、以该区间内某一点 ξ 处的函数值 $f(\xi)$为高的矩形的面积(图 5-8).

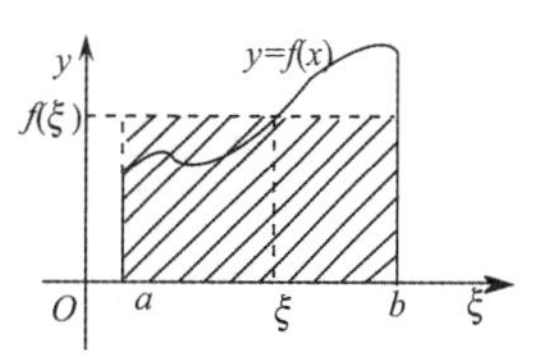

图 5-8

例 5.3　试求函数 $y=x^2$ 在区间$[0,1]$上满足积分中值定理的 ξ 值.

解 由例 5.1 可知，$\int_0^1 x^2 \mathrm{d}x = \frac{1}{3}$，因此，根据积分中值定理，有

$$\xi^2 \cdot (1-0) = \int_0^1 x^2 \mathrm{d}x = \frac{1}{3},$$

所以 $\xi = \frac{\sqrt{3}}{3}$.

习题 5-1

习题 5-1 答案

1. 填空题

(1) 定积分 $\int_1^2 \ln x \mathrm{d}x$ 中，积分上限是__________，积分下限是__________，积分区间为__________.

(2) 定积分 $\int_2^2 \frac{1}{1+x^4} \mathrm{d}x =$__________.

(3) 根据根据定积分的几何意义可知 $\int_{-\frac{\pi}{2}}^{\frac{\pi}{2}} \sin x \mathrm{d}x =$__________.

2. 利用定积分表示下列各图中阴影部分的面积.

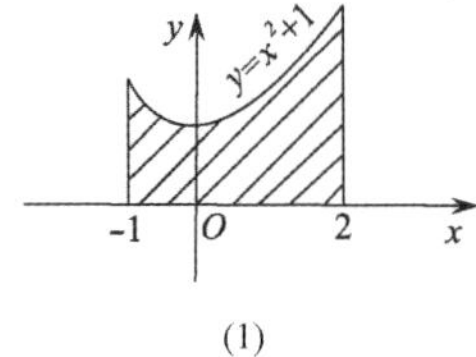

(1)

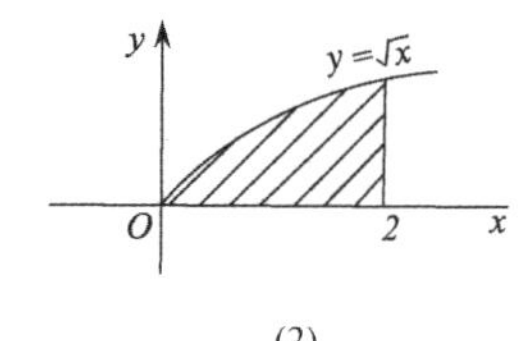

(2)

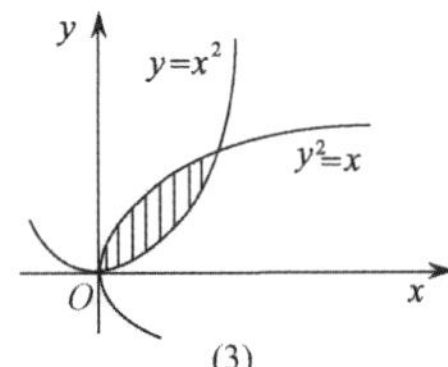

(3)

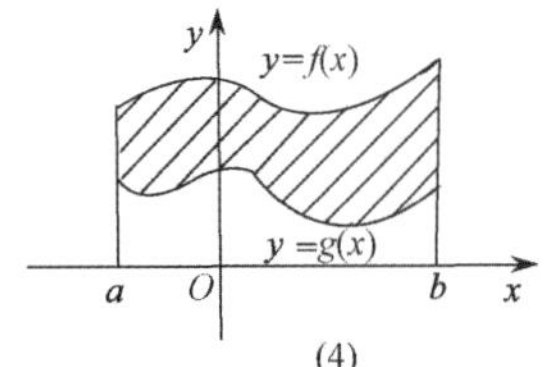

(4)

3. 利用定积分的几何意义求 $\int_0^1 (2x+1) \mathrm{d}x$.

4. 不用计算，直接判断下列定积分值的正负：

(1) $\int_{-1}^2 \mathrm{e}^{-x} \mathrm{d}x$；　　(2) $\int_{\frac{\pi}{2}}^{\pi} \cos x \mathrm{d}x$.

5. 已知 $\int_0^1 \mathrm{e}^x \mathrm{d}x = \mathrm{e}-1$，$\int_0^1 x^3 \mathrm{d}x = \frac{1}{4}$，求 $\int_0^1 (\mathrm{e}^x + 4x^3) \mathrm{d}x$.

6. 设 $f(x)$ 是连续函数，且 $f(x) = x^2 + 2\int_0^1 f(t) \mathrm{d}t$，$\int_0^1 x^2 \mathrm{d}x = \frac{1}{3}$. 试求：

(1) $\int_0^1 f(x) \mathrm{d}x$，　　(2) $f(x)$.

5.2　微积分基本定理

定积分与不定积分是两个完全不同的概念，本节将在揭示定积分与原函数的关系的基础上，来讨论二者之间的内在联系，即微积分基本定理，从而得到定积分的有效计算方法——牛顿-莱布尼茨公式.

5.2.1　变上限积分的函数及其导数

变上限积分的函数又称为积分上限的函数，它的一般表达式为

视频 68

$$\varphi(x)=\int_a^x f(t)\mathrm{d}t\quad (a\text{ 为常数}).$$

从表达式中可以看出：该函数的变量出现在积分上限中，为避免混淆，把积分变量改用其他字母，如 t 表示，故定积分 $\int_a^x f(t)\mathrm{d}t$ 的值随上限 x 的变化而变化，因而称为变上限积分的函数，如图 5-9 所示.

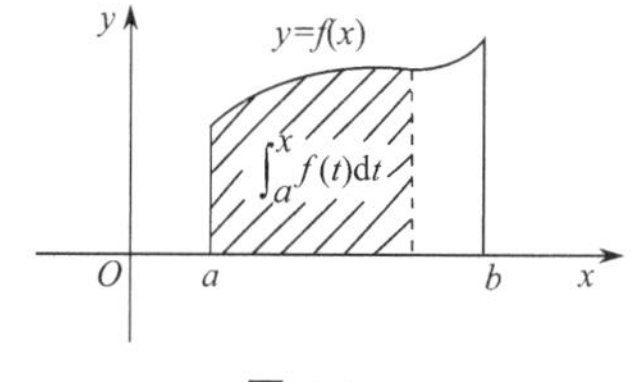

图 5-9

关于变上限积分的函数，有如下定理.

定理 5.1　(变上限积分函数对上限的求导定理)设函数 $f(x)$在区间$[a,b]$上连续，则函数 $\varphi(x)=\int_a^x f(t)\mathrm{d}t$ 在区间$[a,b]$上可导，其导数就是$f(x)$，即

$$\varphi'(x)=\frac{\mathrm{d}}{\mathrm{d}x}\int_a^x f(t)\mathrm{d}t=f(x).$$

证明从略.

本定理把导数和定积分这两个表面上看似不相关的概念联系在一起，它表明：在某区间上连续的函数 $f(x)$，其变上限积分 $\int_a^x f(t)\mathrm{d}t$ 是 $f(x)$的一个原函数，于是，我们有如下定理.

定理 5.2　(原函数存在定理)若函数 $f(x)$在区间$[a,b]$上连续，则在该区间上，$f(x)$的原函数一定存在，且

$$\varphi(x)=\int_a^x f(t)\mathrm{d}t$$

就是 $f(x)$的一个原函数.

这个定理初步揭示了定积分与被积函数的原函数之间的关系，它为我们寻求定积分的有效计算方法指明了方向.

例 5.4　求极限$\lim\limits_{x\to0}\frac{1}{x^3}\int_0^x \sin^2 t\mathrm{d}t$.

解　因为$\lim\limits_{x\to0}\int_0^x \sin^2 t\mathrm{d}t=0$，

所以 $\lim\limits_{x\to0}\frac{1}{x^3}\int_0^x\sin^2t\mathrm{d}t=\lim\limits_{x\to0}\frac{\int_0^x\sin^2t\mathrm{d}t}{x^3}$（“$\frac{0}{0}$”型极限运用洛必达法则计算）

$$=\lim_{x\to0}\frac{\sin^2x}{3x^2}=\frac{1}{3}.$$

关于变上限积分的函数的导数，可作如下推广：

设 $u=u(x)$，$v=v(x)$均是 x 的可微函数，则有

(1) 若 $\varphi(x)=\int_a^{u(x)}f(t)\mathrm{d}t$，则

$$\varphi'(x)=f(u)\cdot u'(x);$$

(2) 若 $\varphi(x)=\int_{v(x)}^{b}f(t)\mathrm{d}t$，则

$$\varphi'(x)=-f(v)\cdot v'(x);$$

(3) 若 $\varphi(x)=\int_{v(x)}^{u(x)}f(t)\mathrm{d}t$，则

$$\varphi'(x)=f(u)\cdot u'(x)-f(v)\cdot v'(x).$$

例 5.5 求下列变上限积分的函数的导数：

(1) $\frac{\mathrm{d}}{\mathrm{d}x}\int_0^{x^2}\mathrm{e}^{-t}\mathrm{d}t$； (2) $\frac{\mathrm{d}}{\mathrm{d}x}\int_{2x}^{x^3}\ln(1+t^2)\mathrm{d}t$.

解 根据题意：

(1) $\frac{\mathrm{d}}{\mathrm{d}x}\int_0^{x^2}\mathrm{e}^{-t}\mathrm{d}t=\mathrm{e}^{-x^2}\cdot(x^2)'=2x\mathrm{e}^{-x^2}$.

(2) $\frac{\mathrm{d}}{\mathrm{d}x}\int_{2x}^{x^3}\ln(1+t^2)\mathrm{d}t=\ln[1+(x^3)^2]\cdot(x^3)'-\ln[1+(2x)^2]\cdot(2x)'$

$$=3x^2\ln(1+x^6)-2\ln(1+4x^2).$$

例 5.6 证明：当 $x>0$ 时，函数 $\varphi(x)=\int_0^{x^2}t\mathrm{e}^{-t}\mathrm{d}t$ 单调增加.

证 由函数单调性的判别方法，只需证明 $\varphi'(x)>0$ 即可.

$$\varphi'(x)=\left(\int_0^{x^2}t\mathrm{e}^{-t}\mathrm{d}t\right)'=x^2\mathrm{e}^{-x^2}\cdot(x^2)'$$

$$=2x^3\mathrm{e}^{-x^2}.$$

且当 $x>0$ 时，有 $\varphi'(x)=2x^3\mathrm{e}^{-x^2}>0$，

所以，当 $x>0$ 时，函数 $\varphi(x)=\int_0^{x}t\mathrm{e}^{-t}\mathrm{d}t$，是单调增加的.

5.2.2 牛顿-莱布尼茨(Newton-Leibniz)公式

定理 5.3 (微积分基本定理)设 $f(x)$在区间$[a,b]$上连续，且 $F(x)$是它在该区间上的一

个原函数，则有

视频 69

$$\int_a^b f(x)\mathrm{d}x=[F(x)]_a^b=F(b)-F(a).$$

证　由定理 5.2 可知 $\int_a^x f(t)\mathrm{d}t$ 是 $f(x)$ 的一个原函数，根据本定理的条件知 $F(x)$ 也是 $f(x)$ 的一个原函数，于是这两个原函数之间相差一个常数 C_0，即

$$\int_a^x f(t)\mathrm{d}t=F(x)+C_0.$$

在上式中令 $x=a$，可得

$$C_0=\int_a^a f(t)\mathrm{d}t-F(a)=-F(a),$$

所以

$$\int_a^x f(t)\mathrm{d}t=F(x)-F(a).$$

在上式中再令 $x=b$，便可得到

$$\int_a^b f(t)\mathrm{d}t=F(b)-F(a).$$

由于定积分的值与积分变量的记号无关，仍用 x 表示积分变量，即可得到

$$\int_a^b f(x)\mathrm{d}x=F(b)-F(a).$$

上式称为牛顿-莱布尼茨公式，也叫微积分基本公式，而定理 5.3 也叫微积分基本定理. 公式中的 $F(b)-F(a)$ 通常记为 $[F(x)]_a^b$ 或 $F(x)\big|_a^b$. 因此，上述公式也可以写成

$$\int_a^b f(x)\mathrm{d}x=[F(x)]_a^b=F(b)-F(a),$$

或

$$\int_a^b f(x)\mathrm{d}x=F(x)\big|_a^b=F(b)-F(a).$$

牛顿-莱布尼茨公式是一个非常重要的公式，它揭示了定积分与不定积分之间的内在联系. 公式表明：定积分的计算不必用和式的极限去计算，而可以利用不定积分来计算. 正如前面所说的，不定积分是计算定积分的主要技能，不会不定积分的计算，就很难去计算定积分，这一点大家一定要注意.

本章开头的例 5.1，现在可以用牛顿-莱布尼茨公式轻而易举地得到：

$$\int_0^1 x^2\mathrm{d}x=\left[\frac{1}{3}x^3\right]_0^1=\frac{1}{3}-0=\frac{1}{3}.$$

比较例 5.1 的解法，大家可以感受到牛顿-莱布尼茨公式计算的简便性.

例 5.7　求 $\int_{-1}^{\sqrt{3}}\frac{1}{1+x^2}\mathrm{d}x.$

解 因为 $\int \frac{1}{1+x^2}dx=\arctan x+C$，所以，$\arctan x$ 是 $\frac{1}{1+x^2}$ 的一个原函数，于是

$$\int_{-1}^{\sqrt{3}} \frac{1}{1+x^2}dx=[\arctan x]_{-1}^{\sqrt{3}}=\arctan\sqrt{3}-\arctan(-1)$$

$$=\frac{\pi}{3}-\left(-\frac{\pi}{4}\right)=\frac{7\pi}{12}.$$

例 5.8 求 $\int_0^1 (2-3\cos x)dx$.

解 $\int_0^1 (2-3\cos x)dx=[2x-3\sin x]_0^1=(2-3\sin 1)-0=2-3\sin 1.$

例 5.9 求 $\int_1^e \frac{\ln x}{x}dx$.

解 $$\int_1^e \frac{\ln x}{x}dx=\int_1^e \ln x d(\ln x)$$

$$=\left[\frac{1}{2}(\ln x)^2\right]_1^e=\frac{1}{2}[(\ln e)^2-(\ln 1)^2]=\frac{1}{2}.$$

例 5.10 求 $\int_{-2}^3 |x-1|dx$.

解 由积分性质 5.3 可知

$$\int_{-2}^3 |x-1|dx=\int_{-2}^1 (1-x)dx+\int_1^3 (x-1)dx$$

$$=\left[x-\frac{1}{2}x^2\right]_{-2}^1+\left[\frac{1}{2}x^2-x\right]_1^3$$

$$=\frac{1}{2}-(-4)+\frac{3}{2}-\left(-\frac{1}{2}\right)=\frac{13}{2}.$$

例 5.11 $f(x)=\begin{cases}x+1, & x\geqslant 0,\\ e^{-x}, & x<0,\end{cases}$ 求 $\int_{-1}^2 f(x)dx$.

解 由积分性质 5.3 可知

$$\int_{-1}^2 f(x)dx=\int_{-1}^0 f(x)dx+\int_0^2 f(x)dx$$

$$=\int_{-1}^0 e^{-x}dx+\int_0^2 (x+1)dx$$

$$=[-e^{-x}]_{-1}^0+\left[\frac{1}{2}x^2+x\right]_0^2=e+3.$$

由于定积分的计算受到积分区间的限制，因此，在被积函数的变换中，常常要考虑积分区间的要求.

例 5.12 求 $\int_{-\frac{\pi}{2}}^{\frac{\pi}{2}} \sqrt{\cos x-\cos^3 x}\,dx$.

解　因为$-\frac{\pi}{2}\leqslant x\leqslant\frac{\pi}{2}$，

所以

$$\sqrt{\cos x-\cos^3 x}=\sqrt{\cos x(1-\cos^2 x)}=\sqrt{\cos x}\cdot|\sin x|$$

$$=\begin{cases}-\sqrt{\cos x}\sin x, & -\frac{\pi}{2}\leqslant x<0,\\ \sqrt{\cos x}\sin x, & 0\leqslant x\leqslant\frac{\pi}{2}.\end{cases}$$

于是，利用性质5.3，得

$$\int_{-\frac{\pi}{2}}^{\frac{\pi}{2}}\sqrt{\cos x-\cos^3 x}\,\mathrm{d}x=-\int_{-\frac{\pi}{2}}^{0}\sqrt{\cos x}\sin x\mathrm{d}x+\int_{0}^{\frac{\pi}{2}}\sqrt{\cos x}\sin x\mathrm{d}x$$

$$=\int_{-\frac{\pi}{2}}^{0}\sqrt{\cos x}\,\mathrm{d}(\cos x)-\int_{0}^{\frac{\pi}{2}}\sqrt{\cos x}\,\mathrm{d}(\cos x)$$

$$=\left[\frac{2}{3}\cos^{\frac{3}{2}}x\right]_{-\frac{\pi}{2}}^{0}-\left[\frac{2}{3}\cos^{\frac{3}{2}}x\right]_{0}^{\frac{\pi}{2}}$$

$$=\frac{2}{3}-\left(-\frac{2}{3}\right)=\frac{4}{3}.$$

习题 5-2

习题5-2答案

1. 求下列函数的导数：

(1) $f(x)=\int_0^x \mathrm{e}^{t^2}\mathrm{d}t$；　　(2) $f(x)=\int_{\sqrt{x}}^{x}\sqrt{1+t^2}\,\mathrm{d}t$.

2. 设当$x>0$时，$g(x)$是连续函数，且$\int_0^{x^2-1}g(t)\mathrm{d}t=-x$，求$g(3)$.

3. 求下列定积分：

(1) $\int_0^1(x^3+3x-2)\mathrm{d}x$；　　(2) $\int_0^2(\mathrm{e}^t-t)\mathrm{d}t$；

(3) $\int_{-1}^0\frac{1+2x}{x^2+x+2}\mathrm{d}x$；　　(4) $\int_0^{\frac{\pi}{4}}\tan^2\theta\mathrm{d}\theta$；

(5) $\int_{-1}^2|x^2-1|\mathrm{d}x$；　　(6) $\int_{-3}^2\min\{1,\mathrm{e}^{-x}\}\mathrm{d}x$.

4. 设$f(x)=\begin{cases}x^2+2, & x\geqslant 1,\\ \mathrm{e}^x, & x<1,\end{cases}$求$\int_0^2 f(x)\mathrm{d}x$.

5. 求极限$\lim\limits_{x\to 0}\frac{1}{1-\cos x}\int_0^x 2t\cos t\mathrm{d}t$.

5.3 定积分的换元积分法与分部积分法

在不定积分中,换元积分法和分部积分法是两种主要的计算方法,而牛顿-莱布尼茨公式则是利用不定积分(求原函数)来计算定积分,因此,求不定积分的各种方法与手段都可以用于求定积分.本节将讨论这两种方法在定积分中的应用,并给出定积分中的几个常用公式.

5.3.1 定积分的换元积分法

定理 5.4 设函数 $f(x)$ 在区间 $[a,b]$ 上连续,若作变换 $x=\varphi(t)$,且此变换满足:

(1) $\varphi(\alpha)=a,\varphi(\beta)=b$;

(2) 在区间 $[\alpha,\beta]$(或 $[\beta,\alpha]$)上,$\varphi(t)$ 单调且有连续的导数,则有

$$\int_a^b f(x)\mathrm{d}x=\int_\alpha^\beta f[\varphi(t)]\cdot\varphi'(t)\mathrm{d}t.$$

视频 70

上式称为定积分的换元公式,证明从略.

例 5.13 求 $\int_0^3 \frac{x}{\sqrt{1+x}}\mathrm{d}x$.

解 令 $\sqrt{1+x}=t$,则 $x=t^2-1,\mathrm{d}x=2t\mathrm{d}t$,且当 $x=0$ 时,$t=1$;当 $x=3$ 时,$t=2$.于是

$$\int_0^3 \frac{x}{\sqrt{1+x}}\mathrm{d}x=\int_1^2 \frac{t^2-1}{t}\cdot 2t\mathrm{d}t=2\int_1^2 (t^2-1)\mathrm{d}t$$

$$=2\left[\frac{1}{3}t^3-t\right]_1^2=\frac{8}{3}.$$

由例 5.13 可见,定积分的换元积分法在新的积分变量 t 的相应积分限 $t=\alpha$ 和 $t=\beta$ 下直接计算定积分的值,这样就省略了不定积分第二类换元法中的回代原积分变量 x 的过程,使得第二类换元积分法在定积分的换元中更加简便.

例 5.14 求 $\int_{\frac{1}{2}}^{\frac{\sqrt{2}}{2}} \frac{1}{x^2\sqrt{1-x^2}}\mathrm{d}x$.

解 令 $x=\sin t$,则有 $\mathrm{d}x=\cos t\mathrm{d}t$,且当 $x=\frac{1}{2}$ 时,$t=\frac{\pi}{6}$;当 $x=\frac{\sqrt{2}}{2}$ 时,$t=\frac{\pi}{4}$.于是

$$\int_{\frac{1}{2}}^{\frac{\sqrt{2}}{2}} \frac{1}{x^2\sqrt{1-x^2}}\mathrm{d}x=\int_{\frac{\pi}{6}}^{\frac{\pi}{4}} \frac{1}{\sin^2 t\cos t}\cdot\cos t\mathrm{d}t=\int_{\frac{\pi}{6}}^{\frac{\pi}{4}} \csc^2 t\mathrm{d}t$$

$$=[-\cos t]_{\frac{\pi}{6}}^{\frac{\pi}{4}}=\sqrt{3}-1.$$

在定积分的换元积分法中,在换元时,何时应该换限?一般掌握的原则是:如果在换元的过程中会让原积分变量 x 的符号消失,则应立即换上新的积分变量 t 的积分限 α 与 β,这样,在后期的计算中可省略回代 x 的过程,否则无需换限.

例 5.15　求 $\int_0^{\frac{\pi}{4}} \sin 2x\mathrm{d}x$.

解法一　$\int_0^{\frac{\pi}{4}} \sin 2x\mathrm{d}x = \frac{1}{2}\int_0^{\frac{\pi}{4}} \sin 2x\mathrm{d}(2x) = \frac{1}{2}[-\cos 2x]_0^{\frac{\pi}{4}}$

$$= \frac{1}{2}[0-(-1)] = \frac{1}{2}.$$

解法二　令 $2x=t$,则 $x=\frac{1}{2}t$,$\mathrm{d}x=\frac{1}{2}\mathrm{d}t$,且当 $x=0$ 时,$t=0$;当 $x=\frac{\pi}{4}$ 时,$t=\frac{\pi}{2}$. 于是

$$\int_0^{\frac{\pi}{4}} \sin 2x\mathrm{d}x = \int_0^{\frac{\pi}{2}} \sin t\mathrm{d}\left(\frac{1}{2}t\right) = \frac{1}{2}\int_0^{\frac{\pi}{2}} \sin t\mathrm{d}t$$

$$= \frac{1}{2}[-\cos t]_0^{\frac{\pi}{2}} = \frac{1}{2}.$$

例 5.16　设 $f(x)=\begin{cases}1+x^2, & x\leqslant 0,\\ \mathrm{e}^x, & x>0,\end{cases}$ 求 $\int_1^3 f(x-2)\mathrm{d}x$.

解法一　令 $x-2=t$,则 $x=t+2$,$\mathrm{d}x=\mathrm{d}t$,且当 $x=1$ 时,$t=-1$;当 $x=3$ 时,$t=1$. 于是

$$\int_1^3 f(x-2)\mathrm{d}x = \int_{-1}^1 f(t)\mathrm{d}t = \int_{-1}^0 f(t)\mathrm{d}t + \int_0^1 f(t)\mathrm{d}t$$

$$= \int_{-1}^0 (1+t^2)\mathrm{d}t + \int_0^1 \mathrm{e}^t\mathrm{d}t$$

$$= \left[t+\frac{1}{3}t^3\right]_{-1}^0 + [\mathrm{e}^t]_0^1 = \frac{1}{3}+\mathrm{e}.$$

解法二　因为 $f(x-2)=\begin{cases}1+(x-2)^2, & x-2\leqslant 0,\\ \mathrm{e}^{x-2}, & x-2>0\end{cases}$

$$=\begin{cases}x^2-4x+5, & x\leqslant 2,\\ \mathrm{e}^{x-2}, & x>2,\end{cases}$$

所以

$$\int_1^3 f(x-2)\mathrm{d}x = \int_1^2 f(x-2)\mathrm{d}x + \int_2^3 f(x-2)\mathrm{d}x$$

$$= \int_1^2 (x^2-4x+5)\mathrm{d}x + \int_2^3 \mathrm{e}^{x-2}\mathrm{d}x$$

$$= \left[\frac{1}{3}x^3-2x^2+5x\right]_1^2 + [\mathrm{e}^{x-2}]_2^3$$

$$= \frac{1}{3}+\mathrm{e}.$$

5.3.2　定积分的分部积分法

定理 5.5　设函数 $u=u(x)$ 与 $v=v(x)$ 在区间 $[a,b]$ 上连续且可导,则有

$$\int_a^b u\mathrm{d}v=[uv]_a^b-\int_a^b v\mathrm{d}u.$$

视频 71

上式称为定积分的分部积分公式(证明从略).

例 5.17 求 $\int_1^{\mathrm{e}} \ln x\mathrm{d}x$.

解 $\int_1^{\mathrm{e}} \ln x\mathrm{d}x=[x\ln x]_1^{\mathrm{e}}-\int_1^{\mathrm{e}} x\mathrm{d}(\ln x)=\mathrm{e}-\int_1^{\mathrm{e}}\mathrm{d}x$

$=\mathrm{e}-[x]_1^{\mathrm{e}}=\mathrm{e}-(\mathrm{e}-1)=1.$

由例 5.17 可见,定积分的分部积分法,在定积分经分部积分后,积出的部分原函数即可代入上、下限进行计算,也就是积出一步代一步,不必等到最后一起代,这样可使计算步骤更简洁.

例 5.18 求 $\int_0^1 x^2\mathrm{e}^{-x}\mathrm{d}x$.

解 $\int_0^1 x^2\mathrm{e}^{-x}\mathrm{d}x=-\int_0^1 x^2\mathrm{d}(\mathrm{e}^{-x})$

$=-[x^2\mathrm{e}^{-x}]_0^1+\int_0^1 2x\mathrm{e}^{-x}\mathrm{d}x=-\mathrm{e}^{-1}-2\int_0^1 x\mathrm{d}(\mathrm{e}^{-x})$

$=-\mathrm{e}^{-1}-2([x\mathrm{e}^{-x}]_0^1-\int_0^1 \mathrm{e}^{-x}\mathrm{d}x)$

$=-\mathrm{e}^{-1}-2\left[\mathrm{e}^{-1}+\int_0^1 \mathrm{e}^{-x}\mathrm{d}(-x)\right]$

$=-\mathrm{e}^{-1}-2(\mathrm{e}^{-1}+[\mathrm{e}^{-x}]_0^1)$

$=-\mathrm{e}^{-1}-2(\mathrm{e}^{-1}+\mathrm{e}^{-1}-1)$

$=-\mathrm{e}^{-1}-4\mathrm{e}^{-1}+2=2-5\mathrm{e}^{-1}.$

例 5.19 求 $\int_0^{\frac{\pi}{2}} \mathrm{e}^x\cos x\mathrm{d}x$.

解 因为 $\int_0^{\frac{\pi}{2}} \mathrm{e}^x\cos x\mathrm{d}x=\int_0^{\frac{\pi}{2}} \cos x\mathrm{d}(\mathrm{e}^x)$

$=[\mathrm{e}^x\cos x]_0^{\frac{\pi}{2}}+\int_0^{\frac{\pi}{2}} \mathrm{e}^x\sin x\mathrm{d}x$

$=-1+\int_0^{\frac{\pi}{2}} \sin x\mathrm{d}(\mathrm{e}^x)$

$=-1+[\mathrm{e}^x\sin x]_0^{\frac{\pi}{2}}-\int_0^{\frac{\pi}{2}} \mathrm{e}^x\cos x\mathrm{d}x$

$=\mathrm{e}^{\frac{\pi}{2}}-1-\int_0^{\frac{\pi}{2}} \mathrm{e}^x\cos x\mathrm{d}x,$

所以

$$\int_0^{\frac{\pi}{2}} \mathrm{e}^x\cos x\mathrm{d}x=\frac{1}{2}(\mathrm{e}^{\frac{\pi}{2}}-1).$$

5.3.3 定积分的几个常用公式

视频 72

1. 关于原点对称的区间[$-l,l$]上的定积分

设函数 $f(x)$在区间$[-l,l]$上连续且可导,则有

(1) 当 $f(x)$为奇函数时,$\int_{-l}^{l} f(x)\mathrm{d}x=0$;

(2) 当 $f(x)$为偶函数时,$\int_{-l}^{l} f(x)\mathrm{d}x=2\int_{0}^{l} f(x)\mathrm{d}x$.

上述结论在几何上看是明显的,这是因为奇函数的图形关于原点对称,偶函数的图形关于 y 轴对称,故而由定积分的几何意义便能得出上述结果. 利用这个结果,奇、偶函数在关于原点对称的区间上的积分计算可以得到简化,甚至不经计算即可得到结果.

例 5.20 求 $\int_{-\frac{\pi}{4}}^{\frac{\pi}{4}} \frac{x^3-x+1}{\cos^2 x}\mathrm{d}x$.

解
$$\int_{-\frac{\pi}{4}}^{\frac{\pi}{4}} \frac{x^3-x+1}{\cos^2 x}\mathrm{d}x=\int_{-\frac{\pi}{4}}^{\frac{\pi}{4}} \frac{x^3}{\cos^2 x}\mathrm{d}x-\int_{-\frac{\pi}{4}}^{\frac{\pi}{4}} \frac{x}{\cos^2 x}\mathrm{d}x+\int_{-\frac{\pi}{4}}^{\frac{\pi}{4}} \frac{1}{\cos^2 x}\mathrm{d}x$$
$$=0-0+2\int_{0}^{\frac{\pi}{4}} \sec^2 x\mathrm{d}x$$
$$=2[\tan x]_0^{\frac{\pi}{4}}=2[1-0]=2.$$

2. 沃利斯(Wallis)公式

设 $I_n=\int_{0}^{\frac{\pi}{2}} \sin^n x\mathrm{d}x=\int_{0}^{\frac{\pi}{2}} \cos^n x\mathrm{d}x$ (注:$\int_{0}^{\frac{\pi}{2}} f(\sin x)\mathrm{d}x=\int_{0}^{\frac{\pi}{2}} f(\cos x)\mathrm{d}x$,证明略),则有

$$I_n=\frac{n-1}{n}\cdot I_{n-2}.$$

上式称为积分 I_n 关于下标的递推公式,其中,$I_0=\int_{0}^{\frac{\pi}{2}} \mathrm{d}x=\frac{\pi}{2}$,$I_1=\int_{0}^{\frac{\pi}{2}} \sin x\mathrm{d}x=1$.

例 5.21 求下列定积分:

(1) $\int_{0}^{\frac{\pi}{2}} \cos^5 x\mathrm{d}x$;　　(2) $\int_{0}^{\frac{\pi}{2}} \sin^8 x\mathrm{d}x$.

解 根据题意:

(1) $\int_{0}^{\frac{\pi}{2}} \cos^5 x\mathrm{d}x=\frac{4}{5}\times\frac{2}{3}\times I_1=\frac{4}{5}\times\frac{2}{3}\times 1=\frac{8}{15}$.

(2)
$$\int_{0}^{\frac{\pi}{2}} \sin^8 x\mathrm{d}x=\frac{7}{8}\times\frac{5}{6}\times\frac{3}{4}\times\frac{1}{2}\times I_0$$
$$=\frac{7}{8}\times\frac{5}{6}\times\frac{3}{4}\times\frac{1}{2}\times\frac{\pi}{2}=\frac{105\pi}{768}.$$

习题 5-3

习题 5-3 答案

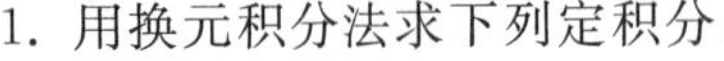

1. 用换元积分法求下列定积分：

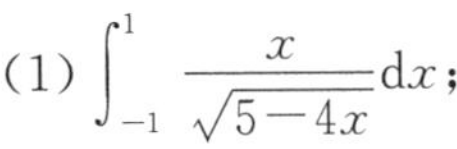

(1) $\int_{-1}^{1}\frac{x}{\sqrt{5-4x}}\mathrm{d}x$；　　(2) $\int_{4}^{9}\frac{\sqrt{x}}{\sqrt{x}-1}\mathrm{d}x$；

(3) $\int_{0}^{1}\frac{1}{\sqrt{4+5x}-1}\mathrm{d}x$；　　(4) $\int_{-\frac{\sqrt{2}}{2}}^{0}\frac{x+1}{\sqrt{1-x^2}}\mathrm{d}x$；

(5) $\int_{0}^{4}\sqrt{x^2+9}\,\mathrm{d}x$；　　(6) $\int_{1}^{\sqrt{3}}\frac{1}{x^2\sqrt{1+x^2}}\mathrm{d}x$；

(7) $\int_{0}^{1}\mathrm{e}^{2x+3}\mathrm{d}x$；　　(8) $\int_{\mathrm{e}}^{\mathrm{e}^2}\frac{1}{x\ln x}\mathrm{d}x$.

2. 用分部积分法求下列定积分：

(1) $\int_{0}^{\pi}x\cos x\mathrm{d}x$；　　(2) $\int_{0}^{1}x\mathrm{e}^x\mathrm{d}x$；

(3) $\int_{1}^{\mathrm{e}}(x-1)\ln x\mathrm{d}x$；　　(4) $\int_{0}^{1}\ln(x+\sqrt{x^2+1})\mathrm{d}x$；

(5) $\int_{0}^{\frac{\pi}{2}}\mathrm{e}^x\sin x\mathrm{d}x$；　　(6) $\int_{0}^{\frac{\pi}{4}}\frac{x}{\cos^2 x}\mathrm{d}x$.

3. 求下列定积分：

(1) $\int_{-\frac{\pi}{2}}^{\frac{\pi}{2}}(x^3-x+1)\cos^7 x\mathrm{d}x$；　　(2) $\int_{-1}^{1}(x+\sqrt{1-x^2})^2\mathrm{d}x$.

5.4 定积分的应用

在前面的 5.1 节中，我们从实际问题中引进了定积分的概念. 在几何、物理等各个领域，有许多问题都可以用定积分予以解决. 本节将直接给出定积分在应用中的若干计算模型，并举例说明.

5.4.1 定积分在几何上的应用

1. 平面图形的面积

视频 73

由定积分的几何意义可知，由曲线 $y=f(x)$ 与直线 $x=a$，$x=b$ 及 x 轴所围成的曲边梯形的面积 A 可以用定积分 $\int_a^b f(x)\mathrm{d}x$ 来表示，即

$$A=\begin{cases}\int_a^b f(x)\mathrm{d}x, & \text{当 } f(x)\geqslant 0 \text{ 时},\\ -\int_a^b f(x)\mathrm{d}x, & \text{当 } f(x)<0 \text{ 时}.\end{cases}$$

由此可见，曲边梯形面积的计算就是定积分的计算问题. 然而由平面曲线所围成的平面图形的面积往往可以归结为曲边梯形的面积. 因此，我们可以利用定积分来计算平面图形的面积.

在建立平面图形的定积分计算模型时，面对围成平面图形的曲线方程 $F(x,y)=0$，存在一个积分变量的选择问题，为此，讨论如下：

(1) 若选择 x 为积分变量，则首先必须把围成平面图形的曲线方程 $F(x,y)=0$ 化成函数 $y=f(x)$ 的形式，然后再利用上线函数减去下线函数的模式来构造被积函数，从而建立求面积的定积分计算模型.

如图 5-10 所示，设上线函数 $y=f_1(x)$，下线函数为 $y=f_2(x)$，则图中阴影部分的面积 A 为

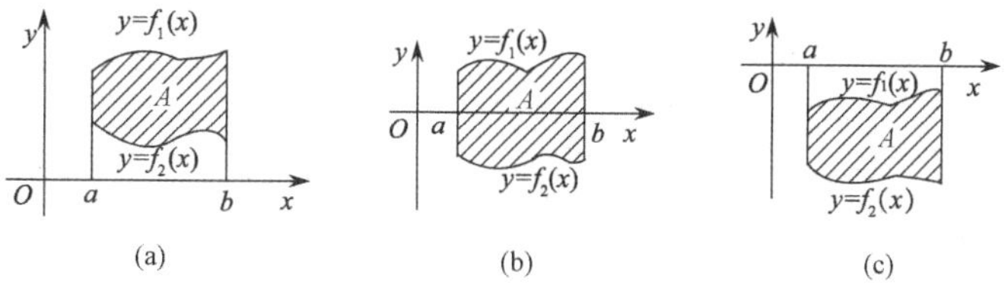

图 5-10

$$A=\int_a^b[f_1(x)-f_2(x)]\mathrm{d}x \quad (其中\ f_1(x)\geqslant f_2(x)).$$

(2) 若选择 y 为积分变量，则必须先把围成平面图形的曲线方程 $F(x,y)=0$ 化成函数 $x=\varphi(y)$ 的形式，然后再用右线函数减去左线函数的模式来构造被积函数，从而建立求面积的定积分计算模型.

如图 5-11 所示，设右线函数为 $x=\varphi_1(y)$，左线函数为 $x=\varphi_2(y)$（即 $\varphi_1(y)\geqslant\varphi_2(y)$），则图中阴影部分的面积 B 为

$$B=\int_c^d[\varphi_1(y)-\varphi_2(y)]\mathrm{d}y.$$

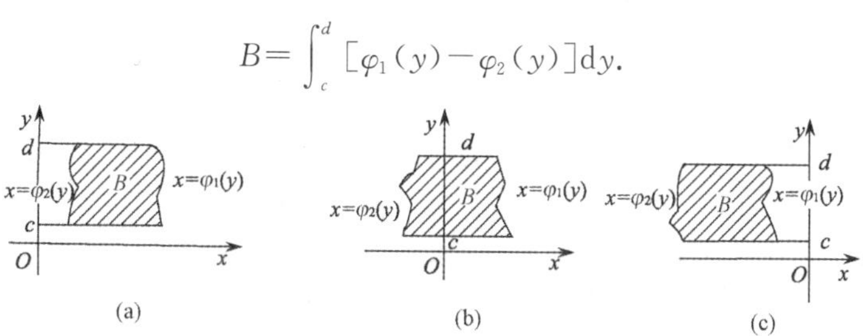

图 5-11

例 5.22 求由抛物线 $y=x^2$ 与直线 $y=2x$ 围成的图形的面积.

解 画出图形如图 5-12 所示，联立两曲线方程组：

$$\begin{cases}y=x^2,\\y=2x,\end{cases}$$

可解出它们的交点分别为 $O(0,0)$ 和 $P(2,4)$.

选择 x 为积分变量，则积分区间为 $[0,2]$，且上线函数为 $y=2x$，下线函数为 $y=x^2$，于是，所求面积为

$$A=\int_0^2(2x-x^2)\mathrm{d}x=\left[x^2-\frac{1}{3}x^3\right]_0^2=\frac{4}{3}(面积单位).$$

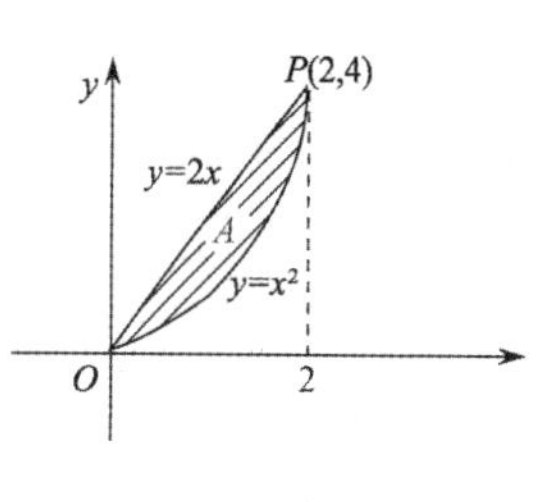

图 5-12

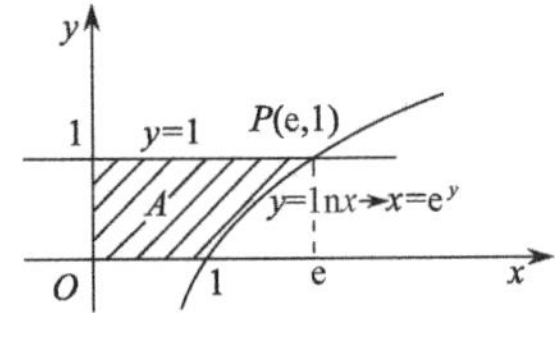

图 5-13

例 5.23 求由对数曲线 $y=\ln x$ 与直线 $y=1$ 以及 $x=0, y=0$ 所围成的平面图形的面积.

解 画出图形如图 5-13 所示，本题选择 y 为积分变量较为方便，其中积分区间为 $[0,1]$，右线函数为 $x=\mathrm{e}^y$，左线函数为 $x=0$（即 y 轴），于是，所求面积为

$$A=\int_0^1(\mathrm{e}^y-0)\mathrm{d}y=[\mathrm{e}^y]_0^1=\mathrm{e}-1\text{(面积单位)}.$$

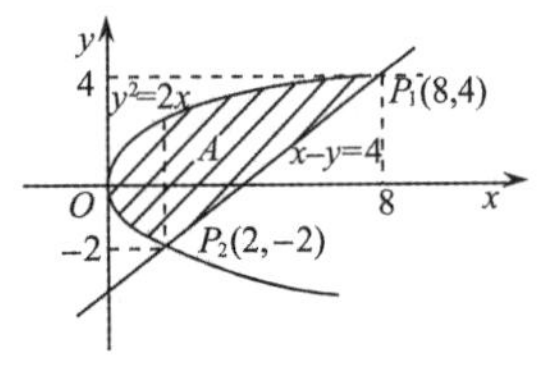

图 5-14

例 5.24 求由抛物线 $y^2=2x$ 及直线 $x-y=4$ 所围成的平面图形的面积.

解 画出图形如图 5-14 所示，联立两曲线方程

$$\begin{cases}y^2=2x,\\x-y=4,\end{cases}$$

可解出它们的交点分别为 $P_1(8,4)$ 和 $P_2(2,-2)$.

方法一 选择 y 为积分变量，则积分区间为 $[-2,4]$，右线函数为 $x=y+4$，左线函数为 $x=\frac{1}{2}y^2$，于是，所求面积为

$$\begin{aligned}A&=\int_{-2}^4\left[(y+4)-\frac{1}{2}y^2\right]\mathrm{d}y\\&=\left[\frac{1}{2}y^2+4y-\frac{1}{6}y^3\right]_{-2}^4=18\text{(面积单位)}.\end{aligned}$$

方法二 选择 x 为积分变量，则积分区间为 $[0,8]$，上线函数为 $y=\sqrt{2x}$，下线函数为 $y=-\sqrt{2x}$ 与 $y=x-4$. 由于下线有两条，所以应从它们的交点处把所求面积分成两部分计算，即

$$\begin{aligned}A&=\int_0^2[\sqrt{2x}-(-\sqrt{2x})]\mathrm{d}x+\int_2^8[\sqrt{2x}-(x-4)]\mathrm{d}x\\&=2\sqrt{2}\left[\frac{2}{3}x^{\frac{3}{2}}\right]_0^2+\left[\sqrt{2}\cdot\frac{2}{3}x^{\frac{3}{2}}-\frac{1}{2}x^2+4x\right]_2^8\\&=\frac{16}{3}+\frac{38}{3}=18\text{(面积单位)}.\end{aligned}$$

比较两种算法可见，选择 y 作为积分变量要比选择 x 方便得多. 因此，在用定积分计算平面图形的面积时，选择一个适当的积分变量会使计算更加简便.

2. 旋转体的体积

旋转体就是由一个平面图形绕平面内的一条直线旋转一周所形成的几何体. 如圆柱、圆锥、球等，都是旋转体.

本书只讨论在直角坐标系下绕坐标轴旋转的旋转体. 在建立旋转体体积的定积分计算模型时，也存在一个确定积分变量的问题. 现分别讨论如下：

视频 74

(1) 设一旋转体是由曲线 $y=f(x)(y\geqslant 0)$ 与直线 $x=a, x=b(a\leqslant b)$ 及 x 轴所围成的曲边梯形（图 5-15 中的阴影部分）绕 x 轴旋转一周而得，则应确定 x 为积分变量，如图 5-15 所示. 此时，体积的定积分计算模型为

$$V_x=\int_a^b \pi[f(x)]^2\mathrm{d}x.$$

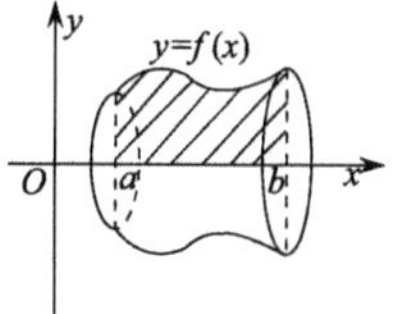

图 5-15

(2) 设一旋转体是由曲线 $x=\varphi(y)(x\geqslant 0)$ 与直线 $y=c, y=d(c\leqslant d)$ 及 y 轴所围成的曲边梯形(图 5-16 中的阴影部分)绕 y 轴旋转一周而得,则应确定 y 为积分变量,如图 5-16 所示. 此时,体积的定积分计算模型为

$$V_y=\int_c^d \pi[\varphi(y)]^2\mathrm{d}y.$$

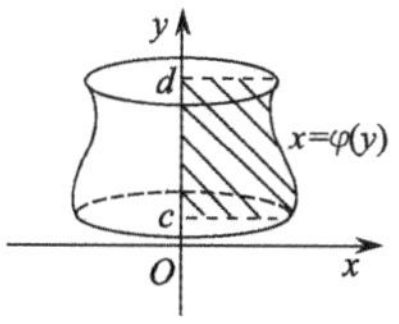

图 5-16

例 5.25　证明:底面半径为 r、高为 h 的圆锥体的体积为

$$V=\frac{1}{3}\pi r^2 h.$$

证　如图 5-17 所示,以圆锥的顶点为坐标原点,以圆锥的高为 x 轴,建立直角坐标系,则圆锥可以看成是由直角三角形 OAB 绕 x 轴旋转一周而得到的旋转体. 且斜边 OA 的方程为

$$y=\frac{r}{h}x,$$

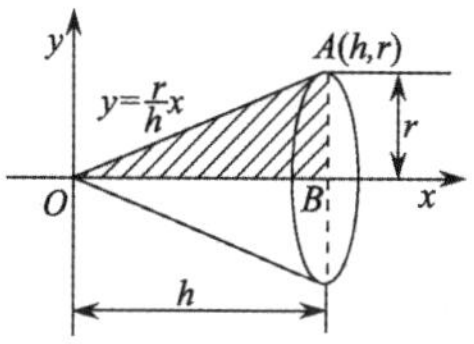

图 5-17

于是,所求圆锥的体积为

$$V=\int_0^h \pi\cdot\left[\frac{r}{h}x\right]^2\mathrm{d}x=\frac{\pi r^2}{h^2}\int_0^h x^2\mathrm{d}x=\frac{\pi r^2}{h^2}\cdot\left[\frac{1}{3}x^3\right]_0^h=\frac{1}{3}\pi r^2 h.$$

例 5.26　求由椭圆 $\frac{x^2}{a^2}+\frac{y^2}{b^2}=1$ 绕 x 轴旋转一周而成的旋转体(叫做旋转椭球体)的体积.

解　如图 5-18 所示,确定 x 为积分变量,则可把椭圆方程化成 $y^2=\frac{b^2}{a^2}(a^2-x^2)$. 由图形的对称性,可得旋转球体的体积为

$$V=2\int_0^a \pi\cdot\frac{b^2}{a^2}(a^2-x^2)\mathrm{d}x=\frac{2\pi b^2}{a^2}\int_0^a (a^2-x^2)\mathrm{d}x$$

$$=\frac{2\pi b^2}{a^2}\left[a^2x-\frac{1}{3}x^3\right]_0^a=\frac{4}{3}\pi ab^2.$$

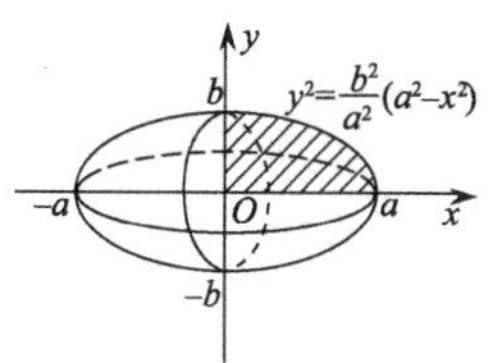

图 5-18

特别地,当 $a=b$ 时,旋转椭球体就变成了半径为 a 的球体,其体积为

$$V=\frac{4}{3}\pi a^3,$$

这正是在中学学习的球的体积公式.

例 5.27　设平面图形由曲线 $y=2\sqrt{x}$ 与直线 $x=1$ 及 $y=0$ 围成,试求:

(1) 平面图形绕 x 轴旋转而成的旋转体体积;

(2) 平面图形绕 y 轴旋转而成的旋转体体积.

解　(1) 绕 x 轴旋转,则取 x 为积分变量,积分区间为[0,1],如图 5-19(a)所示,于是,旋转体体积为

$$V=\int_0^1 \pi(2\sqrt{x})^2\mathrm{d}x=4\pi\int_0^1 x\mathrm{d}x$$

$$=4\pi\left[\frac{1}{2}x^2\right]_0^1=2\pi(\text{体积单位}).$$

(2) 绕 y 轴旋转,则取 y 为积分变量,积分区间为$[0,2]$,如图 5-19(b)所示,此时,所得到的旋转体可以看成是两个旋转体的差,即

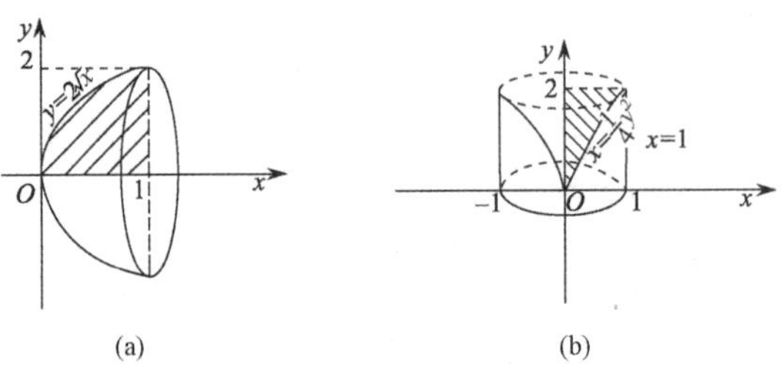

图 5-19

$$V=\int_0^2 \pi\cdot 1^2\mathrm{d}y-\int_0^2 \pi\left[\frac{1}{4}y^2\right]^2\mathrm{d}y$$

$$=\pi\int_0^2\left(1-\frac{1}{16}y^4\right)\mathrm{d}y$$

$$=\pi\left[y-\frac{1}{80}y^5\right]_0^2=\frac{8}{5}\pi(\text{体积单位}).$$

*5.4.2 定积分在物理上的应用

1. 变力沿直线所做的功

视频 75

由物理学知道,物体在常力 F 的作用下沿力的方向做直线运动,当物体移动一段距离 s 时,力 F 所做的功为

$$W=F\cdot s.$$

但在实际问题中,我们常常会遇到变力做功问题. 根据 5.1.1 的讨论可知,当物体在变力 $y=F(x)$的作用下,由点 a 沿直线移动到点 b 时,变力 $F(x)$所做的功的定积分计算模型为

$$W=\int_a^b F(x)\mathrm{d}x.$$

例 5.28 已知某弹簧每拉长 0.01m 要用 2N 的力,求使弹簧拉长 0.05m 的拉力所做的功.

解 取弹簧的平衡点作为原点建立坐标系,如图 5-20 所示.

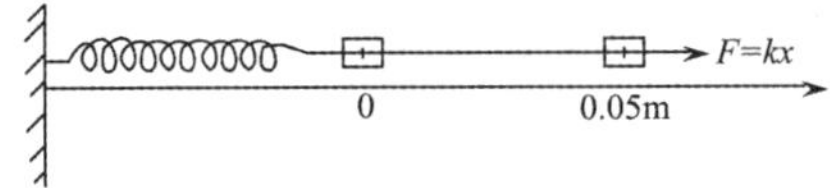

图 5-20

由胡克定律知,在弹性限度内拉长弹簧所需的力 F 与拉长的长度 x 成正比,即

$$F=kx,$$

式中，k 为弹性系数.

依题意，当 $x=0.01$m 时，$F=2$N，所以，$k=200$N/m，于是

$$F=200x.$$

故，所求的使弹簧拉长 0.05m 的拉力所做的功为

$$W=\int_0^{0.05} 200x\mathrm{d}x=\left[100x^2\right]_0^{0.05}=0.25(\mathrm{J}).$$

2. 液体的压力

由物理学可知，水平放置在液体中的薄片，若其面积为 A，距离液体表面的深度为 h，则该薄片一侧所受的压力 P 等于以 A 为底、以 h 为高的液体柱的重力，即

$$P=g\gamma Ah,$$

式中，g 为重力加速度(N/kg)，γ 为液体的密度(kg/m^3).

实际问题中，常常需要计算液体中与液面垂直放置的薄片的一侧所受到的压力，由于薄片上每个位置距液体表面的深度不一样，因此不能简单地利用上述公式进行计算. 下面就给出这种形式下压力的计算模型.

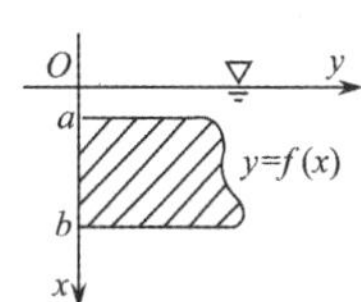

图 5-21

如图 5-21 所示，有一块形状类似曲边梯形(曲线方程为 $y=f(x)$)的平面薄片，铅直地放置在液体中(液体密度为 γ)，最上端的一边平行于液面并与液面的距离为 a，最下端的一边平行于液面并与液面的距离为 b. 则有，该薄片的一侧所受的压力为

$$P=\int_a^b \gamma g x f(x)\mathrm{d}x.$$

例 5.29　设一水平放置的水管，其断面是直径为 6m 的圆，求当水半满时，水管一端的竖立闸门上所受到的水压力.

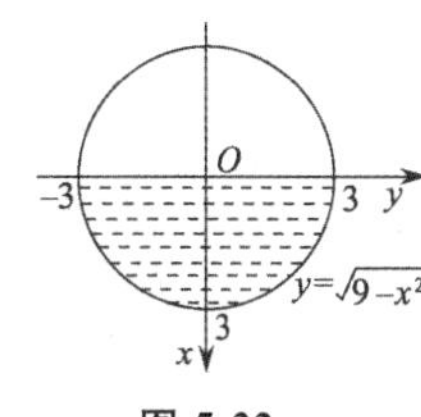

图 5-22

解　如图 5-22 所示，建立直角坐标系，则圆的方程为

$$x^2+y^2=9.$$

取 x 为积分变量，则积分区间为[0,3]. 由图形的对称性可知，竖立闸门上所受到的水压力为

$$P=2\int_0^3 9.8\times10^3\times x\sqrt{9-x^2}\,\mathrm{d}x=-9.8\times10^3\int_0^3\sqrt{9-x^2}\,\mathrm{d}(9-x^2)$$

$$=-9.8\times10^3\left[\frac{2}{3}(9-x^2)^{\frac{3}{2}}\right]_0^3\approx1.76\times10^5(\mathrm{N}).$$

习题 5-4 答案

习题 5-4

1. 求由下列各组曲线所围平面图形的面积：

(1) $xy=1, y=x, x=2$；　　(2) $y=\mathrm{e}^x, y=\mathrm{e}^{-x}, x=1$；

(3) $y=x^3, y=1, y=2, x=0$；　　(4) $y=x^2, x+y=2$.

2. 求下列曲线所围成的图形绕指定轴旋转所得的旋转体的体积：

(1) $y=\sin x,\ x=0,\ x=\pi,\ y=0$，绕 x 轴；

(2) $y^2=x,\ x^2=y$，绕 y 轴.

3. 已知曲线 $y=\dfrac{1}{x}$，直线 $y=4x, x=2$ 以及 x 轴围成一平面图形，求：

(1) 该平面图形的面积；

(2) 上述图形绕 x 轴旋转而得到的旋转体的体积.

*4. 由胡克定律可知，弹簧的伸长与拉力成正比，已知一弹簧伸长 1cm 时，拉力为 1N，求把弹簧拉长 10cm 所做的功.

*5. 设把金属杆的长度从 a 拉长到 $a+x$ 时，所需的力等于 $\frac{k}{a}x$，其中 k 为常数，试求将金属杆由长度 a 拉长到 b 时所做的功.

*6. 一块底为 4m、高为 3m 的等腰三角形平板，铅直地置于水中，底边在上平行于水面且位于水面下 1m，求该平板的一侧受到的水压力.

学习指导

一、学习重点与要求

1. 理解定积分的概念，了解定积分的性质及其几何意义.

2. 知道函数连续是可积的充分条件，函数有界是可积的必要条件.

3. 理解积分上限的函数及其导数，会求解积分上限的函数的导数.

4. 熟练掌握牛顿-莱布尼茨公式.

5. 熟练掌握定积分的换元积分法与分部积分法.

6. 了解定积分在几何、物理上的简单应用，会用定积分的应用计算模型求解平面图形的面积和旋转体的体积.

二、学习疑难解答

1. 在利用积分解决实际问题时，是用定积分还是用不定积分？

答：用定积分才能解决实际问题，而不定积分只是计算定积分的工具，可以说，不会计算不定积分，也就很难计算定积分.

2. 变上限积分的函数是初等函数吗？如何学好变上限积分的函数？

答：不一定.有些是初等函数，有些不是初等函数，总体来说，变上限积分的函数已超出了初等函数的范畴.只有熟悉了变上限积分的函数的求导运算，才能解决好有关变上限积分的函数参与的求未定式极限、判定函数的单调性与求极值等问题.

3. 定积分的换元积分法与不定积分的换元积分法有区别吗？

答：本质上没什么区别，只是在运用第二类换元积分法求解定积分时有些变化，那就是“换元又换限”，这样做，可省略不定积分第二类换元积分法中回代原积分变量 x 的过程，使得第二类换元积分法在定积分的换元中更加简便.

4. 定积分的分部积分法有什么特点？

答：定积分的分部积分法在经过分部积分后，对已积出的部分原函数即可代入上、下限进行计算，这叫做积出一步算一步，不必等到最后一起算，这样可使定积分的计算步骤更加简洁.

复习题五

复习题五答案

1. 填空题

(1) 设 $f(x)$ 有连续的导数，且 $f(b)=7, f(a)=-5$，则 $\int_a^b f'(x)\mathrm{d}x=$__________.

(2) 设 $f(x)=\int_0^x \frac{\sin t}{t+1}\mathrm{d}t$，则 $f'\left(\frac{\pi}{4}\right)=$__________.

(3) 设 $\varphi(x)=\int_0^{x^2}\sqrt{1+t^2}\,\mathrm{d}t$，则 $\varphi'(x)=$__________.

(4) 设 $f(x)$为连续函数，则 $\int_{-a}^{a} x^2[f(x)-f(-x)]\mathrm{d}x=$__________.

(5) $\int_0^{\frac{\pi}{2}} \sin^9 x\mathrm{d}x=$__________.

2. 单项选择题

(1) 设函数 $f(x)$在区间$[a,b]$上连续，则 $\int_a^b f(x)\mathrm{d}x-\int_a^b f(t)\mathrm{d}t$(　　).

A. 小于零　　B. 等于零　　C. 大于零　　D. 不确定

(2) 设 $P=\int_0^{\frac{\pi}{2}}\sin^2 x\mathrm{d}x$，$Q=\int_0^{\frac{\pi}{2}}\cos^2 x\mathrm{d}x$，$R=\frac{1}{2}\int_{-\frac{\pi}{2}}^{\frac{\pi}{2}}\sin^2 x\mathrm{d}x$，则(　　).

A. $P=Q=R$　　B. $P=Q<R$　　C. $P<Q<R$　　D. $P>Q>R$

(3) $\frac{\mathrm{d}}{\mathrm{d}x}\int_a^b \arctan x\mathrm{d}x=$(　　).

A. $\arctan x$　　B. $\frac{1}{1+x^2}$

C. $\arctan b-\arctan a$　　D. 0

(4) 设 $f(x)$在$[0,1]$上连续，令 $t=2x$，则 $\int_0^1 f(2x)\mathrm{d}x=$(　　).

A. $\int_0^2 f(t)\mathrm{d}t$　　B. $\frac{1}{2}\int_0^1 f(t)\mathrm{d}t$

C. $\frac{1}{2}\int_0^2 f(t)\mathrm{d}t$　　D. $2\int_0^2 f(t)\mathrm{d}t$

(5) 设 $f(x)$在$[-a,a]$上连续，则 $\int_{-a}^{a} f(-x)\mathrm{d}x=$(　　).

A. 0　　B. $\int_0^a f(x)\mathrm{d}x$　　C. $\int_{-a}^{a} f(x)\mathrm{d}x$　　D. $-\int_{-a}^{a} f(x)\mathrm{d}x$

(6) 设 $\int_0^x f(t)\mathrm{d}t=a^{2x}(a>0,a\neq1)$，则 $f(x)=$(　　).

A. $a^{2x}\ln a$　　B. $2a^{2x}\ln a$　　C. $2a^{2x}$　　D. $2xa^{2x-1}$

3. 已知 $x\mathrm{e}^x$ 是 $f(x)$的一个原函数，求 $\int_0^1 xf'(x)\mathrm{d}x$.

4. 求曲线 $y=\int_{\frac{\pi}{2}}^{x}\frac{\sin t}{t}\mathrm{d}t$ 在 $x=\frac{\pi}{2}$ 处的切线方程.

5. 选用适当的方法计算下列定积分：

(1) $\int_1^{\mathrm{e}}\frac{1}{x(2x+1)}\mathrm{d}x$；　　(2) $\int_0^1\frac{4}{4-\mathrm{e}^x}\mathrm{d}x$；

(3) $\int_0^4\frac{1}{1+\sqrt{x}}\mathrm{d}x$；　　(4) $\int_0^{\pi} x^2\sin x\mathrm{d}x$；

(5) $\int_0^{\frac{\pi}{2}}|\sin x-\cos x|\mathrm{d}x$；　　(6) $\int_{\frac{1}{\mathrm{e}}}^{\mathrm{e}}|\ln x|\mathrm{d}x$.

6. 设平面图形 D 由抛物线 $y=1-x^2$ 和 x 轴所围所，试求

(1) D 的面积；

(2) D 绕 x 轴旋转所得旋转体的体积；

(3) D 绕 y 轴旋转所得旋转体的体积.

【人文数学】

数学家柯西简介

“每一个在数学研究中喜欢严密性的人，都应读柯西的杰出著作《分析教程》.”

——阿贝尔

“人总是要死的，但他们的业绩应该永存.”

——柯西

柯西(Cauchy, Augustin-Louis,1789—1857)是法国数学家.1789 年 8 月 21 日生于巴黎；1857 年 5 月 23 日卒于巴黎附近的索镇.柯西的父亲是一位精通古典文学的律师，曾任法国参议院秘书长，和拉格朗日、拉普拉斯等人交往甚密，因此，柯西从小就认识了一些著名的科学家.柯西自幼聪敏好学，在中学时就是学校里的明星，曾获得希腊文、拉丁文作文和拉丁文诗奖.在中学毕业时，赢得全国大奖赛和一项古典文学特别奖.拉格郎日曾预言他日后必成大器.1805 年，他年仅 16 岁，就以第二名的成绩考入巴黎综合工科学校，1807 年又以第一名的成绩考入道路桥梁工程学校.1810 年 3 月，柯西完成了学业离开了巴黎，“行李不多(在行李中有四本书：拉普拉斯的《天体力学》；拉格朗日的《解析函数论》；托马斯的《效法基督》和一册维吉尔的作品)满怀希望”前往瑟堡就任他的第一份工作.但后来由于身体欠佳，又颇具数学天赋，便听从拉格朗日与拉普拉斯的劝告转攻数学.从 1810 年 12 月起，柯西就把数学的各个分支从头到尾再温习一遍，从算术开始到天文学为止，把模糊的地方弄清楚，应用他自己的方法去简化证明和发现新定理.柯西于 1813 年回到巴黎综合工科学校任教，1816 年晋升为该校教授.以后又担任了巴黎理学院及法兰西学院教授.

柯西创造力惊人，数学论文像连绵不断的泉水在柯西的一生中喷涌，他发表了 789 篇论文，出版专著 7 本，全集共有十四开本 24 卷，从他 23 岁写出第一篇论文到 68 岁逝世的 45 年中，平均每月发表一至两篇论文.1849 年，仅在法国科学院 8 月至 12 月的 9 次会上，他就提交了 24 篇短文和 15 篇研究报告.他的文章朴实无华、充满新意.柯西 27 岁即当选为法国科学院院士，还是英国皇家学会会员和许多国家的科学院院士.

柯西对数学的最大贡献是在微积分中引进了清晰和严格的表述与证明方法.正如著名数学家冯·诺伊曼所说：“严密性的统治地位基本上是由柯西重新建立起来的.”在这方面，他写下了三部专著：《分析教程》(1821 年)、《无穷小计算教程》(1823 年)、《微分计算教程》(1826—1828 年).他的这些著作，摆脱了微积分单纯的对几何、运动的直观理解和物理解释，引入了严格的分析上的叙述和论证，从而形成了微积分的现代体系.在数学分析中，可以说，柯西比任何人的贡献都大，微积分的现代概念就是柯西建立起来的.有鉴于此，人们通常将柯西看作是近代微积分学的奠基者.阿贝尔称颂柯西“是当今懂得应该怎样对待数学的人”.并指出：“每一个在数学研究中喜欢严密性的人，都应该读柯西的杰出著作《分析教程》.”柯西将微积分严格化的方法虽然也利用无穷小的概念，但他改变了以前数学家所说的无穷小是固定数.而把无穷小或无穷小量简单地定义为一个以零为极限的变量.他定义了上、下极限.最早证明了的收敛，并在这里第一次使用了极限符号.他指出了对一切函数都任意地使用那些只有代数函数才有的性质，无条件地使用级数，都是不合法的.判定收敛性是必要的，并且给出了检验收敛性的重要判据——柯西准则.这个判据至今仍在使用.他还清楚地论述了半收敛级数的意义和用途.他定义了二重级数的收敛性，对幂级数的收敛半径有清晰的估计.柯西清楚地知道无穷级数是表达函数的一种有效方法，并是最早对泰勒定理给出完善证明和确定其余项形式的数学家.他以正确的方法建立了极限和连续性的理论.重新给出函数的积分是和式的极限，他还定义了广义积分.他抛弃了欧拉坚持的函数的显示式表示以及拉格朗日的形式幂级数，而引进了不一定具有解析表达式的函数新概念. 并且以精确的极限概念定义了函数的连续性、无穷级数的收敛性、函数的导数、微分和积分以及有关理论. 柯西对微积分的论述,使数学界大为震惊. 例如,在一次科学会议上,柯西提出了级数收敛性的理论. 著名数学家拉普拉斯听过后非常紧张,便急忙赶回家,闭门不出,直到对他的《天体力学》中所用到的每一级数都核实过是收敛的以后,才松了口气. 柯西上述三部教程的广泛流传和他一系列的学术演讲,他对微积分的见解被普遍接受,一直沿用至今. 当然,在柯西的时代,实数的严格理论还未建立起来,对连续性、一致连续性、可微性、可积性以及它们之间的关系也不可能彻底地阐述清楚,所以,在他的论著中,也存在一些错误. 例如,他曾断言如果 $U_n(x)$ 连续,且 $\sum\limits_{n=1}^{\infty} U_n(x)$ 收敛于 $S(x)$,则 $S(x)$ 也连续,且可以逐项积分;他甚至还断言:对于连续函数 $f(x,u)$ 有 $\frac{\partial}{\partial u}\int_a^b f(x,u)\mathrm{d}x=\int_a^b \frac{\partial f}{\partial u}\mathrm{d}x$;并且断言二元函数若对每个变量连续则它必是连续的等等. 他的这些错误,相继被后来的数学家澄清. 现今所谓极限的柯西定义或"ε-δ"定义,乃是经过魏尔斯特拉斯的加工后完善的.

柯西的另一个重要贡献,是发展了复变函数的理论,取得了一系列重大成果. 特别是他在 1814 年关于复数极限的定积分的论文,开始了他作为单复变量函数理论的创立者和发展者的伟大业绩. 他还给出了复变函数的几何概念,证明了在复数范围内幂级数具有收敛圆,还给出了含有复积分限的积分概念以及残数理论等.

柯西还是探讨微分方程解的存在性问题的第一个数学家,他证明了微分方程在不包含奇点的区域内存在着满足给定条件的解,从而使微分方程的理论深化了. 在研究微分方程的解法时,他成功地提出了特征带方法并发展了强函数方法.

柯西在代数学、几何学、数论等各个数学领域也都有创建. 例如,他是置换群理论的一位杰出先驱者,他对置换理论作了系统的研究,并由此产生了有限群的表示理论. 他还深入研究了行列式的理论,并得到了有名的宾内特(Binet)—柯西公式. 他总结了多面体的理论,证明了费马关于多角数的定理,等等.

柯西对物理学、力学和天文学都作过深入的研究. 特别在固体力学方面,奠定了弹性理论的基础. 在这门学科中,以他的姓氏命名的定理和定律就有 16 个之多,仅凭这项成就,就足以使他跻身于杰出的科学家之列.

柯西一生对科学事业作出了卓越的贡献,但也出现过失误,特别是他作为科学院的院士、数学权威在对待两位当时尚未成名的数学新秀阿贝尔、伽罗瓦(Galois)都未给予应有的热情与关注. 对阿贝尔关于椭圆函数论一篇开创性论文,对伽罗瓦关于群论一篇开创性论文,不仅未及时作出评论,而且还将他们送审的论文遗失了. 这两件事常受到后世评论者的批评.

柯西在政治上属于保皇派,终身守节,非常执拗,1830 年法王查理十世(Charles X)被逐,路易·菲力普(Louis Phillippe)称帝,柯西由于拒绝宣誓效忠新皇帝,被革去职务,并出走意大利都灵,后移居布拉格. 1848 年,路易·菲力普君主政体被推翻,成立法兰西第二共和国,宣誓的规定废除,柯西才回到巴黎高等工艺学院任教授. 1852 年政变,共和国又变帝国,恢复了宣誓仪式,但拿破仑三世(Napoleon Ⅲ)特地豁免柯西和物理学家阿拉哥(Arago)两人的效忠宣誓. 对于皇帝的屈尊迁就,柯西的回报是将他的薪金捐赠给他曾住过的地方的穷人.

柯西有一句名言:"人总是要死的,但他们的业绩应该永存."数学中以他的姓名命名的数学问题、定理、公式、方程及准则有:柯西积分、柯西公式、柯西不等式、柯西中值定理、柯西函数、柯西矩阵、柯西分布、柯西变换、柯西准则、柯西算子、柯西序列、柯西系统、柯西主值、柯西条件、柯西形式、柯西问题、柯西数据、柯西积、柯西核、柯西网……

附　录

附录 A　初等数学常用公式

一、代数

1. $|x+y|\leqslant|x|+|y|$.

2. $|x|-|y|\leqslant|x-y|\leqslant|x|+|y|$.

3. $\sqrt{x^2}=|x|=\begin{cases}x, & x\geqslant 0;\\ -x, & x<0.\end{cases}$

4. 若$|x|\leqslant a$,则$-a\leqslant x\leqslant a$.

5. 若$|x|\geqslant b$,$b>0$,则 $x\geqslant b$ 或 $x\leqslant -b$.

6. 设 $ax^2+bx+c=0$ 的判别式为 Δ（只就 $a>0$ 的情形讨论）:

（1）当 $\Delta>0$ 时,方程有两个不等的实根 $x_1,x_2(x_1<x_2)$,

$$\begin{cases}ax^2+bx+c>0 \text{ 的解集为}\{x\,|\,x>x_2 \text{ 或 } x<x_1\},\\ ax^2+bx+c<0 \text{ 的解集为}\{x\,|\,x_1<x<x_2\};\end{cases}$$

（2）当 $\Delta=0$ 时,方程有两个相等实根 $x_1=x_2$,

$$\begin{cases}ax^2+bx+c>0 \text{ 的解集为}\{x\,|\,x\in\mathbf{R} \text{ 且 } x\neq x_1\},\\ ax^2+bx+c<0 \text{ 的解集为 } \varnothing;\end{cases}$$

（3）当 $\Delta<0$ 时,方程无实根

$$\begin{cases}ax^2+bx+c>0 \text{ 的解集为 } \mathbf{R},\\ ax^2+bx+c<0 \text{ 的解集为 } \varnothing.\end{cases}$$

7. $a^m\cdot a^n=a^{m+n}$　($a>0$,m,n 均为任意实数).

8. $a^m\div a^n=a^{m-n}$　($a>0$,m,n 均为任意实数).

9. $(a^m)^n=a^{m\cdot n}$　($a>0$,m,n 均为任意实数).

10. $\sqrt[n]{a^m}=a^{\frac{m}{n}}$　($a>0$,m,n 均为任意实数).

11. $\log_a M\cdot N=\log_a M+\log_a N$　($M>0$,$N>0$).

12. $\log_a\dfrac{M}{N}=\log_a M-\log_a N$　($M>0$,$N>0$).

13. $\log_a M^n=n\log_a M$　($M>0$).

14. $\log_a\sqrt[n]{m}=\dfrac{1}{n}\log_a M$　($M>0$,$N>0$).

15. $x=a^{\log_a x}$　($x>0$).

16. $1+2+3+\cdots+n=\dfrac{1}{2}n(n+1)$.

17. $1^2+2^2+3^2+\cdots+n^2=\dfrac{1}{6}n(n+1)(2n+1)$.

18. $a+(a+d)+(a+2d)+\cdots+[a+(n-1)d]=na+\dfrac{n(n-1)}{2}d$.

19. $a+aq+aq^2+\cdots+aq^{n-1}=\dfrac{a(1-q^n)}{1-q}$　($q\neq 1$).

20. $a^2-b^2=(a-b)(a+b)$.

21. $a^3\pm b^3=(a\pm b)(a^2\mp ab+b^2)$.

22. $(a+b)^2=a^2+2ab+b^2$.

23. $(a\pm b)^3=a^3\pm 3a^2b+3ab^2\pm b^3$.

二、三角函数

24. $\sin(\alpha\pm\beta)=\sin\alpha\cos\beta\pm\cos\alpha\sin\beta$.

25. $\cos(\alpha\pm\beta)=\cos\alpha\cos\beta\mp\sin\alpha\sin\beta$.

26. $\tan(\alpha\pm\beta)=\dfrac{\tan\alpha\pm\tan\beta}{1\mp\tan\alpha\tan\beta}$.

27. $\sin2\alpha=2\sin\alpha\cos\alpha$.

28. $\cos2\alpha=\cos^2\alpha-\sin^2\alpha=2\cos^2\alpha-1=1-2\sin^2\alpha$.

29. $\sin\alpha\cos\beta=\dfrac{1}{2}[\sin(\alpha+\beta)+\sin(\alpha-\beta)]$.

30. $\cos\alpha\cos\beta=\dfrac{1}{2}[\cos(\alpha+\beta)+\cos(\alpha-\beta)]$.

31. $\sin\alpha\sin\beta=-\dfrac{1}{2}[\cos(\alpha+\beta)-\cos(\alpha-\beta)]$.

三、几何

32. 三角形的面积$=\dfrac{1}{2}\times$底$\times$高.

33. 圆弧长　$l=R\theta$(θ 为弧度).

34. 圆扇形面积　$S=\dfrac{1}{2}R^2\theta=\dfrac{1}{2}Rl$　(θ 为圆心角的弧度,l 为 θ 对应的圆弧长).

35. 球的体积　$V=\dfrac{4}{3}\pi R^3$.

36. 球的表面积　$S=4\pi R^2$.

37. 圆锥的体积　$V=\dfrac{1}{3}\pi R^2H$.

38. 圆锥的侧面积　$V=\pi Rl$.

附录B 希腊字母表

希腊字母(Greek letter)		英文拼法（English spelling）	近似读音
大写字母（Capital）	小写字母（Small）		
A	α	aplha	阿尔法
B	β	beta	贝塔
Γ	γ	gamma	嘎马
Δ	δ	delta	得耳塔
E	ε	epsilon	艾普西龙
Z	ζ	zeta	截塔
H	η	eta	衣塔
Θ	θ	theta	西塔
I	ι	iota	约塔
K	κ	kappa	卡帕
Λ	λ	lambda	兰姆达
M	μ	mu	谬
N	ν	nu	纽
Ξ	ξ	xi	克西
O	o	comicron	奥密克戎
Π	π	pi	派
P	ρ	rho	洛
Σ	σ	sigma	西格马
T	τ	tao	滔
r	υ	upsilon	依普西龙
Φ	φ	phi	费衣
X	χ	chi	喜
Ψ	ψ	psi	普西
Ω	ω	omega	欧米嘎